Moritz Christ

Formeln und Werte

Mathematik · Physik · Chemie · Biologie
bis zum Abitur

Duden Schulbuchverlag
Berlin

Autoren
Frank-Michael Becker (Biologie)
Dr. Hubert Bossek † (Mathematik)
Dr. Lutz Engelmann (Mathematik)
Dr. Christine Ernst (Chemie)
Dr. habil. Günter Fanghänel (Mathematik)
Heinz Höhne (Chemie)
Dr. Günter Liesenberg (Mathematik)
Rainer Löffler (Mathematik)
Prof. Dr. habil. Lothar Meyer (Physik)
Doz. Dr. habil. Christa Pews-Hocke (Biologie)
Dr. Ulf Rothkirch (Mathematik)
Petra Schuchardt (Biologie)
Helga Simon (Chemie)
Dr. habil. Reinhard Stamm (Mathematik)
Prof. Dr. habil. Karlheinz Weber (Mathematik)
Dr. Adria Wehser (Chemie)

Redaktion Dr. Lutz Engelmann
Gestaltungskonzept Julia Schnegg
Einband Britta Scharffenberg
Layout und Grafik Dr. Lutz Engelmann, Barbara Fischer, Birgit Janisch, Birgit Kintzel, Manuela Liesenberg, Walther-Maria Scheid

www.duden-schulbuch.de

2. Auflage, 1. Druck 2015

Alle Drucke dieser Auflage können im Unterricht nebeneinander benutzt werden.

Druck und Bindung H. Heenemann, Berlin

ISBN 978-3-8355-1368-6

PEFC
PEFC/04-31-1156

PEFC zertifiziert
Dieses Produkt stammt aus nachhaltig bewirtschafteten Wäldern und kontrollierten Quellen.
www.pefc.de

Inhaltsverzeichnis

Mathematik 4

Physik 92

Chemie 138

Biologie 170

Register 178

Mathematik

Rechnen mit Zahlen und Arbeiten mit Variablen

Zeichen, Abkürzungen, Symbole und Sprechweisen

$a+b$	Summe „a plus b“
$a-b$	Differenz „a minus b“
$a \cdot b$	Produkt „a mal b“
$a:b=\frac{a}{b}$	Quotient „a geteilt durch b“
$\sqrt{a}$	Quadratwurzel aus a
$\sqrt[n]{a}$	n-te Wurzel aus a
a^n	n-te Potenz von 1; „a hoch n“
$-a$	Gegenzahl von a
$\lvert a \rvert$	Betrag von a
sgn a	Signum (Vorzeichen) von a
[a]; int a	ganzzahliger Anteil von a
%; ‰	Prozent $\left(\frac{1}{100}\right)$; Promille $\left(\frac{1}{1\,000}\right)$
A, B, M_1	Mengen
$\mathbb{N}$	Menge der natürlichen Zahlen mit 0
$\mathbb{N}^*$	Menge der natürlichen Zahlen ohne 0
$\mathbb{Z}$	Menge der ganzen Zahlen
$\mathbb{Q}_+$	Menge der gebrochenen Zahlen
$\mathbb{Q}$	Menge der rationalen Zahlen
$\mathbb{R}$	Menge der reellen Zahlen
$\mathbb{C}$	Menge der komplexen Zahlen
$\{a; b\}$	Menge mit den Elementen a und b
$\emptyset$; { }	leere Menge
$\{x \mid x = \ldots\}$	Menge aller x, für die gilt: …
$\in; \notin$	Element; nicht Element
$A \cup B$	Vereinigungsmenge von A und B
$A \cap B$	Durchschnittsmenge von A und B
$A \setminus B$	Differenzmenge von A und B
$\overline{A}$	Komplement(ärmenge) zu A

]a; b[	offenes Intervall von a bis b
[a; b]	abgeschlossenes Intervall von a bis b
]a; b]	links offenes Intervall von a bis b
[a; b[	rechts offenes Intervall von a bis b
$^\circ$	Grad (Winkeleinheit)
arc α; $\widehat{\alpha}$	Bogenmaß „Arcus α“
$\sphericalangle$; ⊾	Winkel; rechter Winkel (90°)
$\overline{AB}$	Strecke AB oder deren Länge
$\triangle ABC$	Dreieck ABC
$=; \neq$	gleich; ungleich
$<; >$	kleiner als; größer als
$\leq; \geq$	kleiner gleich; größer gleich
$\approx$	rund; angenähert
$\triangleq$	entspricht
$\cong$	kongruent zu; deckungsgleich zu
$\sim$	proportional zu; ähnlich zu
$\parallel; \nparallel$	parallel zu; nicht parallel zu
$\perp$	senkrecht auf; rechtwinklig zu
$a \mid b$	a ist Teiler von b; a teilt b
$\subseteq; \subset$	Teilmenge; echte Teilmenge von
$\Leftrightarrow$	äquivalent; … genau dann, wenn …
$\Rightarrow$	daraus folgt; wenn …, dann …
$n!$	n Fakultät
$\binom{n}{k}$	Binomialkoeffizient „n über k“
x_{Min}	Minimalwert
x_{Max}	Maximalwert
$\overline{x}$	arithmetisches Mittel
$z; \tilde{x}$	Zentralwert (Median)

$(x; y)$	geordnetes Paar
f, g	Funktionen
f^{-1}	Umkehrfunktion von f
D_f	Definitionsbereich von f
W_f	Wertebereich von f
$f(x)$	Funktionswert an der Stelle x; „f von x“
$\log_a x$	Logarithmus von x zur Basis a
$\lg x; \log x$	Logarithmus von x zur Basis 10
$\ln x$	Logarithmus von x zur Basis e
e	eulersche Zahl; $e = 2{,}718281828459045\ldots$
π	Kreiszahl, ludolfsche Zahl; „pi“ $\pi = 3{,}141592653589793\ldots$
sin; cos	Sinus; Kosinus
tan; cot	Tangens; Kotangens
lim	Limes (Grenzwert)
$\rightarrow$	gegen, nähert sich
∞	unendlich
$\lim\limits_{x \to x_0} f(x)$	Grenzwert der Funktion f an der Stelle x_0 für x gegen x_0
$\sum\limits_{k=1}^{n} a_k$	Summe aller a_k für k gleich 1 bis n
(a_k)	(Zahlen-) Folge a_k
$\Delta x; \Delta y$	Delta x; Delta y (Differenz zweier Argumente bzw. zweier Funktionswerte von f)
$f'(x)$	1. Ableitung von f; „f Strich von x“
$f''(x)$	2. Ableitung von f; „f zwei Strich von x“
$\frac{dy}{dx}$	Differenzialquotient „dy nach dx“
$\frac{d^2y}{dx^2}$	2. Differenzialquotient „d zwei y nach dx Quadrat“
$\int\limits_a^b f(x)\,dx$	(bestimmtes) Integral f(x) dx von a bis b
F	Stammfunktion von f
$[F(x)]_a^b$	Stammfunktion in den Grenzen von a bis b

$\vec{a}; \overrightarrow{AB}$	Vektoren
$\lvert\vec{a}\rvert$	Betrag von $\vec{a}$
$\vec{a} = \begin{pmatrix} a_x \\ a_y \\ a_z \end{pmatrix}$	Vektor in Koordinatendarstellung
$\vec{o}$	Nullvektor
$\vec{e}_1; \vec{e}_2; \vec{e}_3$	Einheitsvektoren in Richtung der Koordinatenachsen
$\vec{n}$	Normalenvektor
$\sphericalangle(\vec{a}; \vec{b})$	Winkel zwischen $\vec{a}$ und $\vec{b}$
$d(g, h)$	Abstand der Geraden g und h
$\vec{a} \cdot \vec{b}$	Skalarprodukt „$\vec{a}$ punkt $\vec{b}$“
$\vec{a} \times \vec{b}$	Vektorprodukt „$\vec{a}$ kreuz $\vec{b}$“
$\mathbf{A}; \mathbf{B}$	Matrizen
$\mathbf{A}^{-1}$	inverse Matrix von A
$\mathbf{A}^{T}$	transponierte Matrix von A
$\det \mathbf{A}; \lvert\mathbf{A}\rvert$	Determinante der Matrix A
A; B; …	Ereignisse
$H_n(E)$	absolute Häufigkeit des Ereignisses E bei n Werten
$h_n(E)$	relative Häufigkeit von E
$P(A)$	Wahrscheinlichkeit von A
$P_B(A)$	durch B bedingte Wahrscheinlichkeit von A
X; Y; …	Zufallsgrößen
$EX; \mu$	Erwartungswert von X
$D^2X; \sigma^2$; VarX	Streuung (Varianz) von X
$DX; \sigma; \sqrt{\mathrm{Var}X}$	Standardabweichung von X
$b(n; p; k)$	Binomialwahrscheinlichkeit
$B(n; p; k)$	kumulierte (aufsummierte) Binomialwahrscheinlichkeit
$\varphi; \Phi$	Dichtefunktion und Verteilungsfunktion der Standardnormalverteilung
$H_0; H_1$	Nullhypothese; Gegenhypothese
$A; \overline{A}$	Annahmebereich; Ablehnungsbereich einer Hypothese
α	Signifikanzniveau

Darstellen von Mengen und ihren Beziehungen

Begriff	Schreibweise	Mengendiagramm
x ist Element der Menge A; y ist nicht Element von A.	$x \in A$; $y \notin A$	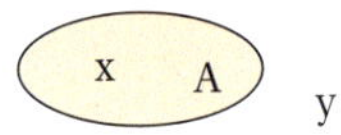
Menge A ist gleich Menge B. A und B bestehen aus denselben Elementen.	$A = B$	
Menge A ist Teilmenge der Menge B. Jedes Element von A ist auch Element von B. **Menge A ist echte Teilmenge der Menge B.** A ist Teilmenge von B und B enthält mindestens ein Element, das nicht zu A gehört.	$A \subseteq B$ $A \subset B$	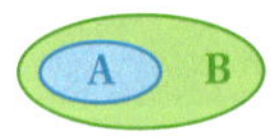
Menge $\overline{A}$ ist die Komplementärmenge von A bezüglich B. Ist A eine Teilmenge von B, so ist $\overline{A}$ die Menge aller Elemente aus B, die *nicht* zu A gehören.	$\overline{A}$	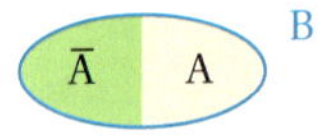

Mengenverknüpfungen (Mengenoperationen)

80140B

Begriff	Schreibweise	Mengendiagramm
Menge C ist die Vereinigungsmenge von A und B. C besteht aus allen Elementen, die zu A oder zu B oder zu beiden Mengen gehören.	$C = A \cup B$ *Sprechweise:* „A vereint B“	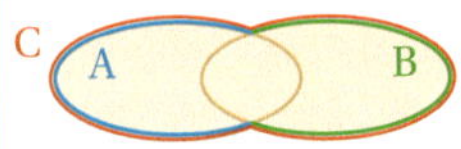
Menge D ist die Schnittmenge bzw. der Durchschnitt von A und B. D besteht aus allen Elementen, die zu A und gleichzeitig zu B gehören.	$D = A \cap B$ *Sprechweise:* „A geschnitten B“	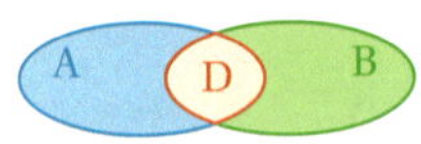
Menge E ist die Differenzmenge von A und B. E besteht aus allen Elementen, die zu A und nicht zu B gehören.	$E = A \setminus B$ *Sprechweise:* „A ohne B“	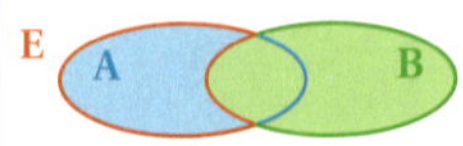
Menge P ist die Produktmenge aus A und B. P ist die Menge aller geordneten Paare (x; y), die aus $x \in A$ und $y \in B$ gebildet werden können. Sind A und B Zahlenmengen, so können die Elemente von P als Punkte im Koordinatensystem dargestellt werden.	$P = A \times B$ *Sprechweise:* „A kreuz B“	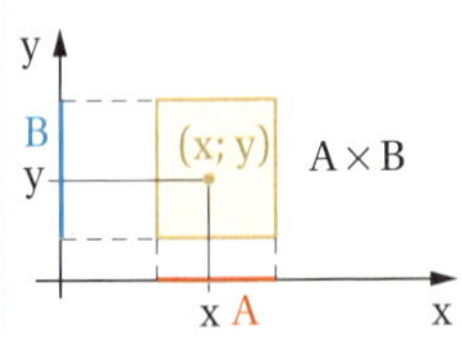

Zahlenbereiche

Zahlenbereich	Beschreibung	Uneingeschränkt ausführbare Grundrechenoperationen
Natürliche Zahlen	$\mathbb{N} = \{0; 1; 2; 3; \ldots\}$; $\mathbb{N}^* = \mathbb{N}\setminus\{0\}$	Addition, Multiplikation
Ganze Zahlen	$\mathbb{Z} = \{\ldots; -3; -2; -1; 0; 1; 2; 3; \ldots\}$	Addition, Multiplikation, Subtraktion
Gebrochene Zahlen	$\mathbb{Q}_+ = \left\{\frac{p}{q} \,\middle|\, p, q \in \mathbb{N};\ q \neq 0\right\}$	Addition, Multiplikation, Division (ausgenommen durch 0)
Rationale Zahlen	$\mathbb{Q} = \left\{\frac{p}{q} \,\middle|\, p, q \in \mathbb{Z};\ q \neq 0\right\}$ Rationale Zahlen lassen sich als endliche oder als periodische Dezimalzahlen schreiben.	Addition, Subtraktion, Multiplikation, Division (ausgenommen durch 0)
Reelle Zahlen	$\mathbb{R} = \mathbb{Q} \cup \mathbb{I}$ $\mathbb{I}$ irrationale Zahlen (unendliche nichtperiodische Dezimalbrüche)	Addition, Subtraktion, Multiplikation, Division (ausgenommen durch 0)

Beziehungen zwischen den Zahlenbereichen

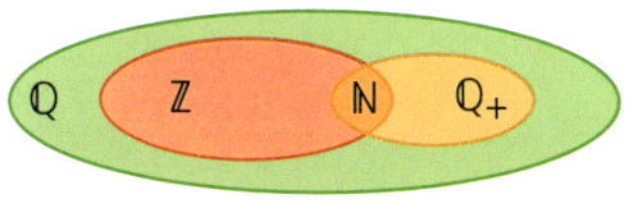

$\mathbb{N} \subset \mathbb{Z}$
$\mathbb{N} \subset \mathbb{Q}_+$
$\mathbb{N} = \mathbb{Z} \cap \mathbb{Q}_+$
$\mathbb{Q}_+ \subset \mathbb{Q}$
$\mathbb{Z} \subset \mathbb{Q}$

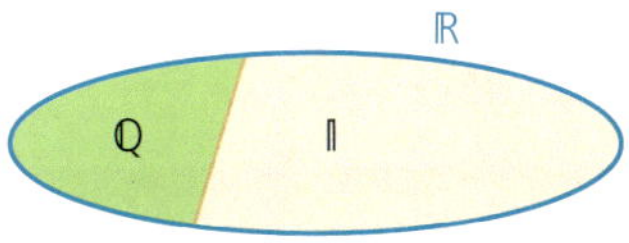

$\mathbb{Q} \subset \mathbb{R}$
$\mathbb{I} \subset \mathbb{R}$
$\mathbb{Q} \cap \mathbb{I} = \emptyset$

Intervalle

Begriff	Schreibweise	Darstellung
Abgeschlossenes Intervall von a bis b	$x \in [a; b] \Leftrightarrow a \leq x \leq b$	
Offenes Intervall von a bis b	$x \in \,]a; b[\Leftrightarrow a < x < b$	
Rechts offenes Intervall von a bis b	$x \in [a; b[\Leftrightarrow a \leq x < b$	
Offenes Intervall von a bis ∞	$x \in \,]a; \infty[\Leftrightarrow a < x$	
Links offenes Intervall von a bis b	$x \in \,]a; b] \Leftrightarrow a < x \leq b$	
Links offenes Intervall von −∞ bis a	$x \in \,]-\infty; a] \Leftrightarrow x \leq a$	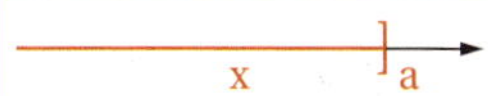

Termumformungen

80141 I

Der Wert eines Terms wird durch die folgenden Termumformungen nicht verändert.

Umformungsregel	Regel	Beschreibung
Kommutativgesetz	$a + b = b + a$ $\quad a \cdot b = b \cdot a$	Summanden oder Faktoren können vertauscht werden.
Assoziativgesetz	$a + (b + c) = (a + b) + c$ $a \cdot (b \cdot c) = (a \cdot b) \cdot c$	Summanden (Faktoren) können beliebig zusammengefasst werden.
Distributivgesetz	$a \cdot (b + c) = a \cdot b + a \cdot c$ $a \cdot b + a \cdot c - a \cdot d = a(b + c - d)$	Ausmultiplizieren Ausklammern
Auflösen von Klammern	$+(a + b - c) = a + b - c$ $-(a + b - c) = -a - b + c$	Zeichen „+“ und Klammer weglassen Zeichen „–“ und Klammer weglassen, Vorzeichen in Klammer umkehren
Multiplizieren von Summen	$(a + b) \cdot (c + d) =$ $a \cdot c + a \cdot d + b \cdot c + b \cdot d$	Jeder Summand der ersten Summe wird mit jedem Summanden der zweiten Summe multipliziert.
Binomische Formeln	$(a + b)^2 = a^2 + 2ab + b^2$ $(a - b)^2 = a^2 - 2ab + b^2$ $(a + b) \cdot (a - b) = a^2 - b^2$	*Binom:* Summe (Differenz) aus zwei Gliedern

Bruchrechnung

80141B

Bezeichnung	Regel	Beschreibung
Bruch	$\frac{a}{b} = \frac{a}{1} \cdot \frac{1}{b}$	Der Bruch $\frac{a}{b}$ hat den Zähler a und den Nenner b.
Kehrwert (Reziprokes)	$\frac{a}{b} \cdot \frac{b}{a} = 1$	Der Bruch $\frac{b}{a}$ ist der Kehrwert vom Bruch $\frac{a}{b}$.
Erweitern	$\frac{a}{b} \overset{\cdot c}{=} \frac{a \cdot c}{b \cdot c}$	Zähler a und Nenner b mit derselben Zahl $c \neq 0$ multiplizieren, Wert bleibt gleich
Kürzen	$\frac{a}{b} \overset{:c}{=} \frac{a : c}{b : c}$	Zähler a und Nenner b durch dieselbe Zahl $c \neq 0$ dividieren, Wert bleibt gleich
Addieren/ Subtrahieren	$\frac{a}{b} \pm \frac{c}{b} = \frac{a \pm c}{b}$ $\frac{a}{b} \pm \frac{c}{d} = \frac{a \cdot d}{b \cdot d} \pm \frac{b \cdot c}{b \cdot d}$ $= \frac{a \cdot d \pm b \cdot c}{b \cdot d}$	**Gleichnamige Brüche:** Zähler werden addiert bzw. subtrahiert und der Nenner wird beibehalten. **Ungleichnamige Brüche:** Brüche werden gleichnamig gemacht und dann addiert bzw. subtrahiert.
Multiplizieren	$\frac{a}{b} \cdot \frac{c}{d} = \frac{a \cdot c}{b \cdot d}$	Zähler multiplizieren und Nenner multiplizieren
Dividieren	$\frac{a}{b} : \frac{c}{d} = \frac{a}{b} \cdot \frac{d}{c} = \frac{a \cdot d}{b \cdot c}$	Dividend mit Kehrwert des Divisors multiplizieren

Rechnen mit positiven und negativen Zahlen (Vorzeichenregeln)

80143B

Betrag einer Zahl	$\lvert a\rvert = \begin{cases} a, & \text{wenn } a \geq 0 \\ -a, & \text{wenn } a < 0 \end{cases}$ Der (absolute) **Betrag** einer Zahl entspricht dem Abstand dieser Zahl vom Nullpunkt O auf der Zahlengeraden.
Rechnen mit Beträgen	$\lvert a\rvert = \lvert -a\rvert$ $\lvert a\rvert \geq 0$ $\pm a \leq \lvert a\rvert$ $\lvert a\cdot b\rvert = \lvert a\rvert \cdot \lvert b\rvert$ $\left\lvert \frac{a}{b}\right\rvert = \frac{\lvert a\rvert}{\lvert b\rvert}$ $\lvert a\rvert - \lvert b\rvert \leq \lvert a+b\rvert \leq \lvert a\rvert + \lvert b\rvert$ **(Dreiecksungleichung)** $\lvert a\rvert - \lvert b\rvert \leq \lvert a-b\rvert \leq \lvert a\rvert + \lvert b\rvert$ $\lvert a_1 + a_2 + \ldots + a_n\rvert \leq \lvert a_1\rvert + \lvert a_2\rvert + \ldots + \lvert a_n\rvert$
Rechenregeln	$a - (-b) = a + b$ $-a - b = -(a+b)$ $(-a) - (-b) = -a + b$ $a \cdot (-b) = -ab$ $(-a) \cdot b = -ab$ $(-a) \cdot (-b) = +ab$ $a : (-b) = -\frac{a}{b}\ (b \neq 0)$ $(-a) : b = -\frac{a}{b}\ (b \neq 0)$ $(-a) : (-b) = +\frac{a}{b}\ (b \neq 0)$

Potenzen, Wurzeln und Logarithmen

80144B

Begriff	Zusammenhang	
Potenz	Produkt aus n gleichen Faktoren: $\underbrace{a \cdot a \cdot a \cdot \ldots \cdot a}_{n \text{ Faktoren}} = a^n$ $(a \in \mathbb{R};\ n \in \mathbb{N},\ n \geq 2)$ a – Basis n – Exponent	*Festlegung:* $a^0 = 1$ $(a \neq 0)$ $a^1 = a$ $a^{-n} = \frac{1}{a^n}$ $(a \neq 0)$
Wurzel	$b = \sqrt[n]{a} \Leftrightarrow a = b^n$ $(n \in \mathbb{N}\setminus\{0;1\};\ a, b \geq 0)$ *Gesprochen:* b gleich n-te Wurzel aus a n – Wurzelexponent a – Radikand	*Festlegung:* $a^{\frac{1}{n}} = \sqrt[n]{a}$ $\sqrt[2]{a} = \sqrt{a}$
Potenzen mit rationalen Exponenten	$a^{\frac{m}{n}} = \sqrt[n]{a^m}$ $(a \in \mathbb{R};\ a > 0;\ n \in \mathbb{N};\ n \geq 2;\ m \in \mathbb{Z})$	
Logarithmus	$c = \log_a b \Leftrightarrow a^c = b$ $(a, b \in \mathbb{R};\ a, b > 0;\ a \neq 1)$ Der Logarithmus von b zur Basis a ist diejenige Zahl, mit der man a potenzieren muss, um b zu erhalten. *Gesprochen:* c gleich Logarithmus von b zur Basis a a – Basis b – Numerus c – Logarithmus	*Sonderfälle:* $\log_a a = 1$ $\log_a 1 = 0$ $\log_a(a^n) = n$ $a^{\log_a b} = b$
Logarithmen spezieller Basen	▪ Dekadischer Logarithmus: $\lg x = \log_{10} x$ (auch: $\log x = \log_{10} x$) ▪ Natürlicher Logarithmus: $\ln x = \log_e x$ (e eulersche Zahl)	

Rechenregeln für Potenzen, Wurzeln und Logarithmen

80145B

Potenzgesetze		
Potenzen multiplizieren/dividieren	*bei gleicher Basis* $a^m \cdot a^n = a^{m+n}$ $a^m : a^n = a^{m-n}$	▪ Basis a beibehalten ▪ Exponenten m und n addieren/subtrahieren
	bei gleichem Exponenten $a^m \cdot b^m = (a \cdot b)^m$ $a^m : b^m = \left(\frac{a}{b}\right)^m$	▪ Exponent m beibehalten ▪ Basen a und b multiplizieren/dividieren
Potenz potenzieren	$(a^m)^n = a^{m \cdot n} = (a^n)^m$	▪ Basis a beibehalten ▪ Exponenten m und n multiplizieren
Wurzelgesetze		
Wurzeln multiplizieren/dividieren	*bei gleichem Wurzelexponenten* $\sqrt[n]{a} \cdot \sqrt[n]{b} = \sqrt[n]{a \cdot b}$ $\sqrt[n]{a} : \sqrt[n]{b} = \sqrt[n]{\frac{a}{b}}$	▪ Wurzelexponent n beibehalten ▪ Radikanden a und b multiplizieren/dividieren
Wurzel aus Wurzel ziehen	$\sqrt[n]{\sqrt[m]{a}} = \sqrt[m]{\sqrt[n]{a}} = \sqrt[m \cdot n]{a}$	▪ Radikand a beibehalten ▪ Wurzelexponenten m und n multiplizieren
Wurzel potenzieren	$\left(\sqrt[n]{a}\right)^m = \sqrt[n]{a^m}$	m-te Potenz der n-ten Wurzel aus a ist gleich der n-ten Wurzel der m-ten Potenz von a.
Logarithmengesetze		
Logarithmen addieren/subtrahieren	*bei gleicher Basis* $\log_a u + \log_a v = \log_a(u \cdot v)$ $\log_a u - \log_a v = \log_a \frac{u}{v}$	▪ Basis a beibehalten ▪ Numeri u und v multiplizieren/dividieren
Logarithmus einer Potenz	$\log_a u^r = r \cdot \log_a u$	▪ Basis a beibehalten ▪ Exponent r als Faktor vor den Logarithmus der Basis setzen
Logarithmus einer Wurzel	$\log_a \sqrt[n]{u} = \log_a u^{\frac{1}{n}}$ $= \frac{1}{n} \cdot \log_a u$	▪ Basis a beibehalten ▪ Exponent $\frac{1}{n}$ als Faktor vor den Logarithmus des Radikanden setzen
Basiswechsel für Logarithmen		
	▪ $\log_c b = \frac{\log_a b}{\log_a c} = \frac{\ln b}{\ln c} = \frac{\lg b}{\lg c}$ ▪ $\lg x = M \cdot \ln x \quad (M = \lg e = 0{,}43429\ldots)$	▪ $\log_a b \cdot \log_b a = 1$ ▪ $\ln x = \frac{1}{M} \cdot \lg x \quad \left(\frac{1}{M} = \ln 10 = 2{,}30258\ldots\right)$

Prozent- und Zinsrechnung

80106B

Begriff	Prozentrechnung		Zinsrechnung	
Grundbegriffe	G – Grundwert		K – Kapital	
	W – Prozentwert		Z – Zinsen	
	$p\,\% = \frac{p}{100}$ – Prozentsatz		$p\,\% = \frac{p}{100}$ – Zinssatz	
	p – Prozentzahl		$p\,‰ = \frac{p}{1000}$ – Promillesatz	
Grundgleichung	$\frac{W}{G} = p\,\%$ oder	$\frac{W}{p} = \frac{G}{100}$	$\frac{Z}{K} = p\,\%$ oder	$\frac{Z}{p} = \frac{K}{100}$
Grundwert/Kapital	$G = \frac{W}{p\,\%}$ oder	$G = \frac{W \cdot 100}{p}$	$K = \frac{Z}{p\,\%}$ oder	$K = \frac{Z \cdot 100}{p}$
Prozentwert/Zinsen	$W = p\,\% \cdot G$ oder	$W = \frac{p \cdot G}{100}$	$Z = p\,\% \cdot K$ oder	$Z = \frac{p \cdot K}{100}$
Prozentsatz/Prozentzahl	$p\,\% = \frac{W}{G}$ oder	$p = \frac{W \cdot 100}{G}$	$p\,\% = \frac{Z}{K}$ oder	$p = \frac{Z \cdot 100}{K}$

„Bequeme“ Prozentsätze

Prozentsatz	1 %	2 %	$2\frac{1}{2}$ %	4 %	5 %	$6\frac{1}{4}$ %	$6\frac{2}{3}$ %	$12\frac{1}{2}$ %	20 %	25 %	$33\frac{1}{3}$ %	50 %	$66\frac{2}{3}$ %	75 %
Anteil am Grundwert	$\frac{1}{100}$	$\frac{1}{50}$	$\frac{1}{40}$	$\frac{1}{25}$	$\frac{1}{20}$	$\frac{1}{16}$	$\frac{1}{15}$	$\frac{1}{8}$	$\frac{1}{5}$	$\frac{1}{4}$	$\frac{1}{3}$	$\frac{1}{2}$	$\frac{2}{3}$	$\frac{3}{4}$

Vermehrte bzw. verminderte Grundwerte	
nach prozentualem Zuschlag (Aufschlag)	$G_+ = G \cdot \left(\frac{100 + p}{100}\right) = G \cdot (1 + p\,\%)$
nach prozentualem Abschlag (Abzug)	$G_- = G \cdot \left(\frac{100 - p}{100}\right) = G \cdot (1 - p\,\%)$

Für ein Anfangskapital K_0 mit einer Laufzeit von n Jahren, m Monaten und t Tagen gilt:

Jahreszinsen	Monatszinsen	Tageszinsen	Kapital bei Zinseszinsen
$Z_n = \frac{K_0 \cdot p \cdot n}{100}$	$Z_m = \frac{K_0 \cdot p \cdot m}{100 \cdot 12}$	$Z_t = \frac{K_0 \cdot p \cdot t}{100 \cdot 360}$	$K_n = K_0 \cdot \left(\frac{100 + p}{100}\right)^n$

Für die Rate R eines Kredits K_0, der einen Zinssatz von p % und eine Laufzeit von n Jahren hat, gilt:

Der Kredit K_0 wird nach n Jahren zusammen mit den Zinsen zurückgezahlt.	$R = K_0 \cdot \left(\frac{100 + p}{100}\right)^n = K_0 \cdot q^n$ (q – Zinsfaktor)
Der Kredit K_0 wird in n Jahren durch (gleiche) jährliche Raten zurückgezahlt.	$R = K_0 \cdot q^n \cdot \frac{\frac{p}{100}}{q^n - 1}$ $\left(q = \frac{100 + p}{100}\right)$

Terme, Gleichungen und Ungleichungen

80146B 80149B

Begriff	Zusammenhang	
Term	Terme sind mathematische Ausdrücke, die aus Zahlen, Variablen und Operationszeichen bestehen können.	
Gleichung	Eine Gleichung besteht aus zwei Termen, die durch ein Gleichheitszeichen verbunden sind.	$T_1 = T_2$ $a + b = c$
Ungleichung	Eine Ungleichung besteht aus zwei Termen, die durch ein Relationszeichen „<", „>", „≤" oder „≥" verbunden sind.	$T_1 < T_2$, $T_1 > T_2$ $T_1 \leq T_2$, $T_1 \geq T_2$
Grundbereich	Menge, deren Elemente für eine Variable eingesetzt werden können	
Lösung	Elemente eines Grundbereichs G, die beim Einsetzen in eine Gleichung oder Ungleichung zu einer wahren Aussage führen, heißen Lösung der Gleichung bzw. Ungleichung.	
Lösungsmenge	Die Lösungsmenge L einer Gleichung oder Ungleichung ist die Menge aller Lösungen aus dem Grundbereich G.	$L = \{x \in G \mid T_1(x) \lesseqgtr T_2(x)\}$ bzw. $L = \{x_1; x_2; x_3; \ldots\}$
Äquivalente Umformungen	Zwei Gleichungen oder Ungleichungen heißen bezüglich eines Grundbereichs G äquivalent, wenn sie die gleiche Lösungsmenge besitzen.	

äquivalente Umformung	einer Gleichung $T_1 = T_2$	einer Ungleichung $T_1 < T_2$
Vertauschen der Seiten	$T_2 = T_1$	$T_2 > T_1$ Das Relationszeichen kehrt sich um.
Addition oder **Subtraktion** gleicher Terme T auf beiden Seiten	$T_1 \pm T = T_2 \pm T$	$T_1 \pm T < T_2 \pm T$ Das Relationszeichen bleibt gleich.
Multiplikation oder **Division** beider Seiten mit einem bzw. durch einen Term $T \neq 0$	$T_1 \cdot T = T_2 \cdot T$ $T_1 : T = T_2 : T$	für $T > 0$: $T_1 \cdot T < T_2 \cdot T$ $T_1 : T < T_2 : T$ Das Relationszeichen bleibt gleich. für $T < 0$: $T_1 \cdot T > T_2 \cdot T$ $T_1 : T > T_2 : T$ Das Relationszeichen kehrt sich um.

Proportionen und Verhältnisgleichungen

80147B

Zusammenhang	Direkte Proportionalität	Umgekehrte (indirekte) Proportionalität
	Zwei Größen a und b sind (direkt) proportional, wenn dem Doppelten (Dreifachen, ...) der einen Größe das Doppelte (Dreifache, ...) der anderen Größe zugeordnet wird. *Schreibweise:* $a \sim b$	Zwei Größen a und b sind umgekehrt (indirekt) proportional, wenn dem Doppelten (Dreifachen, ...) der einen Größe die Hälfte (ein Drittel, ...) der anderen Größe zugeordnet wird. *Schreibweise:* $a \sim \frac{1}{b}$
Veranschaulichung	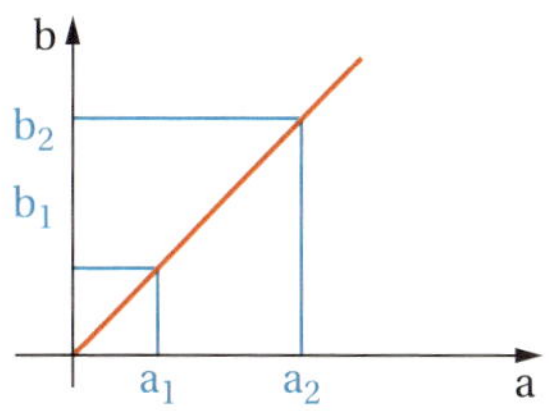	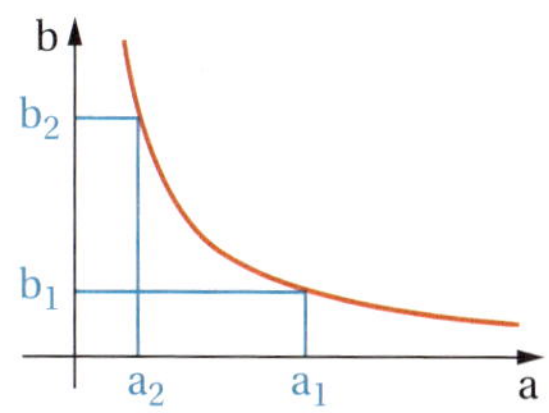
Verhältnisgleichung	Für jedes Paar (a; b) mit $a, b \neq 0$ ist der Quotient $\frac{b}{a}$ gleich groß: $\frac{b_1}{a_1} = \frac{b_2}{a_2} = \ldots =$ konstant $\Rightarrow a_1 \cdot b_2 = a_2 \cdot b_1$	Für jedes Paar (a; b) mit $a, b \neq 0$ ist das Produkt $a \cdot b$ gleich groß: $a_1 \cdot b_1 = a_2 \cdot b_2 =$ konstant $\Rightarrow \frac{a_1}{a_2} = \frac{b_2}{b_1}$
Proportionalitätsfaktor k	$\frac{b}{a} = k$ bzw. $b = k \cdot a$	$a \cdot b = k$ bzw. $b = k \cdot \frac{1}{a}$ bzw. $a = k \cdot \frac{1}{b}$

Dreisatz

80148B

Aus drei bekannten Werten eines Verhältnisses wird ein vierter Wert ermittelt (Schlussrechnen).

Schritte	Direkte Proportionalität $a \sim b$	Umgekehrte (indirekte) Proportionalität $a \sim \frac{1}{b}$
1. Schluss von einem bekannten Zahlenpaar der Zuordnung 2. auf den Wert für eine Einheit und 3. von dieser Einheit auf den gesuchten Wert	a Einheiten ≙ b Einheiten (: a) (: a) 1 Einheit ≙ $\frac{b}{a}$ Einheiten (· c) (· c) c Einheiten ≙ $\frac{c \cdot b}{a}$ Einheiten	a Einheiten ≙ b Einheiten (: a) (· a) 1 Einheit ≙ $a \cdot b$ Einheiten (· c) (: c) c Einheiten ≙ $\frac{a \cdot b}{c}$ Einheiten

Lineare Gleichungen

80149B

	Lineare Gleichungen mit einer Variablen	Lineare Gleichungen mit zwei Variablen
Normalform	$ax + b = 0 \quad (a, b = \text{const.};\ a \neq 0)$	$ax + by = c \quad (a, b, c = \text{const.};\ a, b \neq 0)$
Lösungsmenge	$L = \left\{-\frac{b}{a}\right\}$ Die Lösung ist die x-Koordinate des Schnittpunktes der linearen Funktion $f(x) = ax + b$ mit der x-Achse eines kartesische Koordinatensystems.	$L = \{(x; y)\}$ mit $y = -\frac{a}{b}x + \frac{c}{b}$ Die Lösungsmenge lässt sich als Gerade durch die Punkte $\left(0; \frac{c}{b}\right)$ und $\left(\frac{c}{a}; 0\right)$ veranschaulichen.

Lineare Gleichungssysteme aus zwei Gleichungen mit zwei Variablen

80108B

Begriff	Zusammenhang
Normalform	(I) $a_1x + b_1y = c_1$ (II) $a_2x + b_2y = c_2$ $(a_i, b_i, c_i \text{ konst.}; a_i, b_i, c_i \in \mathbb{R}; i \in \{1; 2\})$
Rechnerisches Lösen linearer Gleichungssysteme (Lösungsverfahren)	
Lösungsformel (cramersche Regel)	$x = \frac{c_1b_2 - c_2b_1}{a_1b_2 - a_2b_1} \quad y = \frac{a_1c_2 - a_2c_1}{a_1b_2 - a_2b_1} \quad (a_1b_2 - a_2b_1 \neq 0)$
Einsetzungsverfahren	1. Eine Gleichung nach Variable 1 auflösen. 2. Term für Variable 1 in die zweite Gleichung einsetzen. 3. Lösung für Variable 2 mit der zweiten Gleichung ermitteln. 4. Lösung für Variable 2 in die erste Gleichung einsetzen und Lösung für die erste Variable 1 ermitteln.
Gleichsetzungsverfahren	1. Beide Gleichungen nach Variable 1 auflösen. 2. Terme für Variable 1 aus beiden Gleichungen gleichsetzen und Lösung für Variable 2 ermitteln. 3. Lösung für Variable 2 in eine der Ausgangsgleichungen einsetzen und Lösung für Variable 1 ermitteln.
Additionsverfahren	1. Beide Gleichungen durch Multiplikation/Division so umformen, dass bei anschließender Addition/Subtraktion eine Gleichung mit *einer* Variablen entsteht. 2. Mit dieser Gleichung die Lösung für Variable 1 ermitteln. 3. Die Lösung für Variable 1 in eine der Ausgangsgleichungen einsetzen und die Lösung für Variable 2 ermitteln.

Grafisches Lösen linearer Gleichungssysteme mit zwei Variablen

80150B

Lineares Gleichungssystem
(I) $a_1 x + b_1 y = c_1$
(II) $a_2 x + b_2 y = c_2$

Beide Gleichungen werden als Ausdruck linearer Funktionen aufgefasst, die im Koordinatensystem zwei Geraden ergeben.

1. Fall
Die Geraden schneiden einander.
Es gibt *genau eine Lösung:*
$L = \{(x_s; y_s)\}$

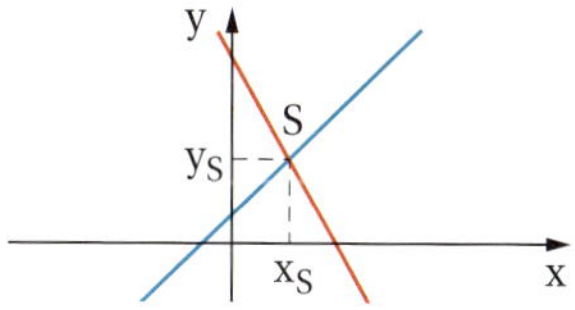

2. Fall
Die Geraden sind zueinander parallel.
Es gibt *keine Lösung:* $L = \emptyset$

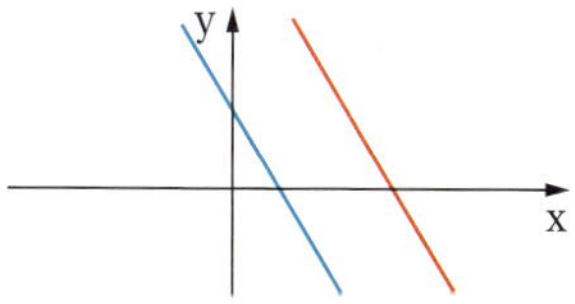

3. Fall
Die Geraden sind identisch.
Es gibt *unendlich viele Lösungen:*
$L = \{(x; y) \mid y = mx + n\}$

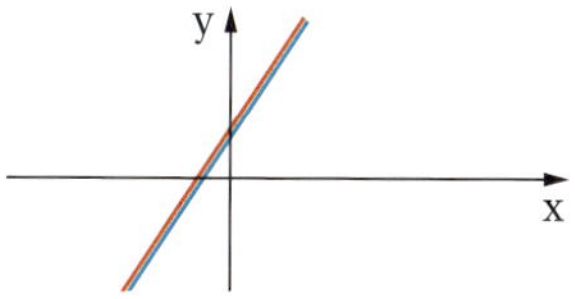

Lineare Gleichungssysteme aus m Gleichungen mit n Variablen

80102B

Begriff	Zusammenhang
Normalform	$a_{11}x_1 + a_{12}x_2 + \ldots + a_{1n}x_n = b_1$ $(a_{ik}, b_i, x_i \in \mathbb{R};\ i, k, m, n \in \mathbb{N}^*)$ $a_{21}x_1 + a_{22}x_2 + \ldots + a_{2n}x_n = b_2$ $\ldots \qquad \ldots$ $a_{m1}x_1 + a_{m2}x_2 + \ldots + a_{mn}x_n = b_m$
Äquivalenz-umformungen	Die Lösungsmenge eines linearen Gleichungssystems bleibt bei folgenden Umformungen unverändert: 1. Vertauschen von Gleichungen 2. Multiplizieren einer Gleichung mit einer von null verschiedenen reellen Zahl 3. Addieren (des Vielfachen) einer Gleichung zu (dem Vielfachen) einer anderen 4. Streichen einer Gleichung, die äquivalent zu einer anderen ist
Gauß-Algorithmus	Das System wird schrittweise durch äquivalente Umformungen in **Stufenform** gebracht. Führen die Umformungen ▪ zur **Dreiecksform,** dann gibt es genau eine Lösung $(x_1; x_2; \ldots; x_n)$, wobei x_n aus der letzten Gleichung bestimmt wird und x_{n-1} bis x_1 durch rückwärtiges Einsetzen schrittweise berechnet werden. ▪ zur **Trapezform,** dann gibt es unendlich viele Lösungen, wobei mindestens eine Variable als Parameter frei wählbar ist und alle anderen Variablen durch die Parameter eindeutig bestimmt sind. ▪ zu einer falschen Aussage, dann gibt es keine Lösung.

Quadratische Gleichungen

80107B

	allgemeine Form	Normalform
Gleichung	$ax^2 + bx + c = 0 \quad (a, b, c \in \mathbb{R};\ a \neq 0)$	$x^2 + px + q = 0 \quad (p, q \in \mathbb{R})$
Diskriminante	$D = b^2 - 4ac$	$D = \left(\frac{p}{2}\right)^2 - q = \frac{p^2}{4} - q$
Lösungsfälle in $\mathbb{R}$	$D > 0 \Rightarrow L = \{x_1; x_2\}$ (zwei verschiedene Lösungen) $D = 0 \Rightarrow L = \{x_1\} = \{x_2\}$ (genau eine Lösung) $D < 0 \Rightarrow L = \{\ \} = \emptyset$ (keine Lösung)	
Lösungsformel	$x_{1;2} = \frac{-b \pm \sqrt{b^2 - 4ac}}{2a}$	$x_{1;2} = -\frac{p}{2} \pm \sqrt{\left(\frac{p}{2}\right)^2 - q} = -\frac{p}{2} \pm \sqrt{\frac{p^2}{4} - q}$
Lösungen	$x_1 = \frac{-b + \sqrt{b^2 - 4ac}}{2a}$ $x_2 = \frac{-b - \sqrt{b^2 - 4ac}}{2a}$	$x_1 = -\frac{p}{2} + \sqrt{\left(\frac{p}{2}\right)^2 - q} = -\frac{p}{2} + \sqrt{\frac{p^2}{4} - q}$ $x_2 = -\frac{p}{2} - \sqrt{\left(\frac{p}{2}\right)^2 - q} = -\frac{p}{2} - \sqrt{\frac{p^2}{4} - q}$
Satz von Vieta	Sind x_1 und x_2 Lösungen einer quadratischen Gleichung, so gilt: $x_1 + x_2 = -\frac{b}{a} \qquad x_1 \cdot x_2 = \frac{c}{a}$	$x_1 + x_2 = -p \qquad x_1 \cdot x_2 = q$
Zerlegung in Linearfaktoren	$ax^2 + bx + c = a(x - x_1)(x - x_2) = 0$	$x^2 + px + q = (x - x_1)(x - x_2) = 0$
Spezialfälle	$ax^2 = 0 \quad \Rightarrow x_1 = 0;\ x_2 = 0$	$x^2 = 0 \quad \Rightarrow x_1 = 0;\ x_2 = 0$
	$ax^2 + bx = 0 \quad \Rightarrow x(ax + b) = 0$ $\Rightarrow x_1 = 0;\ x_2 = -\frac{b}{a}$	$x^2 + px = 0 \quad \Rightarrow x(x + p) = 0$ $\Rightarrow x_1 = 0;\ x_2 = -p$
	$ax^2 + c = 0 \quad \Rightarrow x^2 = -\frac{c}{a}$ $\frac{c}{a} > 0$: keine Lösung $\frac{c}{a} = 0$: $x_1 = 0;\ x_2 = 0$ $\frac{c}{a} < 0$: $x_1 = +\sqrt{-\frac{c}{a}};\ x_2 = -\sqrt{-\frac{c}{a}}$	$x^2 + q = 0 \quad \Rightarrow x^2 = -q$ $q > 0$: keine Lösung $q = 0$: $x_1 = 0;\ x_2 = 0$ $q < 0$: $x_1 = +\sqrt{-q};\ x_2 = -\sqrt{-q}$
	$(x + r)^2 = 0 \Rightarrow (x + r)(x + r) = 0 \quad \Rightarrow x_1 = -r;\ x_2 = -r$ $(x + r)(x - s) = 0 \quad \Rightarrow x_1 = -r;\ x_2 = s$	
Biquadratische Gleichungen	Gleichungen der Form $ax^4 + bx^2 + c = 0$ bzw. $x^4 + px^2 + q = 0$ können mittels der **Substitution** $x^2 = z$ auf eine quadratische Gleichung $az^2 + bz + c = 0$ bzw. $z^2 + pz + q = 0$ zurückgeführt werden. Sind z_1 und z_2 nichtnegative Lösungen dieser Gleichung, so sind $x_{1;2} = \pm\sqrt{z_1}$ und $x_{3;4} = \pm\sqrt{z_2}$ die Lösungen der biquadratischen Gleichung.	

Algebraische Gleichungen n-ten Grades

80103B

Begriff	Zusammenhang
Normierte Form	$x^n + a_{n-1}x^{n-1} + a_{n-2}x^{n-2} + \ldots + a_2x^2 + a_1x^1 + a_0 = 0 \qquad (a_i \in \mathbb{R}; n \in \mathbb{N})$ Die linke Seite der Gleichung heißt **Polynom** vom Grad n. *Schreibweise:* $P_n(x)$
Anzahl der Lösungen (Nullstellen)	Jede algebraische Gleichung n-ten Grades hat im Bereich der reellen Zahlen höchstens n Lösungen: $L = \{x_1; x_2; x_3; \ldots; x_n\}$
Linearfaktor des Polynoms $P_n(x)$	Ist x_1 eine Lösung der Gleichung $P_n(x) = 0$, so heißt der Term $(x - x_1)$ Linearfaktor des Polynoms $P_n(x)$. $P_n(x)$ kann mittels **Polynomdivision** ohne Rest durch $(x - x_1)$ dividiert werden. Man erhält dadurch eine Gleichung (ein Polynom) (n - 1)-ten Grades und es gilt $P_n(x) = (x - x_1) \cdot P_{n-1}(x)$.
Zerlegung in Linearfaktoren	$P_n(x) = x^n + a_{n-1}x^{n-1} + \ldots + a_2x^2 + a_1x^1 + a_0 = (x - x_1)(x - x_2) \cdot \ldots \cdot (x - x_n) = 0$
Vielfachheit einer Lösung	Eine Lösung x_1 hat die Vielfachheit k $(k \in \mathbb{N}; 1 \le k \le n)$, wenn für alle $x \in \mathbb{R}$ gilt: $P_n(x) = (x - x_1)^k \cdot P_{n-k}(x)$ Dabei ist $P_{n-k}(x)$ ein Polynom vom Grad n - k.
Lösungsverfahren	1. Lösung x_1 durch Probieren bestimmen *Hinweis:* Ist $P_n(x)$ ein Polynom mit ausschließlich ganzzahligen Koeffizienten, dann ist jede ganzzahlige Lösung x_i ein Teiler des absoluten Gliedes a_0. 2. Polynom $P_{n-1}(x)$ mittels **Polynomdivision** $P_n(x) : (x - x_1)$ bestimmen 3. Lösungen der Gleichung $P_{n-1}(x) = 0$ nach einem bekannten Verfahren ermitteln oder das Polynom $P_{n-1}(x)$ gegebenenfalls weiter zerlegen.
Hornerschema	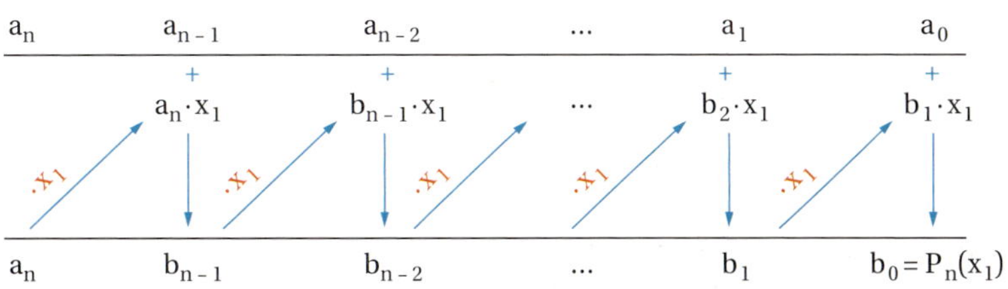 Wenn x_1 eine Lösung der Gleichung $P_n(x) = 0$ ist, so ergibt sich aus der letzten Zeile im Hornerschema das Polynom $P_{n-1}(x) = P_n(x) : (x - x_1)$. Es gilt: $P_{n-1}(x) = a_nx^{n-1} + b_{n-1}x^{n-2} + \ldots + b_1$

Wurzel-, Exponential- und Logarithmusgleichungen

80109B

In einfachen Fällen lässt sich die Lösungsmenge von Wurzel-, Exponential- und Logarithmusgleichungen durch Umformen der Gleichungen bestimmen.

Begriff	Zusammenhang	Lösungsstrategie
Wurzelgleichung	Die Variable tritt im Radikanden einer Wurzel auf. $\sqrt[n]{x} = a \quad \Rightarrow \quad x = a^n$ $\sqrt[n]{f(x)} = a \quad \Rightarrow \quad f(x) = a^n$ $a \cdot \sqrt[n]{f(x)} = b \cdot \sqrt[n]{g(x)} \quad \Rightarrow \quad a^n \cdot f(x) = b^n \cdot g(x)$	▪ Gleichung nach Wurzelterm umstellen ▪ beide Seiten der umgeformten Gleichung potenzieren (quadrieren) ▪ Lösungsmenge bestimmen ▪ Scheinlösungen durch Probe ausschließen
Exponentialgleichung	Die Variable tritt in einem Exponenten auf. Für $a, b > 0$, $a \neq 1$ gilt: $a^x = b \quad \Rightarrow \quad x = \log_a b$ bzw. $x = \frac{\ln b}{\ln a}$ bzw. $x = \frac{\lg b}{\lg a}$ $a^{f(x)} = b \quad \Rightarrow \quad f(x) = \log_a b$ $a^{f(x)} = a^{g(x)} \quad \Rightarrow \quad f(x) = g(x)$	▪ beide Seiten der Gleichung logarithmieren ▪ gegebenenfalls Rechenregeln für Potenzen und Logarithmen anwenden
Logarithmusgleichung	Die Variable tritt im Numerus eines Logarithmus auf. Für $a > 0$, $a \neq 1$ gilt: $\log_a x = c \quad \Rightarrow \quad x = a^c$ $\lg x = c \quad \Rightarrow \quad x = 10^c$ $\ln x = c \quad \Rightarrow \quad x = e^c$ $\log_a f(x) = c \quad \Rightarrow \quad f(x) = a^c$	▪ Gleichung nach Logarithmus umstellen ▪ Definition des Logarithmus anwenden

Gleichungen mit absoluten Beträgen

80151B

Bei Gleichungen mit absoluten Beträgen ist eine Fallunterscheidung sinnvoll. Die Lösungsmenge L der gesamten Gleichung ist dann die Vereinigungsmenge der Lösungsmengen der einzelnen Fälle.

Gleichung	Fallunterscheidung
$\lvert T_1(x) \rvert = T_2(x)$	1. Fall ($T_1(x) \geq 0$): L_I als Lösungsmenge der Gleichung $T_1(x) = T_2(x)$ bestimmen 2. Fall ($T_1(x) < 0$): L_{II} als Lösungsmenge der Gleichung $T_1(x) = -T_2(x)$ bestimmen $L = L_I \cup L_{II}$

Geometrie

Winkel

Begriff	Zusammenhang	Veranschaulichung
Winkel	Zwei Strahlen p und q mit gemeinsamem Anfangspunkt S bilden Winkel (der Größe α bzw. β; Winkelmaße ↗ S. 35). Den Punkt S nennt man **Scheitelpunkt,** die Strahlen p, q **Schenkel** des Winkels.	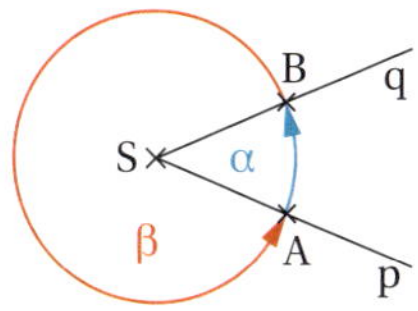
	Ein Winkel heißt **positiv orientiert,** wenn er entgegengesetzt zum Uhrzeigersinn gemessen wird.	$\sphericalangle (p, q) = \sphericalangle ASB$ $\sphericalangle (q, p) = \sphericalangle BSA$

Spezielle Winkel

Nullwinkel	spitzer Winkel	rechter Winkel	stumpfer Winkel	gestreckter Winkel	überstumpfer Winkel	Vollwinkel
	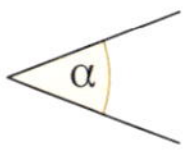	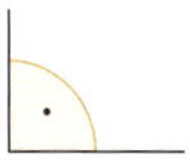	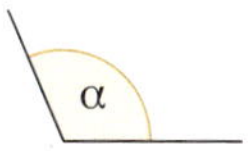	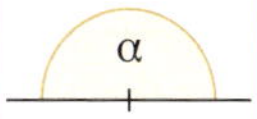	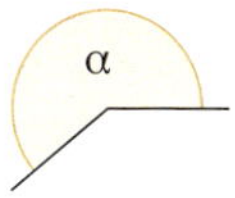	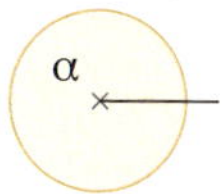
$\alpha = 0°$	$0° < \alpha < 90°$	$\alpha = 90°$	$90° < \alpha < 180°$	$\alpha = 180°$	$180° < \alpha < 360°$	$\alpha = 360°$

Winkel an Geraden

80142B

Winkelpaar	Eigenschaft	Veranschaulichung
Zwei **Scheitelwinkel** sind gleich groß. Zwei **Nebenwinkel** ergänzen einander zu 180°.	$\alpha = \beta$ $\alpha + \gamma = 180°$ $\beta + \gamma = 180°$	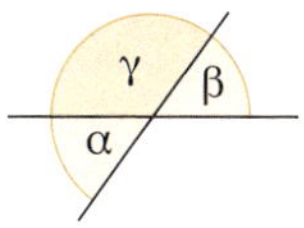
Zwei **Stufenwinkel** an geschnittenen Parallelen sind gleich groß. Zwei **Wechselwinkel** an geschnittenen Parallelen sind gleich groß.	$\alpha = \beta$ $\alpha = \gamma$	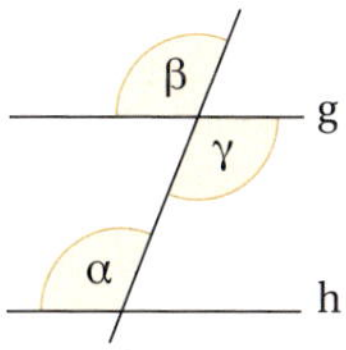 g||h
Zwei **Komplementwinkel** ergänzen einander zu 90°. Zwei **Supplementwinkel** ergänzen einander zu 180°.	$\alpha + \beta = 90°$ $\gamma + \delta = 180°$	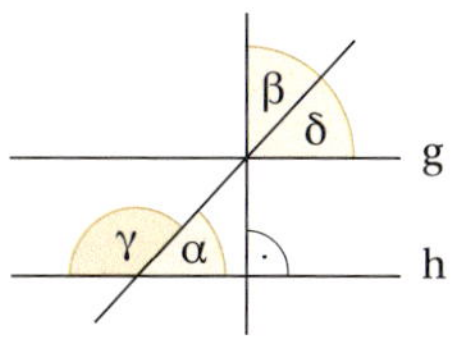 g||h

Winkel am n-Eck		
Die Summe der **Innenwinkel eines Dreiecks** beträgt 180° (Innenwinkelsatz).	$\alpha + \beta + \gamma = 180°$	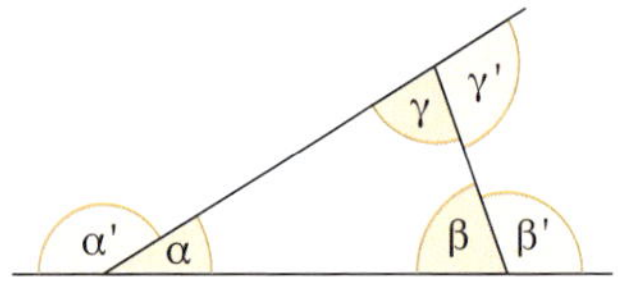
Die Summe der **Außenwinkel eines Dreiecks** beträgt 360°. Jeder Außenwinkel eines Dreiecks ist so groß wie die Summe der beiden nicht anliegenden Innenwinkel (Außenwinkelsatz).	$\alpha' + \beta' + \gamma' = 360°$ $\alpha' = \beta + \gamma$ $\beta' = \alpha + \gamma$ $\gamma' = \alpha + \beta$	
Die Summe der **Innenwinkel eines Vierecks** beträgt 360° (Innenwinkelsatz). Die Summe der **Innenwinkel eines n-Ecks** beträgt $(n - 2) \cdot 180°$.	$\alpha + \beta + \gamma + \delta = 360°$	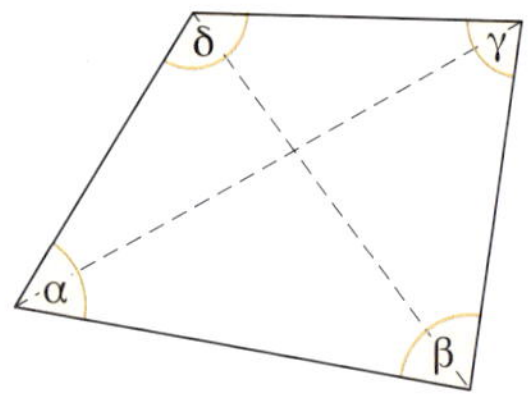

Dreiecke

80100B

Begriff	Zusammenhänge
Allgemeines Dreieck (Berechnungen von Winkelgrößen, Seitenlängen und Flächeninhalt ↗ S. 22)	Der kleinsten Seite liegt der kleinste Winkel gegenüber. **Dreiecksungleichungen:** $a + b > c$; $b + c > a$; $a + c > b$ **Umfang:** $u = a + b + c$ **Flächeninhalt:** $A = \frac{1}{2} \cdot g \cdot h_g$ 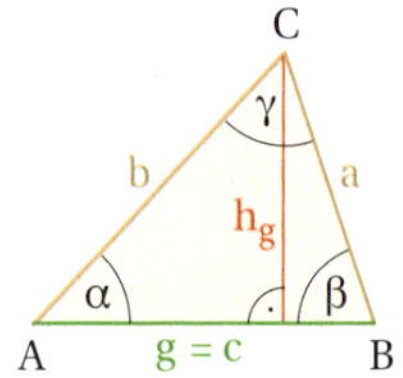 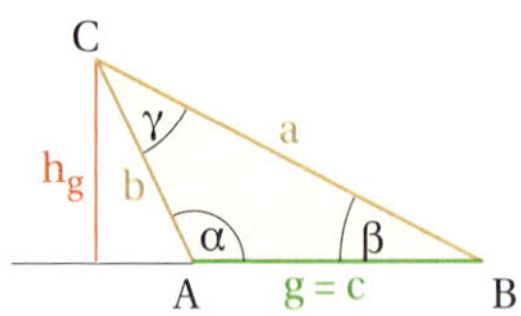
Gleichseitiges Dreieck	**Winkel:** $\alpha = 60°$ **Höhe:** $h = \frac{a}{2} \cdot \sqrt{3}$ **Umfang:** $u = 3a$ **Flächeninhalt:** $A = \frac{a^2}{4} \cdot \sqrt{3}$ 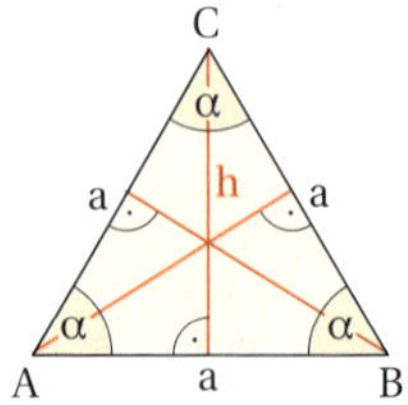 Die Höhen, Mittelsenkrechten, Seitenhalbierenden und Winkelhalbierenden schneiden einander im gleichen Punkt und sind gleich lang.

Rechtwinklige Dreiecke

80152B

Begriff	Zusammenhänge und Veranschaulichung
Die **Hypotenuse** liegt dem rechten Winkel gegenüber. Die **Katheten** bilden die beiden Schenkel des rechten Winkels.	c – Hypotenuse a; b – Katheten h – Höhe p; q – Hypotenusenabschnitte **Winkel:** $\alpha + \beta = 90°$ **Flächeninhalt:** $A = \frac{1}{2} \cdot a \cdot b = \frac{1}{2} \cdot c \cdot h$ 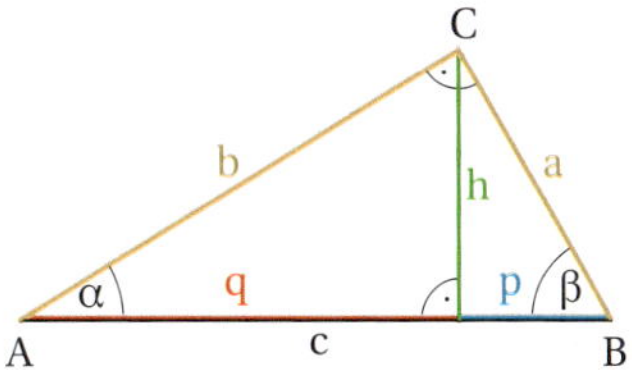
Sätze im rechtwinkligen Dreieck	**Satz des Pythagoras** 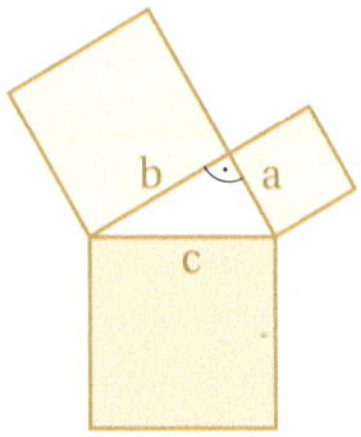 $c^2 = a^2 + b^2$ **Kathetensatz** 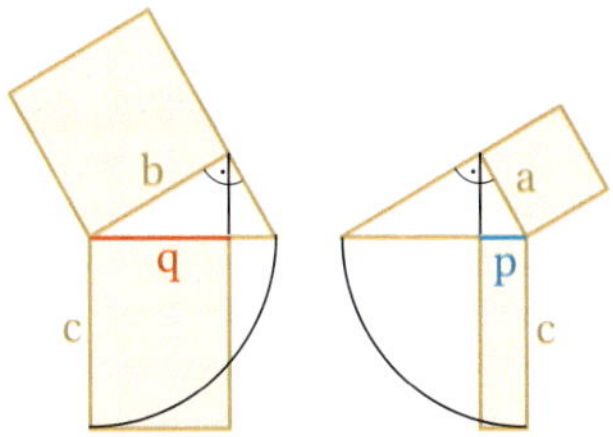 $b^2 = c \cdot q$ $a^2 = c \cdot p$ **Höhensatz** 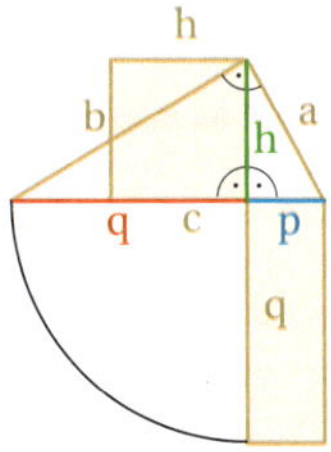 $h^2 = q \cdot p$
(Berechnungen von Seitenlängen und Winkelgrößen ↗ S. 22)	**Umkehrung des Satzes von Pythagoras** Wenn c im Dreieck ABC die längste Seite ist und die Gleichung $c^2 = a^2 + b^2$ erfüllt ist, so ist △ABC ein rechtwinkliges Dreieck mit der Hypotenuse c und den Katheten a und b.

Besondere Linien im Dreieck

Begriff	Veranschaulichung
Die **Höhen** (h_a; h_b; h_c) schneiden einander in einem gemeinsamen Punkt **H**. Die **Seitenhalbierenden** (s_a; s_b; s_c) schneiden einander in einem gemeinsamen Punkt, dem Schwerpunkt **S**. Die **Winkelhalbierenden** (w_α; w_β; w_γ) schneiden einander in einem gemeinsamen Punkt, dem Inkreismittelpunkt **W**. Die **Mittelsenkrechten** (m_a; m_b; m_c) schneiden einander in einem gemeinsamen Punkt, dem Umkreismittelpunkt **M**.	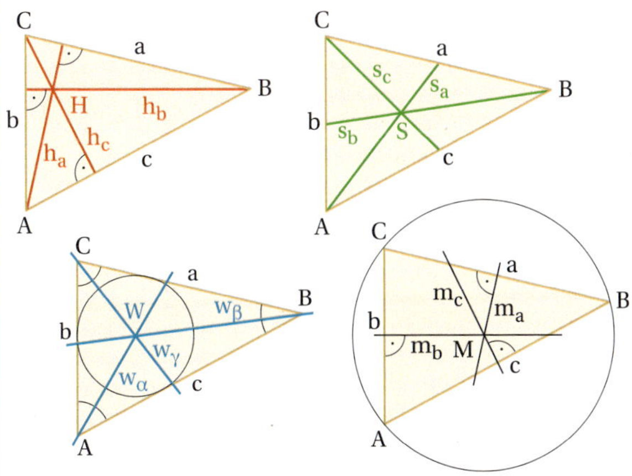

Trigonometrische Berechnungen in rechtwinkligen Dreiecken

80153B

Begriff	Gleichung	Darstellung
Sinus von α	$\sin\alpha = \frac{a}{c}$ $\left(\frac{\text{Gegenkathete}}{\text{Hypotenuse}}\right)$	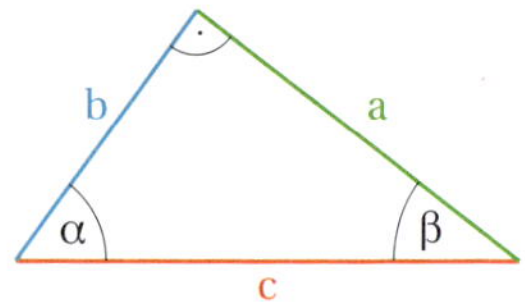
Kosinus von α	$\cos\alpha = \frac{b}{c}$ $\left(\frac{\text{Ankathete}}{\text{Hypotenuse}}\right)$	
Tangens von α	$\tan\alpha = \frac{a}{b}$ $\left(\frac{\text{Gegenkathete}}{\text{Ankathete}}\right)$	
Es gilt: $\sin\alpha = \cos\beta$; $\cos\alpha = \sin\beta$		

Trigonometrische Berechnungen in beliebigen Dreiecken

80111B

Sinussatz	$\frac{a}{\sin\alpha} = \frac{b}{\sin\beta} = \frac{c}{\sin\gamma}$	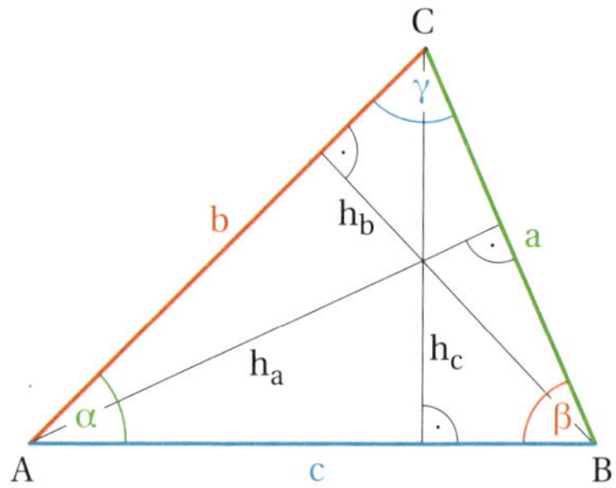
Kosinussatz	$a^2 = b^2 + c^2 - 2\cdot b\cdot c\cdot\cos\alpha$ $b^2 = a^2 + c^2 - 2\cdot a\cdot c\cdot\cos\beta$ $c^2 = a^2 + b^2 - 2\cdot a\cdot b\cdot\cos\gamma$	
Flächeninhalt	$A = \frac{1}{2}\cdot a\cdot b\cdot\sin\gamma = \frac{1}{2}\cdot b\cdot c\cdot\sin\alpha$ $= \frac{1}{2}\cdot a\cdot c\cdot\sin\beta$	
Höhe	$h_a = b\cdot\sin\gamma = c\cdot\sin\beta$ $h_b = a\cdot\sin\gamma = c\cdot\sin\alpha$ $h_c = b\cdot\sin\alpha = a\cdot\sin\beta$	

Regelmäßige Vielecke

80155B

	Regelmäßiges n-Eck	Regelmäßiges Sechseck
Regelmäßige Vielecke besitzen ausschließlich Seiten von gleicher Länge und Innenwinkel von gleicher Größe.	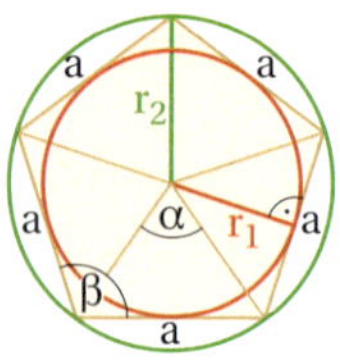	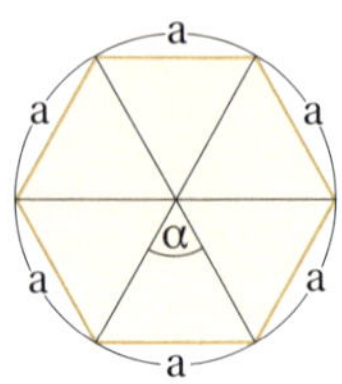
n – Anzahl der Ecken r_2 – Umkreisradius r_1 – Inkreisradius	$\alpha = \frac{360°}{n}$ $\beta = 180° - \alpha$ $u = n\cdot a$ $A = \frac{n}{2}a\cdot r_1 = \frac{n}{2}\cdot r_2^2\sin\alpha$	$\alpha = \frac{360°}{6} = 60°$ $u = 6\cdot a$ $A = \frac{3\cdot\sqrt{3}}{2}\cdot a^2$

Vierecke

80156B

Begriff	Zusammenhang
Unregelmäßiges Viereck a, b, c, d – Seiten bzw. deren Längen e, f – Diagonalen bzw. deren Längen α, β, γ, δ – Innenwinkel bzw. deren Größe u – Umfang A – Flächeninhalt	$u = a + b + c + d$ $A = A_1 + A_2$ $\alpha + \beta + \gamma + \delta = 360°$ 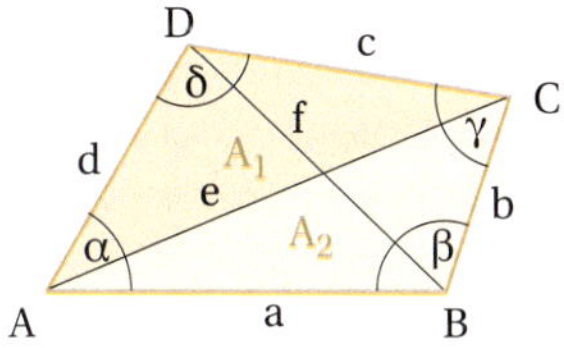
Quadrat ▪ Innenwinkel sind gleich groß (90°) ▪ Diagonalen sind zueinander senkrecht, gleich lang und halbieren einander.	$u = 4 \cdot a$ $A = a^2$ $e^2 = 2 \cdot a^2$ 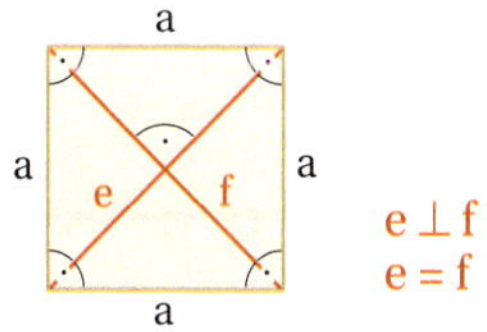
Rechteck ▪ Innenwinkel sind gleich groß (90°) ▪ Diagonalen sind gleich lang und halbieren einander.	$u = 2 \cdot (a + b)$ $A = a \cdot b$ $e^2 = a^2 + b^2$ 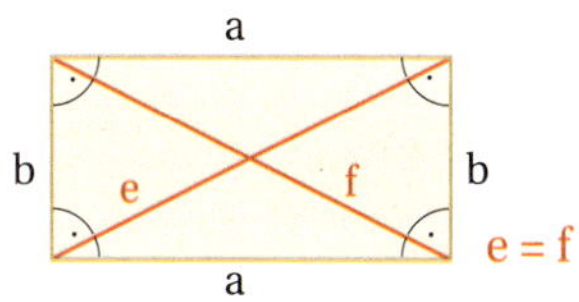
Rhombus (Raute) ▪ Gegenüberliegende Innenwinkel sind gleich groß. ▪ Diagonalen sind zueinander senkrecht und halbieren einander.	$e^2 + f^2 = 4 \cdot a^2$ $u = 4 \cdot a$ $A = \frac{e \cdot f}{2} = a^2 \cdot \sin\alpha$ 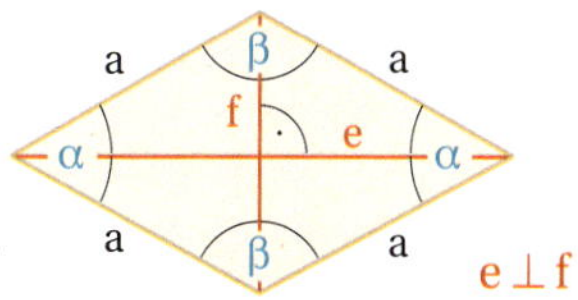
Trapez ▪ Mindestens zwei Seiten sind zueinander parallel. ▪ m – Mittelparallele (Mittellinie)	$m = \frac{1}{2}(a + c)$ $u = a + b + c + d$ $A = \frac{(a + c)}{2} \cdot h = m \cdot h$ 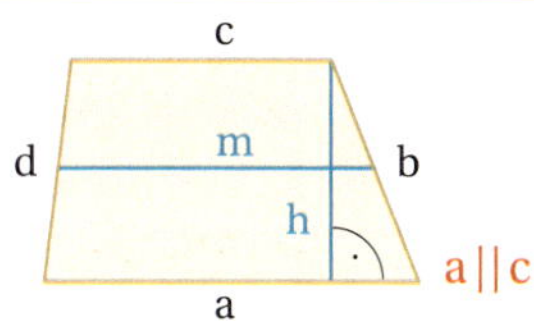
Parallelogramm ▪ Gegenüberliegende Seiten sind zueinander parallel und gleich lang. ▪ Gegenüberliegende Winkel sind gleich groß. ▪ Die Diagonalen halbieren einander.	$u = 2 \cdot (a + b)$ $A = a \cdot h_a$ 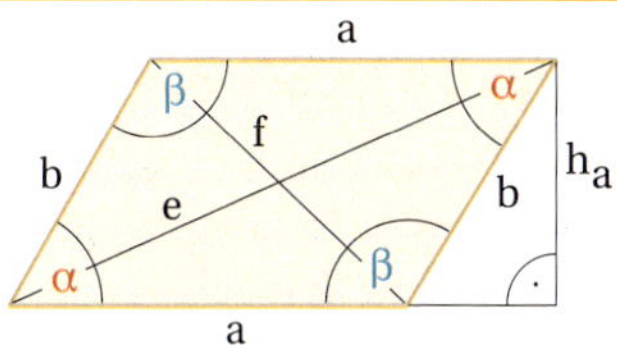
Drachenviereck ▪ Diagonalen sind zueinander senkrecht. ▪ Mindestens zwei gegenüberliegende Winkel sind gleich groß.	$u = 2 \cdot (a + b)$ $A = \frac{e \cdot f}{2}$ 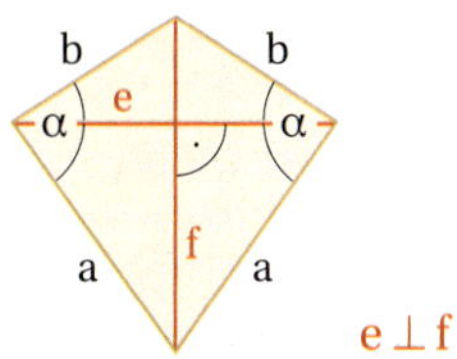

Kreise

Kreise

Ein Kreis besteht aus allen Punkten einer Ebene, die von einem Punkt M, dem **Mittelpunkt** des Kreises, den gleichen Abstand r besitzen. Der Abstand r heißt **Radius** des Kreises.

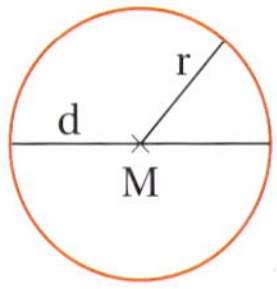

Mittelpunkt:	M
Radius:	r
Durchmesser:	$d = 2r$
Umfang:	$u = 2\pi r = \pi d$
Flächeninhalt:	$A = \pi r^2 = \frac{\pi}{4} d^2$

$\pi = 3{,}14159\ldots$ **(Kreiszahl)**

$\pi \approx 3{,}14$

Kreisteile

Kreisbogen

$\frac{b}{\alpha} = \frac{u}{360°}$

$b = \frac{\pi \cdot r \cdot \alpha}{180°}$

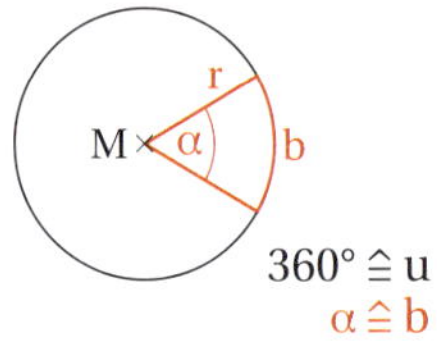

Kreisausschnitt

$\frac{A_\alpha}{\alpha} = \frac{A}{360°}$

$A_\alpha = \frac{\pi \cdot r^2 \cdot \alpha}{360°}$

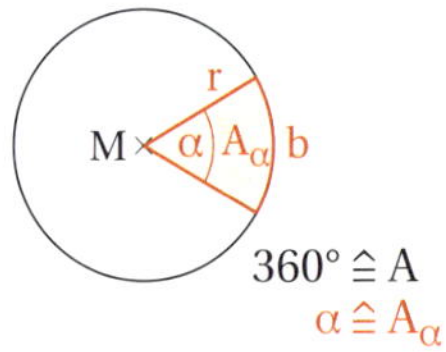

Linien am Kreis

Sekante:	hat mit dem Kreis *zwei* gemeinsame Punkte
Tangente:	hat mit dem Kreis *einen* gemeinsamen Punkt
Passante:	hat mit dem Kreis k*einen* gemeinsamen Punkt
Sehne:	Strecke zwischen zwei Punkten des Kreises
Durchmesser:	Sehne durch den Mittelpunkt des Kreises
Radius:	Strecke zwischen Mittelpunkt M und Kreislinienpunkt

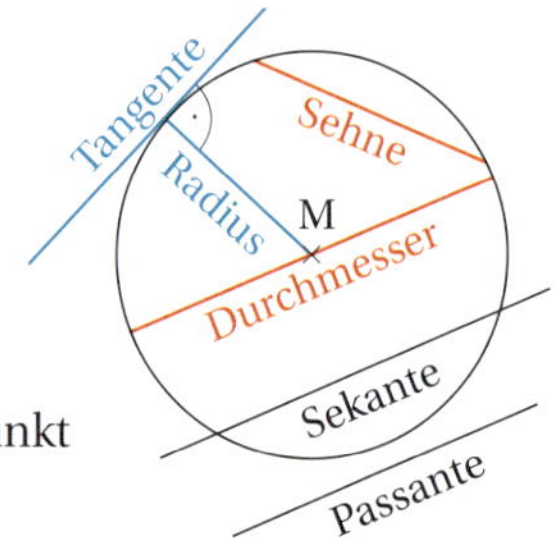

Winkel am Kreis

Peripheriewinkel (Umfangswinkel)
γ, γ_1 und γ_2

$\gamma = \gamma_1 = \gamma_2$

Zentriwinkel (Mittelpunktswinkel)
β

$\beta = 2 \cdot \gamma$

Sehnen-Tangenten-Winkel
α

$\alpha = \gamma$

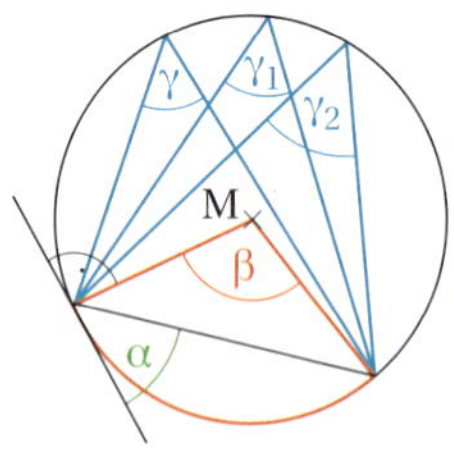

Satz des Thales

Peripheriewinkel über einem Durchmesser sind rechte Winkel.

$\gamma_1 = \gamma_2 = 90°$

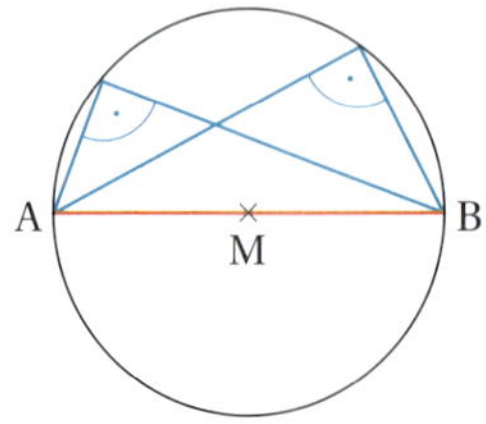

Ähnlichkeit und Kongruenz von ebenen Figuren

80112B

Begriff	Zusammenhang
Zwei Figuren F_1 und F_2 heißen zueinander ▪ **ähnlich** ($F_1 \sim F_2$), wenn sie durch eine maßstäbliche Vergrößerung oder Verkleinerung auseinander hervorgehen; ▪ **kongruent** ($F_1 \cong F_2$), wenn sie **deckungsgleich** sind.	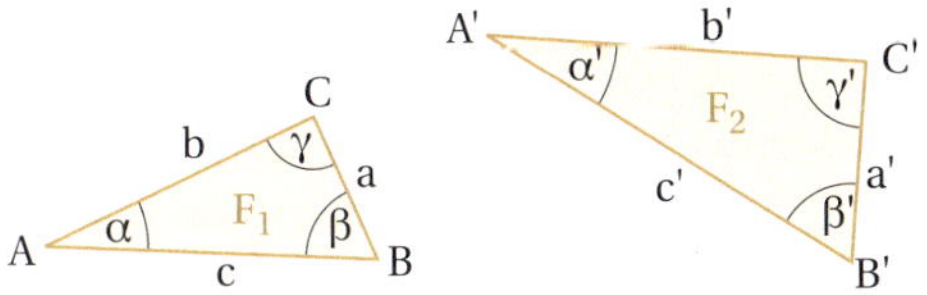
Der **Ähnlichkeitsfaktor k** bezeichnet das Längenverhältnis einander entsprechender Seiten.	$k = \frac{a'}{a} = \frac{b'}{b} = \frac{c'}{c}$ $(k \in \mathbb{R};\ k > 0)$
Ähnlichkeit	**Kongruenz**
Die Dreiecke ABC und A'B'C' sind zueinander **ähnlich** bei Übereinstimmung	Die Dreiecke ABC und A'B'C' sind zueinander **kongruent** bei Übereinstimmung
▪ im Längenverhältnis aller einander entsprechenden Seiten: $\frac{a'}{a} = k;\ \frac{b'}{b} = k;\ \frac{c'}{c} = k$	▪ in den drei Seiten: $\frac{a'}{a} = 1;\ \frac{b'}{b} = 1;\ \frac{c'}{c} = 1$ **(Kongruenzsatz sss)** 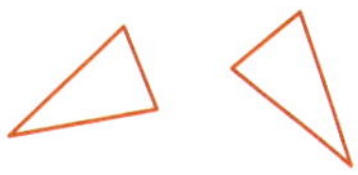
▪ in den Längenverhältnissen zweier Seiten und im von diesen jeweils eingeschlossenen Winkel, z. B.: $\frac{a'}{a} = k;\ \frac{b'}{b} = k;\ \gamma' = \gamma$	▪ in zwei Seiten und im von diesen eingeschlossenen Winkel, z. B.: $\frac{a'}{a} = 1;\ \frac{b'}{b} = 1;\ \gamma' = \gamma$ **(Kongruenzsatz sws)** 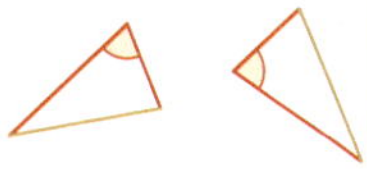
▪ in zwei Winkeln, z. B.: $\beta' = \beta;\ \gamma' = \gamma$ **(Hauptähnlichkeitssatz)**	▪ in einer Seite und den anliegenden Winkeln, z. B.: $\frac{a'}{a} = 1;\ \beta' = \beta;\ \gamma' = \gamma$ **(Kongruenzsatz wsw)** 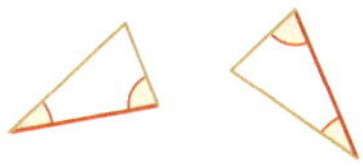
▪ in den Längenverhältnissen zweier Seiten und im der jeweils größeren Seite gegenüberliegenden Winkel, z. B.: $\frac{a'}{a} = k;\ \frac{b'}{b} = k;\ \beta' = \beta\ (b > a)$	▪ in zwei Seiten und dem der größeren Seite gegenüberliegenden Winkel, z. B.: $\frac{a'}{a} = 1;\ \frac{b'}{b} = 1;\ \beta' = \beta\ (b > a)$ **(Kongruenzsatz SsW)** 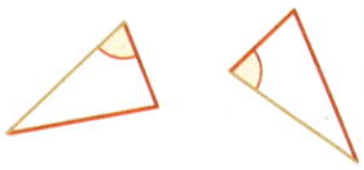
Für die Flächeninhalte zueinander ähnlicher Dreiecke gilt: $\frac{A_{A'B'C'}}{A_{ABC}} = \frac{a'^2}{a^2} = \frac{b'^2}{b^2} = \frac{c'^2}{c^2} = k^2$	Die Flächeninhalte zueinander kongruenter Dreiecke sind gleich groß.
Die Kongruenz ist ein Spezialfall der Ähnlichkeit ($k = 1$).	

Zentrische Streckung

Begriff	Zusammenhang
Zentrische Streckung des Dreiecks ABC mit dem Streckungsfaktor $k > 0$ und dem Zentrum Z *Es gilt:* ▪ Winkelgrößen bleiben erhalten. ▪ Streckenverhältnisse sind konstant. (Originalfigur und Bildfigur sind zueinander ähnlich mit dem Ähnlichkeitsfaktor k.) ▪ Original- und Bildstrecke sind zueinander parallel.	$\overline{ZA'} = k \cdot \overline{ZA}$ $\overline{ZB'} = k \cdot \overline{ZB}$ $\overline{ZC'} = k \cdot \overline{ZC}$ $\alpha = \alpha'$; $\beta = \beta'$; $\gamma = \gamma'$ $\frac{\overline{AB}}{\overline{AC}} = \frac{\overline{A'B'}}{\overline{A'C'}}$ $\overline{AB} \parallel \overline{A'B'}$; $\overline{AC} \parallel \overline{A'C'}$; $\overline{BC} \parallel \overline{B'C'}$ 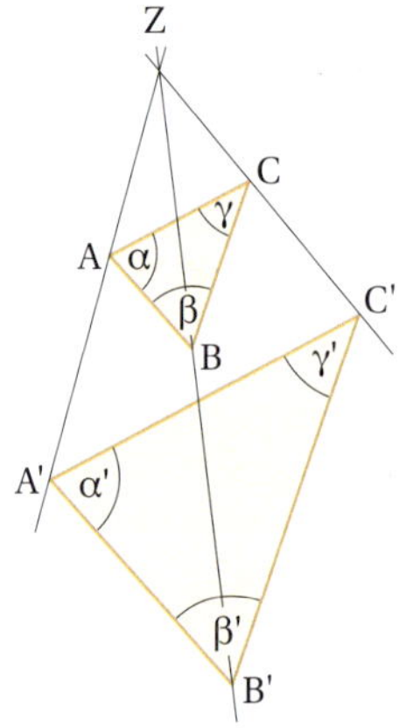
Zentrische Streckung des Dreiecks ABC mit dem Streckungsfaktor $k < 0$ und dem Zentrum Z *Es gilt:* ▪ Für $k = -1$ sind Originalfigur und Bildfigur zueinander kongruent.	Eine Punktspiegelung an Z und eine zentrische Streckung an Z mit Streckungsfaktor $\|k\|$ werden nacheinander durchgeführt. 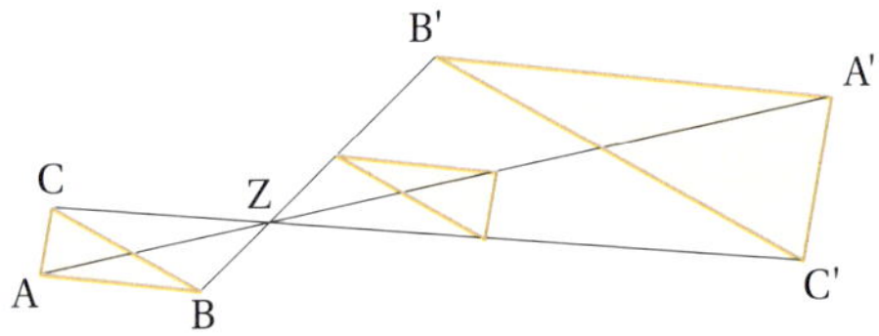

Strahlensätze

80159B

Wird ein Strahlenbüschel (s_1; s_2) von zueinander parallelen Geraden (g_1; g_2) geschnitten, so entstehen Strahlenabschnitte und Parallelenabschnitte.

Zusammenhang	Gleichung	Veranschaulichung
Die Längen der **Strahlenabschnitte** auf dem einen Strahl verhalten sich zueinander wie die Längen der gleich liegenden Strahlenabschnitte auf dem anderen Strahl.	$\frac{\overline{PA}}{\overline{PC}} = \frac{\overline{PB}}{\overline{PD}}$ $\frac{\overline{PE}}{\overline{EH}} = \frac{\overline{PF}}{\overline{FG}}$	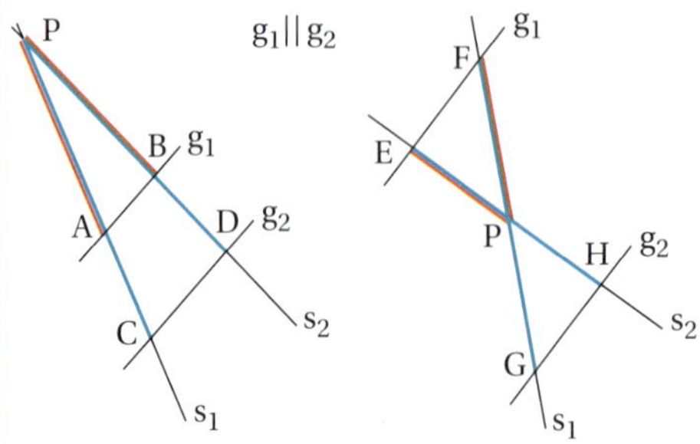
Die Längen der **Parallelenabschnitte** verhalten sich zueinander wie die zugehörigen Längen der Strahlenabschnitte auf einem gemeinsamen Strahl.	$\frac{\overline{AB}}{\overline{CD}} = \frac{\overline{PA}}{\overline{PC}}$ $\frac{\overline{EF}}{\overline{HG}} = \frac{\overline{PE}}{\overline{PH}}$	

Körper mit ebenen Begrenzungsflächen

80113B

Bezeichnungen	A_O – Oberfläche; A_M – Mantelfläche; A_G – Grundfläche; A_D – Deckfläche; V – Volumen
Würfel ▪ hat zwölf gleich lange Kanten, ▪ sechs quadratische (zueinander kongruente) Begrenzungsflächen. ▪ Die Mantelfläche ist ein Rechteck.	$e = a \cdot \sqrt{3}$ $A_G = a^2$ 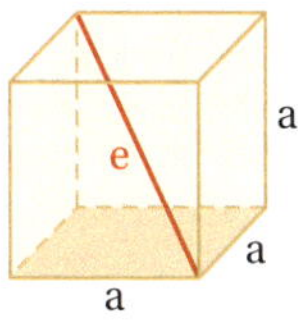 $A_O = 6 \cdot a^2$ $A_M = 4 \cdot a^2$ $V = a^3$ 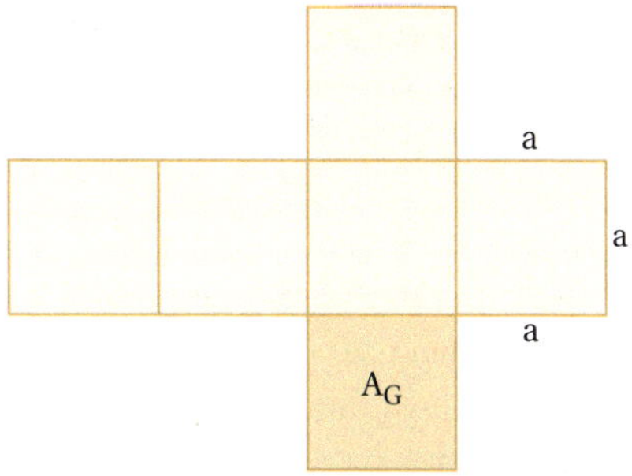
Quader ▪ hat zwölf Kanten, ▪ sechs rechteckige Begrenzungsflächen. ▪ Die Mantelfläche ist ein Rechteck.	$e = \sqrt{a^2 + b^2 + c^2}$ $A_G = a \cdot b$ 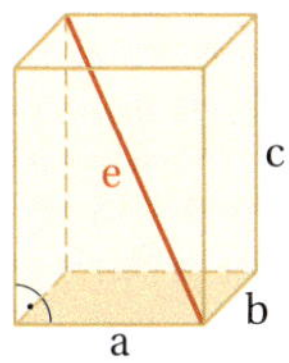 $A_O = 2 \cdot (a \cdot b + a \cdot c + b \cdot c)$ $A_M = 2 \cdot (a \cdot c + b \cdot c)$ $V = a \cdot b \cdot c$ 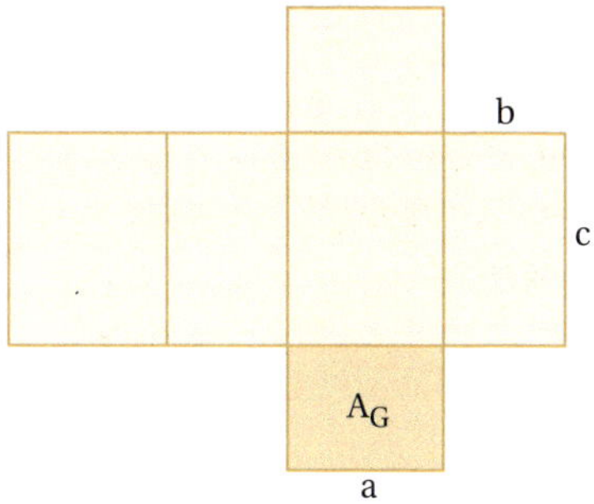
(Gerades) Prisma ▪ Grund- und Deckfläche sind zueinander kongruente und parallele Vielecke. ▪ Die Mantelfläche ist ein Rechteck.	$A_M = u \cdot h$ $A_O = 2 \cdot A_G + A_M$ 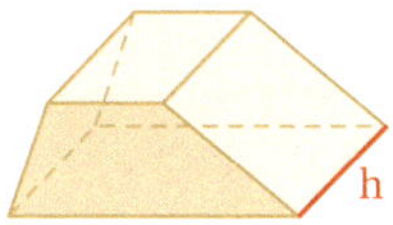 $V = A_G \cdot h$ 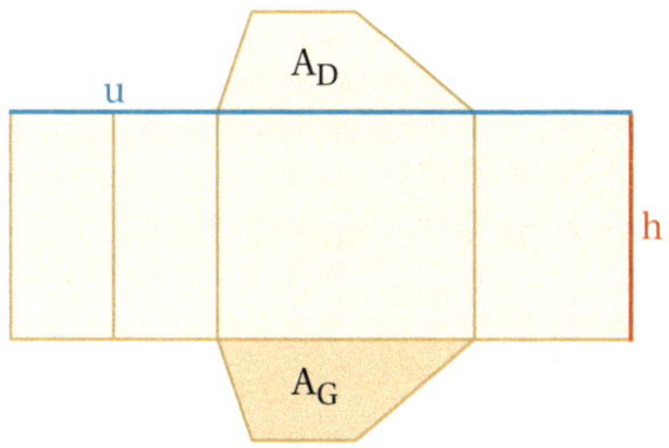
Pyramide ▪ Die Grundfläche ist ein Vieleck (n-Eck). ▪ Die Mantelfläche wird von n Dreiecken gebildet.	$A_O = A_G + A_M$ $A_G = a \cdot b$ 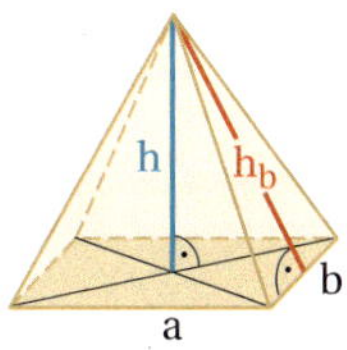 $V = \frac{1}{3} \cdot A_G \cdot h$ 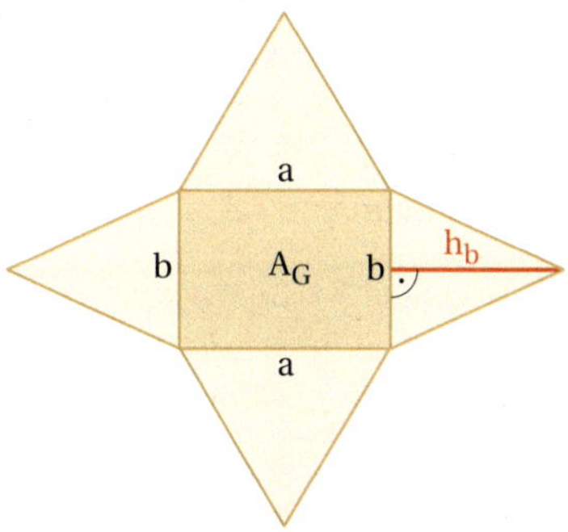

Körper mit gekrümmten Begrenzungsflächen

80160B

Bezeichnungen	A_O – Oberfläche; A_M – Mantelfläche; A_G – Grundfläche; A_D – Deckfläche; V – Volumen
(Gerader) Zylinder ▪ Grund- und Deckfläche sind zueinander kongruente und parallele Kreise. ▪ Die abgewickelte Mantelfläche ist ein Rechteck.	$A_G = \pi \cdot r^2$ $A_M = 2\pi \cdot r \cdot h$ 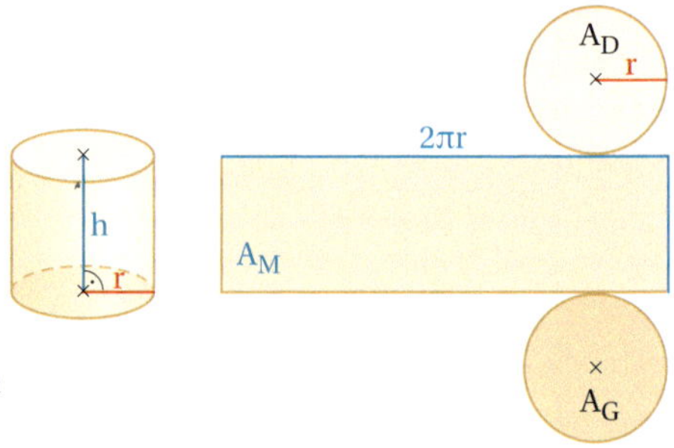 $A_O = 2 \cdot A_G + A_M$ $V = A_G \cdot h = \pi \cdot r^2 \cdot h$
(Gerader) Hohlzylinder ▪ Grund- und Deckfläche sind zueinander kongruente und parallele Kreisringe. ▪ Die abgewickelte Mantelfläche besteht aus zwei Rechtecken.	$r_2 > r_1$ $A_G = \pi \cdot (r_2{}^2 - r_1{}^2)$ $A_{M_1} = 2\pi \cdot r_1 \cdot h$ $A_{M_2} = 2\pi \cdot r_2 \cdot h$ 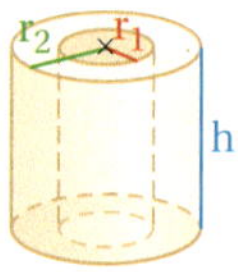 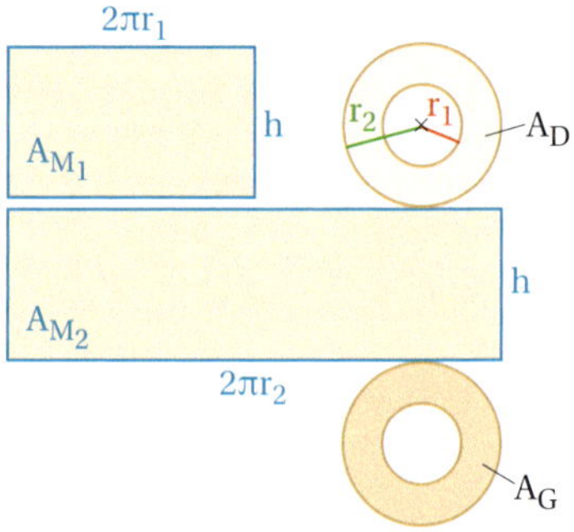 $A_O = 2 \cdot A_G + A_{M_1} + A_{M_2}$ $V = A_G \cdot h$
(Gerader) Kegel ▪ Die Grundfläche ist ein Kreis. ▪ Die abgewickelte Mantelfläche ist ein Kreisausschnitt.	$A_G = \pi \cdot r^2$ s – Mantellinie $A_M = \pi \cdot r \cdot s$ $s^2 = r^2 + h^2$ $A_O = A_G + A_M$ $V = \frac{1}{3} \cdot A_G \cdot h = \frac{\pi}{3} \cdot r^2 \cdot h$ 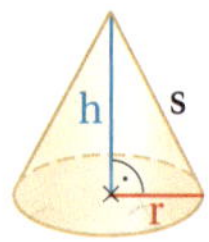 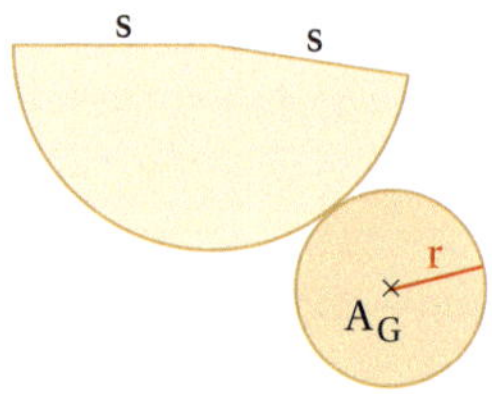
Kugel ▪ Alle Punkte im Raum, die vom Mittelpunkt M den gleichen Abstand r haben, bilden eine Kugel.	$A_O = 4 \cdot \pi \cdot r^2$ $V = \frac{4 \cdot \pi}{3} \cdot r^3$ 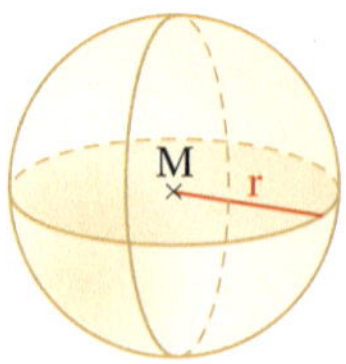
Torus ▪ ist ein Rotationskörper, der durch Rotation einer Kreisfläche um eine Achse g entsteht.	M' – Mittelpunkt der Kreisfläche r – Radius der Kreisfläche R – Abstand von M' und g $(0 < r < R)$ $V = 2\pi^2 r^2 R$ $A_O = 4\pi^2 rR$ 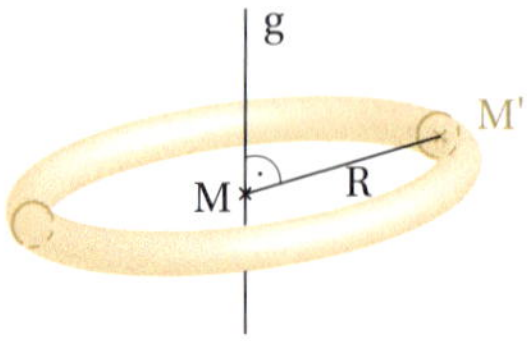

Teilkörper

80161B

Bezeichnungen	A_O – Oberfläche; A_M – Mantelfläche; A_G – Grundfläche; A_D – Deckfläche; V – Volumen
Pyramidenstumpf ■ entsteht als Restkörper bei einem Schnitt durch eine Pyramide, der parallel zur Grundfläche ausgeführt wird.	**Quadratischer Pyramidenstumpf** $A_G = a_1^2$ $A_D = a_2^2$ $A_M = 2(a_1 + a_2)h_s$ $A_O = a_1^2 + 2(a_1 + a_2)h_s + a_2^2$ $V = \frac{1}{3}h(a_1^2 + a_1a_2 + a_2^2)$ Allgemein gilt: $V = \frac{h}{3}(A_G + \sqrt{A_G \cdot A_D} + A_D)$ 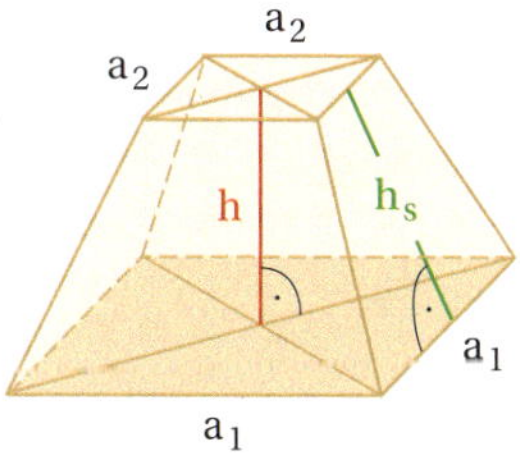
Kegelstumpf ■ entsteht als Restkörper bei einem Schnitt durch einen Kegel, der parallel zur Grundfläche ausgeführt wird.	$A_G = \pi r_2^2$ $A_D = \pi r_1^2$ $A_M = \pi s(r_2 + r_1)$ $s^2 = (r_2 - r_1)^2 + h^2$ $A_O = A_G + A_D + A_M$ $V = \frac{\pi}{3} \cdot h(r_2^2 + r_2r_1 + r_1^2)$ 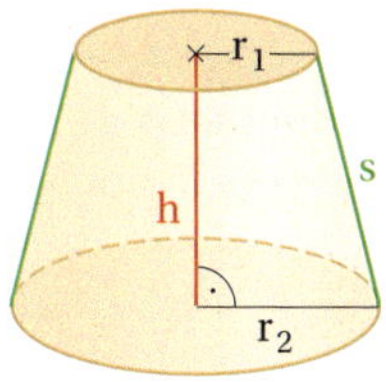
Kugelschicht ■ entsteht als Restkörper, wenn eine Kugel durch zwei zueinander parallele Ebenen geschnitten wird.	$A_M = 2\pi rh$ $A_O = \pi(R_1^2 + R_2^2 + 2rh)$ $V = \frac{\pi}{6}h(3R_1^2 + 3R_2^2 + h^2)$ 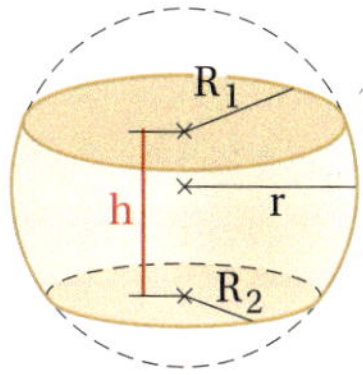
Kugelabschnitt ■ entsteht als Restkörper, wenn eine Kugel durch eine Ebene geschnitten wird.	$R = \sqrt{h(2r - h)}$ $(h < r)$ $A_M = 2\pi rh = \pi(R^2 + h^2)$ (Kugelkappe) $A_O = \pi R^2 + 2\pi rh = \pi h(4r - h)$ $= \pi(2R^2 + h^2)$ $V = \frac{\pi}{3}h^2(3r - h) = \frac{\pi}{6}h(3R^2 + h^2)$ 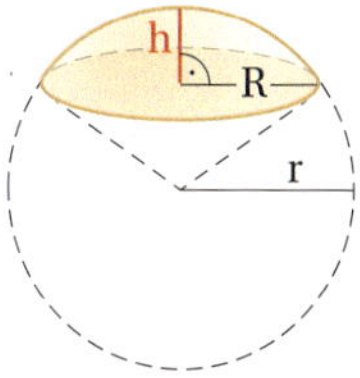
Kugelausschnitt ■ besteht aus einem Kugelabschnitt und einem Kreiskegel, ■ enthält den Kugelmittelpunkt als Spitze des Kreiskegels.	$R = \sqrt{h(2r - h)}$ $(h < r)$ $A_M = R\pi r$ (Kegelmantel) $A_O = 2r\pi h + R\pi r$ $V = \frac{2}{3}\pi r^2 h$ 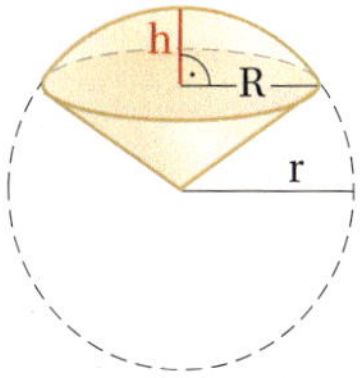

Darstellungsverfahren von Körpern

80162B

Projektion	Veranschaulichung
Parallelprojektion (senkrechte) ▪ Zueinander parallele Strahlen erzeugen auf Projektionsebenen Bilder. ▪ Das bei der **Draufsicht** entstehende Bild heißt **Grundriss.** ▪ Das bei der **Vorderansicht** entstehende Bild heißt **Aufriss.**	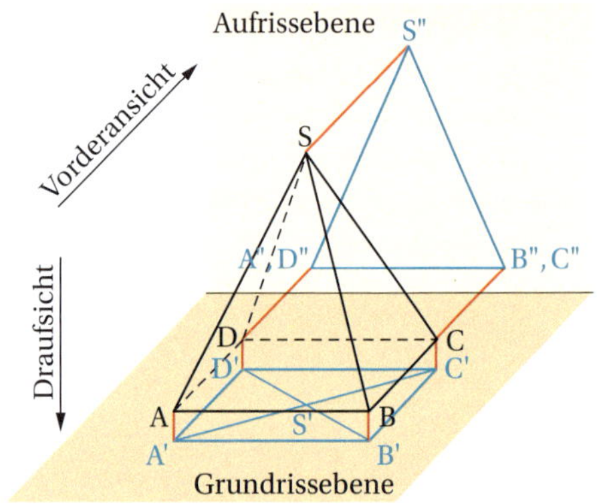
Zweitafelbild ▪ **Grund- und Aufriss** ein und desselben Punktes liegen auf einer Senkrechten (**Ordnungslinie**) zur **Rissachse.** ▪ Der Abstand von S' zur Rissachse ist gleich dem Abstand von S zur **Aufrissebene.** ▪ Der Abstand von S" zur Rissachse ist gleich dem Abstand von S zur **Grundrissebene.**	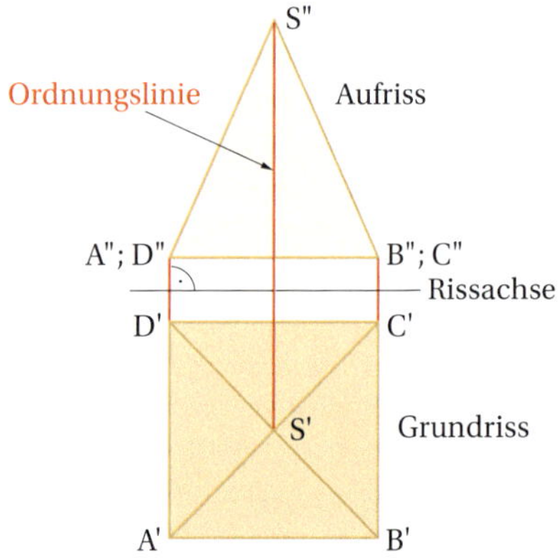
Spezielles Schrägbild (Kavalierperspektive) ▪ *Verzerrungswinkel:* $\alpha = 45°$ ▪ *Verkürzungsverhältnis:* $q = \frac{1}{2}$ Tiefen werden auf die Hälfte verkürzt gezeichnet.	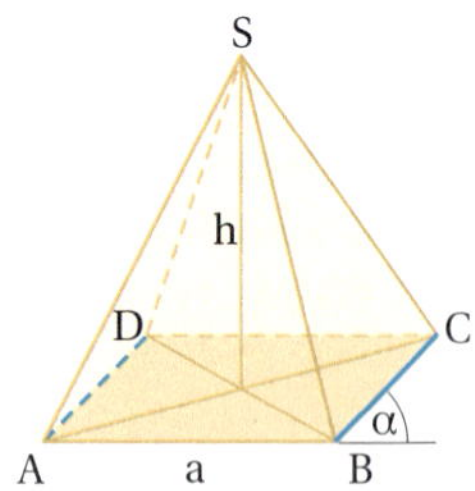
Netz eines Körpers ▪ Alle Begrenzungsflächen werden in eine Ebene abgewickelt. ▪ Körper können verschiedene Netzdarstellungen haben.	Netz einer quadratischen Pyramide: 

Funktionen

Begriff und Darstellung

80163B 80165I

Eine Funktion ist eine Abbildung f, die jedem Element x einer Menge D_f genau ein Element y aus einer Menge W_f zuordnet.

Definitionsbereich	D_f:	$x \in D_f$	(Menge der x-Werte)	x heißt Argument
Wertebereich	W_f:	$y \in W_f$	(Menge der y-Werte)	y heißt Funktionswert
Funktion	$y = f(x)$;	$x \rightarrow f(x)$		*gesprochen:* y gleich f von x
Nullstelle	Alle x_0 aus D, für die $f(x_0) = 0$ gilt.		$x_0 \in D$ mit $f(x_0) = 0$	

Wertetabelle; Mengendarstellung

x	…	x_1	x_2	x_3	…
y	…	y_1	y_2	y_3	…

$f = \{\ldots, (x_1; y_1), (x_2; y_2), (x_3; y_3), \ldots\}$

Rechenvorschrift; Pfeildiagramm

Funktionsgleichung: $y = f(x)$

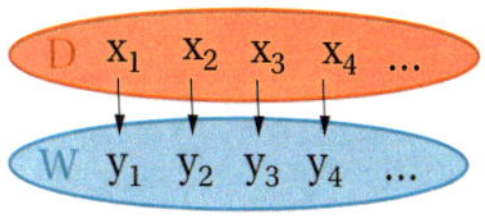

Grafische Darstellung im kartesischen Koordinatensystem

Jedem geordneten Zahlenpaar (x; y) wird genau ein Punkt mit der **Abszisse x** und der **Ordinate y** zugeordnet.

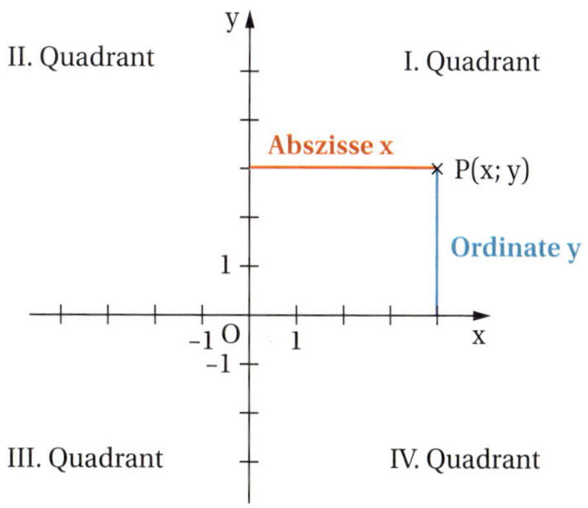

Graph einer Funktion

Menge aller Punkte $P(x; f(x))$ mit $x \in D$

Umkehrfunktion f^{-1}

Abbildung, die bei umkehrbar eindeutiger Zuordnung jedem Element $f(x) \in W$ wiederum eindeutig das Ausgangselement $x \in D$ zuordnet

Ermitteln der Funktionsgleichung der Funktion f^{-1}:

- Auflösen der Gleichung $y = f(x)$ nach x
- Vertauschen der Variablen x und y in der Gleichung $x = f^{-1}(y)$

Die Graphen von f und f^{-1} liegen spiegelbildlich zur Geraden $y = x$.

Eigenschaften einer Funktion

80164B

Monotonie

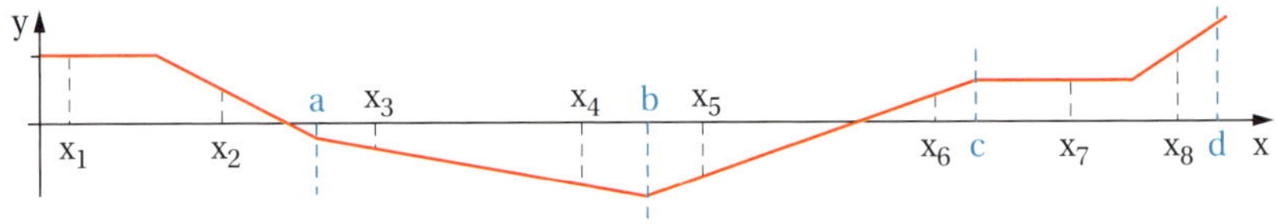

Monoton fallend in [0; a]	Streng monoton fallend in [a; b]	Streng monoton wachsend in [b; c]	Monoton wachsend in [c; d]
$x_1 < x_2$	$x_3 < x_4$	$x_5 < x_6$	$x_7 < x_8$
$f(x_1) \geq f(x_2)$	$f(x_3) > f(x_4)$	$f(x_5) < f(x_6)$	$f(x_7) \leq f(x_8)$

Symmetrie

Gerade Funktion

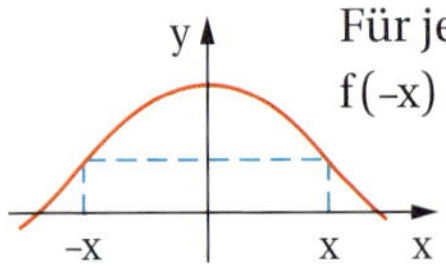

Für jedes $x \in D_f$ gilt: $f(-x) = f(x)$

Der Graph ist achsensymmetrisch zur y-Achse.

Ungerade Funktion

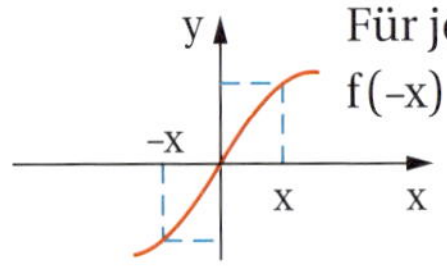

Für jedes $x \in D_f$ gilt: $f(-x) = -f(x)$

Der Graph ist punktsymmetrisch zum Koordinatenursprung.

Periodizität

Wenn es eine Zahl $h > 0$ gibt, sodass für jedes $x \in D_f$ auch $x + h \in D_f$ und außerdem $f(x) = f(x + h)$ gilt, so heißt f periodisch. (D. h., die Funktionswerte von f wiederholen sich im Abstand h.) Die kleinste Zahl $h > 0$ mit dieser Eigenschaft heißt **Periode** von f.

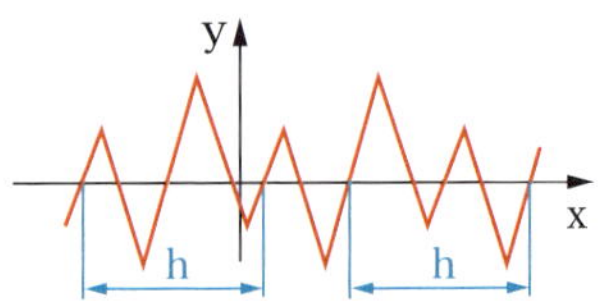

Lineare Funktionen

80165B

$y = f(x) = mx + n$ für $m \neq 0$

Definitionsbereich: $x \in \mathbb{R}$
Wertebereich: $y \in \mathbb{R}$

m: Steigung (Anstieg)
n: Abschnitt auf der y-Achse
α: Steigungswinkel

Graph: Gerade durch $P(0; n)$ bzw. durch $P_1(x_1; y_1)$ und $P_2(x_2; y_2)$

$m > 0$: Die Gerade ist steigend.
$m < 0$: Die Gerade ist fallend.

Steigung: $m = \frac{y_2 - y_1}{x_2 - x_1}$

$m = \tan\alpha \quad (\alpha \neq 90°)$

Nullstelle: $x_0 = -\frac{n}{m}$

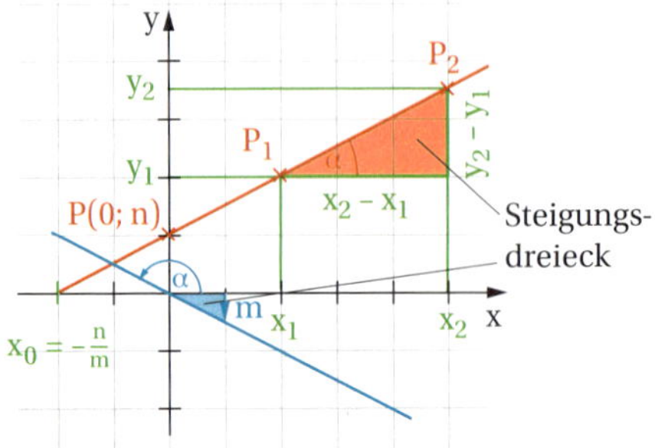

Quadratische Funktionen

80166B

<table>
<tr><td>Allgemeine Form</td><td>$y = ax_2 + bx + c$ mit $a \neq 0$ Die Graphen sind Parabeln.</td></tr>
<tr><td>$y = f(x) = x^2$</td><td>Normalparabel nach oben geöffnet
Definitionsbereich: $x \in \mathbb{R}$
Wertebereich: $y \in \mathbb{R}; y \geq 0$
Scheitelpunkt: $S(0; 0)$
Symmetrieachse: y-Achse
Nullstelle: $x_0 = 0$

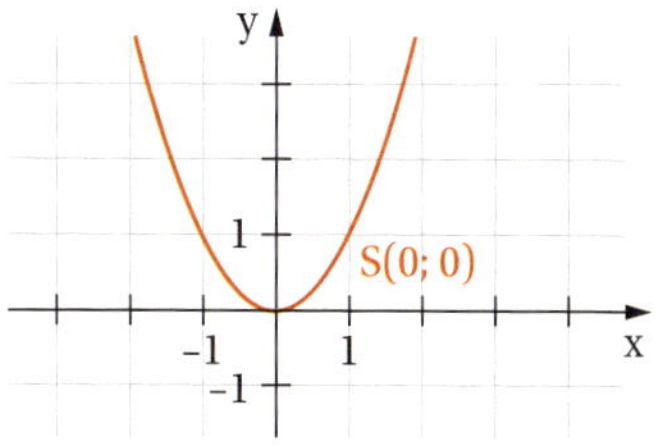

</td></tr>
<tr><td>$y = f(x) = ax^2$</td><td>Parabeln mit Scheitelpunkt $S(0; 0)$
▪ nach oben geöffnet $a > 0$
▪ nach unten geöffnet $a < 0$
▪ gestreckt $|a| > 1$
▪ gestaucht $0 < |a| < 1$
Definitionsbereich: $x \in \mathbb{R}$
Wertebereich: $y \in \mathbb{R}; y \geq 0$ für $a > 0$
$y \in \mathbb{R}; y \leq 0$ für $a < 0$

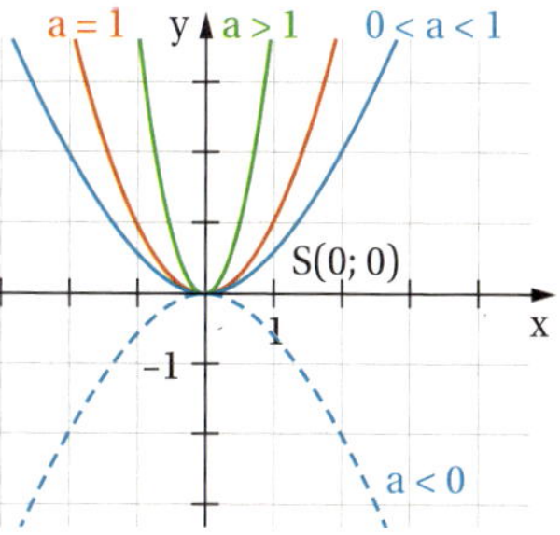

</td></tr>
<tr><td>$y = f(x) = x^2 + c$</td><td>Normalparabeln in y-Richtung verschoben
Definitionsbereich: $x \in \mathbb{R}$
Wertebereich: $y \in \mathbb{R}; y \geq c$
Scheitelpunkt: $S(0; c)$
Verschiebung:
▪ nach oben $c > 0$
▪ nach unten $c < 0$

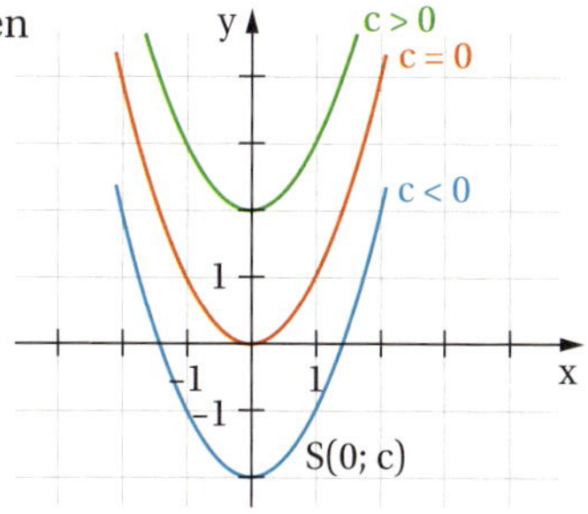

</td></tr>
<tr><td>$y = f(x) = x^2 + px + q$
(Normalform)</td><td>Normalparabeln verschoben
Definitionsbereich: $x \in \mathbb{R}$
Wertebereich: $y \in \mathbb{R}; y \geq q - \frac{p^2}{4}$
Diskriminante: $D = \frac{p^2}{4} - q$
Scheitelpunkt: $S\left(-\frac{p}{2}; -D\right)$
Nullstellen: $x_{1;2} = -\frac{p}{2} \pm \sqrt{D}$
$D > 0$: genau zwei Nullstellen
$D = 0$: genau eine (Doppel-)Nullstelle
$D < 0$: keine Nullstelle

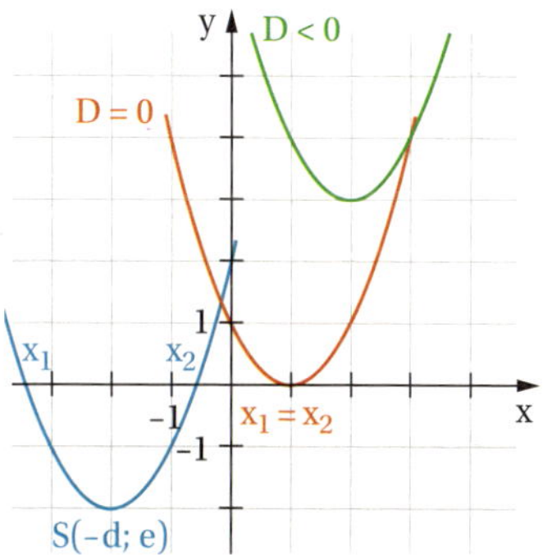

</td></tr>
<tr><td>Scheitelpunktform</td><td>$y = (x + d)^2 + e$ mit $S(-d; e)$ bzw. $y = (x + d)^2$ mit $S(-d; 0)$</td></tr>
</table>

Potenz- und Wurzelfunktionen

80190B

Potenzfunktionen mit ganzzahligen Exponenten $y = f(x) = x^n$ $(n \in \mathbb{Z})$

n positiv und gerade

Definitionsbereich: $x \in \mathbb{R}$
Wertebereich: $y \in \mathbb{R};\ y \geq 0$
Nullstelle: $x_0 = 0$

Graph ist eine symmetrisch zur y-Achse liegende **Parabel.**

gemeinsame Punkte aller Parabeln:
(–1; 1), (0; 0), (1; 1)

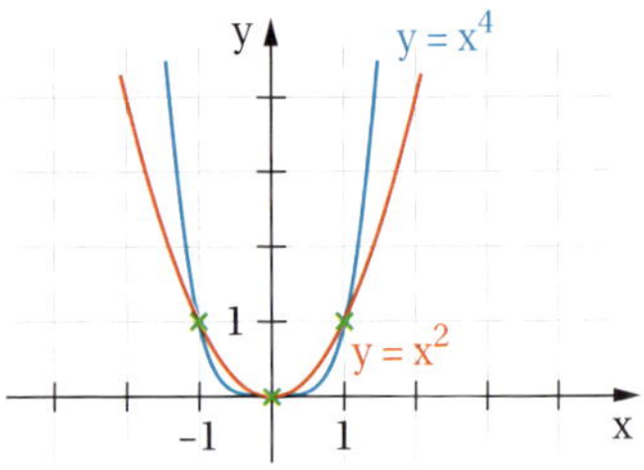

n positiv und ungerade

Definitionsbereich: $x \in \mathbb{R}$
Wertebereich: $y \in \mathbb{R}$
Nullstelle: $x_0 = 0$

Graph ist eine symmetrisch zum Koordinatenursprung liegende **Parabel.**

gemeinsame Punkte aller Parabeln:
(–1; –1), (0; 0), (1; 1)

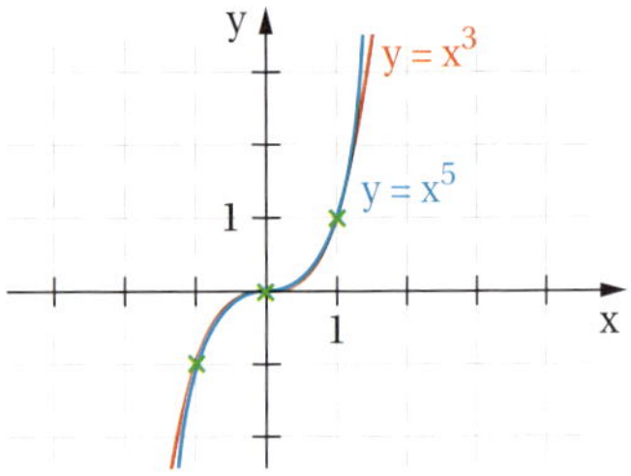

n negativ und gerade

Definitionsbereich: $x \in \mathbb{R};\ x \neq 0$
Wertebereich: $y \in \mathbb{R};\ y > 0$
Nullstelle: keine

Graph ist eine symmetrisch zur y-Achse liegende **Hyperbel.**

gemeinsame Punkte aller Hyperbeln:
(–1; 1), (1; 1)

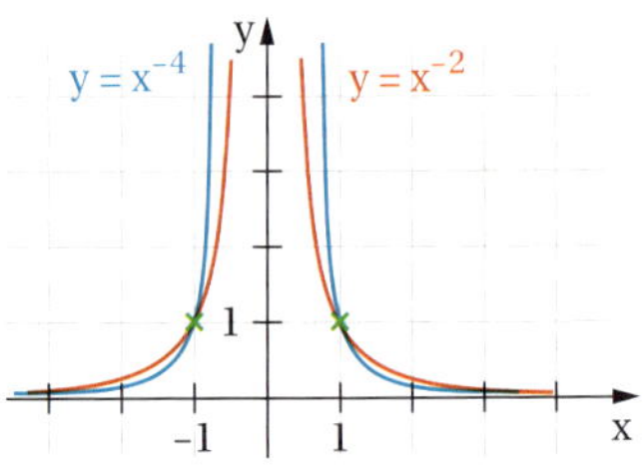

n negativ und ungerade

Definitionsbereich: $x \in \mathbb{R};\ x \neq 0$
Wertebereich: $y \in \mathbb{R};\ y \neq 0$
Nullstelle: keine

Graph ist eine symmetrisch zum Koordinatenursprung liegende **Hyperbel.**

gemeinsame Punkte aller Hyperbeln:
(–1; –1), (1; 1)

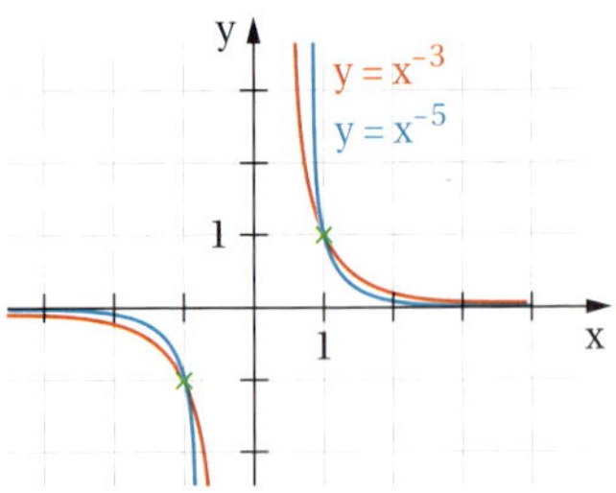

Potenzfunktionen mit gebrochenen Exponenten (Wurzelfunktionen)

$y = f(x) = x^{\frac{1}{n}} = \sqrt[n]{x}$

$n \in \mathbb{N};\ n > 1$

Definitionsbereich: $x \in \mathbb{R};\ x \geq 0$
Wertebereich: $y \in \mathbb{R};\ y \geq 0$
Nullstelle: $x_0 = 0$

gemeinsame Punkte aller Graphen:
(0; 0), (1; 1)

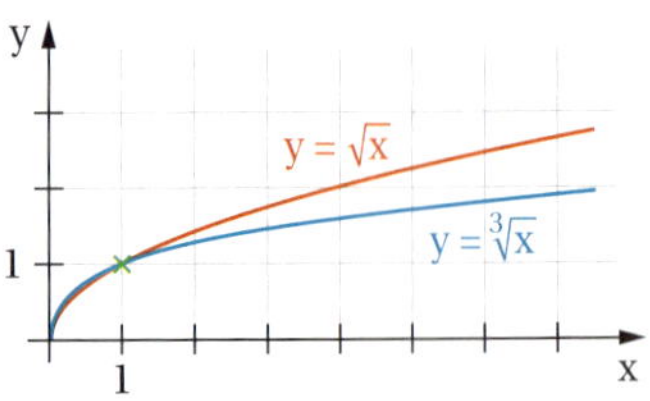

Winkelfunktionen (trigonometrische Funktionen)

Trigonometrische Beziehungen am Einheitskreis

Einheitskreis mit Punkt P(x; y)	Kreis mit dem Mittelpunkt M(0; 0) und dem Radius $r = \overline{MP} = 1$	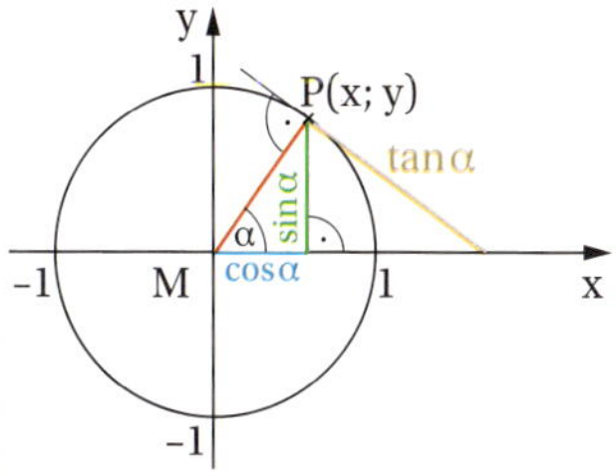
Sinus von α **Kosinus** von α **Tangens** von α	$\sin\alpha = y$ $\cos\alpha = x$ $\tan\alpha = \frac{y}{x}$ (für $x \neq 0$)	

Winkelmaße

80167W

Gradmaß α	1 Grad ist der 360ste Teil des Vollwinkels. *Einheit:* 1° *gesprochen:* ein Grad *Taschenrechner:* Taste DEG von „degree“	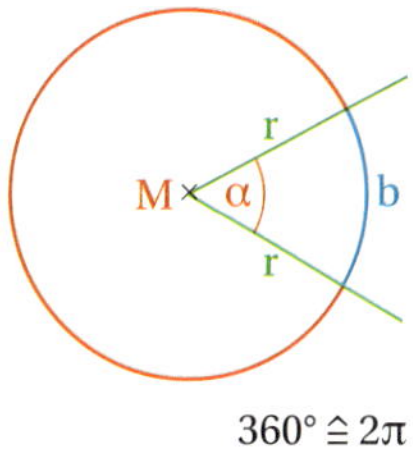
Bogenmaß arc α *gesprochen:* arcus α	$\text{arc}\,\alpha = \overset{\frown}{\alpha} = \frac{b}{r}$ *Einheit:* 1 rad *gesprochen:* ein Radiant *Taschenrechner:* Taste RAD von „radian“	
Umrechnungen	$\text{arc}\,\alpha = \alpha \cdot \frac{\pi}{180°}$ $\alpha = 180° \cdot \frac{\text{arc}\,\alpha}{\pi}$	

Winkelfunktionen sind periodische Funktionen.
Die Argumente $x \in \mathbb{R}$ werden als Winkel im Bogenmaß angegeben.

Sinusfunktion $y = f(x) = \sin x$	Definitionsbereich: $x \in \mathbb{R}$ Wertebereich: $y \in \mathbb{R}; -1 \leq y \leq 1$ Nullstellen: $x_k = k\pi \quad (k \in \mathbb{Z})$ Periode: 2π $\sin(x + k \cdot 2\pi) = \sin x$	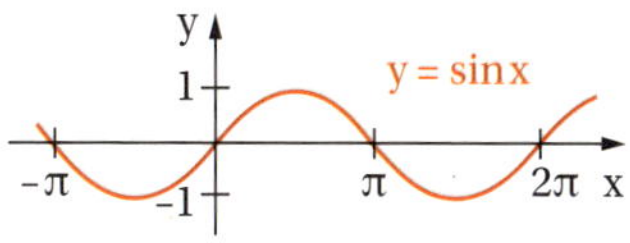
Kosinusfunktion $y = f(x) = \cos x$	Definitionsbereich: $x \in \mathbb{R}$ Wertebereich: $y \in \mathbb{R}; -1 \leq y \leq 1$ Nullstellen: $x_k = (2k+1) \cdot \frac{\pi}{2} \quad (k \in \mathbb{Z})$ Periode: 2π $\cos(x + k \cdot 2\pi) = \cos x$	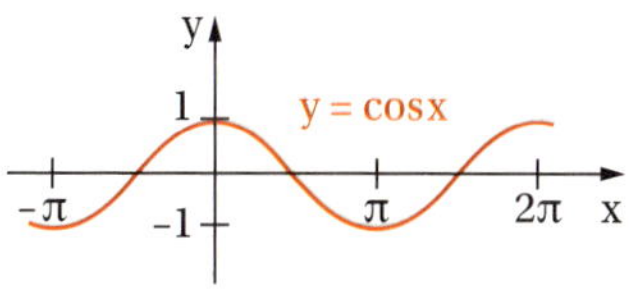
Tangensfunktion $y = f(x) = \tan x$	Definitionsbereich: $x \in \mathbb{R}; x \neq (2k+1) \cdot \frac{\pi}{2} \quad (k \in \mathbb{Z})$ Wertebereich: $y \in \mathbb{R}$ Nullstellen: $x_k = k \cdot \pi \quad (k \in \mathbb{Z})$ Periode: π $\tan(x + k \cdot \pi) = \tan x$	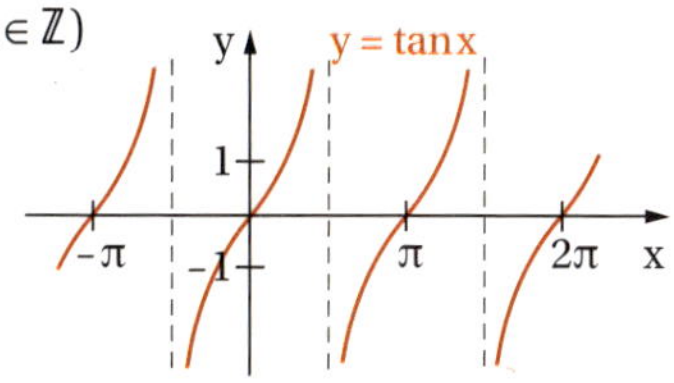

Winkelfunktionswerte und Vorzeichen für ausgewählte Winkel

Werte										Vorzeichen			
α	0°	30°	45°	60°	90°	120°	135°	150°	180°	I	II	III	IV
arc α	0	$\frac{\pi}{6}$	$\frac{\pi}{4}$	$\frac{\pi}{3}$	$\frac{\pi}{2}$	$\frac{2}{3}\pi$	$\frac{3}{4}\pi$	$\frac{5}{6}\pi$	π				
$\sin\alpha$	0	$\frac{1}{2}$	$\frac{1}{2}\sqrt{2}$	$\frac{1}{2}\sqrt{3}$	1	$\frac{1}{2}\sqrt{3}$	$\frac{1}{2}\sqrt{2}$	$\frac{1}{2}$	0	+	+	–	–
$\cos\alpha$	1	$\frac{1}{2}\sqrt{3}$	$\frac{1}{2}\sqrt{2}$	$\frac{1}{2}$	0	$-\frac{1}{2}$	$-\frac{1}{2}\sqrt{2}$	$-\frac{1}{2}\sqrt{3}$	-1	+	–	–	+
$\tan\alpha$	0	$\frac{1}{3}\sqrt{3}$	1	$\sqrt{3}$	–	$-\sqrt{3}$	-1	$-\frac{1}{3}\sqrt{3}$	0	+	–	+	–

Beziehungen zwischen Sinus, Kosinus, Tangens und Kotangens

80170B

Grundbeziehungen

$\sin^2\alpha + \cos^2\alpha = 1$ („trigonometrischer Pythagoras“)

$\tan\alpha = \frac{\sin\alpha}{\cos\alpha}$ $\quad 1 + \tan^2\alpha = \frac{1}{\cos^2\alpha}$

Quadrantenbeziehungen

	$90° \pm \alpha$	$180° \pm \alpha$	$270° \pm \alpha$	$360° \pm \alpha$	$-\alpha$
sin	$+\cos\alpha$	$\mp\sin\alpha$	$-\cos\alpha$	$\pm\sin\alpha$	$-\sin\alpha$
cos	$\mp\sin\alpha$	$-\cos\alpha$	$\pm\sin\alpha$	$+\cos\alpha$	$+\cos\alpha$

Additionstheoreme

Summen und Differenzen

$\sin(\alpha \pm \beta) = \sin\alpha\cos\beta \pm \cos\alpha\sin\beta$ $\quad \tan(\alpha \pm \beta) = \frac{\tan\alpha \pm \tan\beta}{1 \mp \tan\alpha\tan\beta}$

$\cos(\alpha \pm \beta) = \cos\alpha\cos\beta \mp \sin\alpha\sin\beta$

$\sin\alpha + \sin\beta = 2\sin\frac{\alpha+\beta}{2}\cos\frac{\alpha-\beta}{2}$ $\quad \sin\alpha - \sin\beta = 2\cos\frac{\alpha+\beta}{2}\sin\frac{\alpha-\beta}{2}$

$\cos\alpha + \cos\beta = 2\cos\frac{\alpha+\beta}{2}\cos\frac{\alpha-\beta}{2}$ $\quad \cos\alpha - \cos\beta = -2\sin\frac{\alpha+\beta}{2}\sin\frac{\alpha-\beta}{2}$

Vielfache und Teile

$\sin 2\alpha = 2\sin\alpha\cos\alpha$ $\quad \sin\frac{\alpha}{2} = \sqrt{\frac{1-\cos\alpha}{2}}$

$\cos 2\alpha = \cos^2\alpha - \sin^2\alpha = 2\cos^2\alpha - 1 = 1 - 2\sin^2\alpha$ $\quad \cos\frac{\alpha}{2} = \sqrt{\frac{1+\cos\alpha}{2}}$

$\tan 2\alpha = \frac{2\tan\alpha}{1-\tan^2\alpha}$ $\quad \tan\frac{\alpha}{2} = \sqrt{\frac{1-\cos\alpha}{1+\cos\alpha}}$

Produkte

$\sin\alpha\sin\beta = \frac{1}{2}[\cos(\alpha-\beta) - \cos(\alpha+\beta)]$

$\sin\alpha\cos\beta = \frac{1}{2}[\sin(\alpha-\beta) + \sin(\alpha+\beta)]$

$\cos\alpha\cos\beta = \frac{1}{2}[\cos(\alpha-\beta) + \cos(\alpha+\beta)]$

Sinusfunktion mit Parametern

80171B

	Wertebereich	Nullstellen	Periode	Beispiele
$y = a \cdot \sin x$	$-a \le y \le a$ $y \in \mathbb{R}$	$k \cdot \pi$ $k \in \mathbb{Z}$	2π	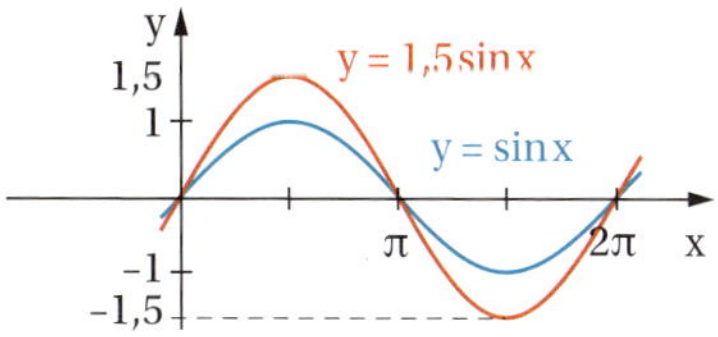
$y = \sin bx$	$-1 \le y \le 1$	$\frac{k \cdot \pi}{b}$	$\frac{2\pi}{\lvert b \rvert}$	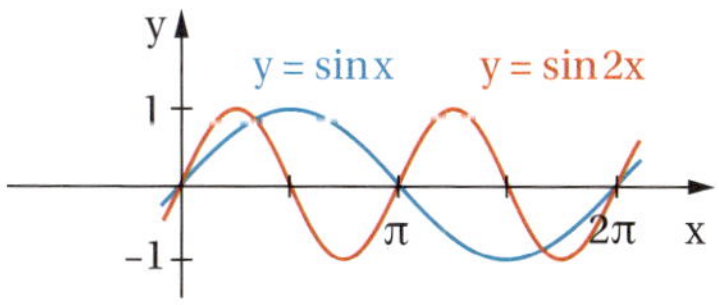
$y = \sin(x + c)$	$-1 \le y \le 1$	$k \cdot \pi - c$	2π	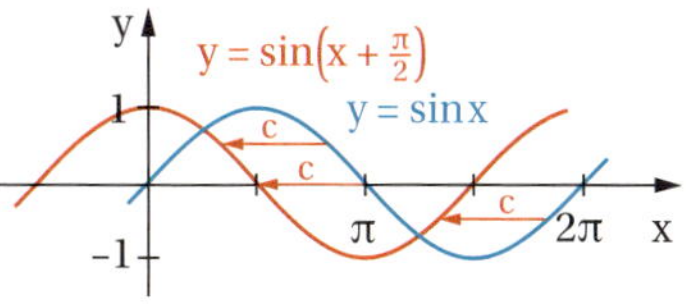
$y = a \cdot \sin(bx + c)$	$-a \le y \le a$	$\frac{k \cdot \pi - c}{b}$	$\frac{2\pi}{\lvert b \rvert}$	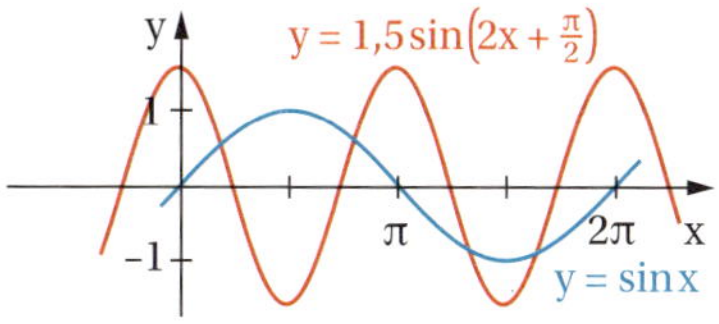

Exponential- und Logarithmusfunktionen

80169B

Exponentialfunktion
$y = f(x) = a^x$
$(a \in \mathbb{R};\ a > 0;\ a \neq 1)$

Definitionsbereich: $x \in \mathbb{R}$
Wertebereich: $y \in \mathbb{R};\ y > 0$
Nullstelle: keine

gemeinsamer Punkt aller Graphen: (0; 1)

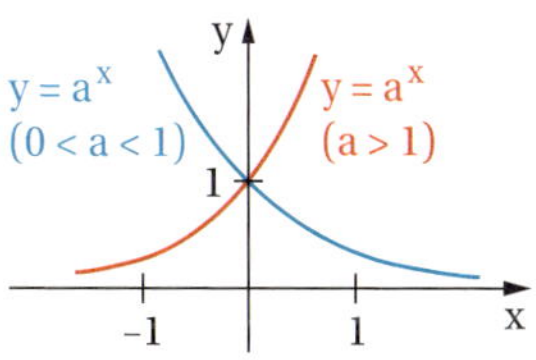

Spezialfall: $y = f(x) = e^x$ (e – eulersche Zahl)

Logarithmusfunktion
$y = f(x) = \log_a x$
$(a \in \mathbb{R};\ a > 0;\ a \neq 1)$

Definitionsbereich: $x \in \mathbb{R};\ x > 0$
Wertebereich: $y \in \mathbb{R}$
Nullstelle: $x_0 = 1$

gemeinsamer Punkt aller Graphen: (1; 0)

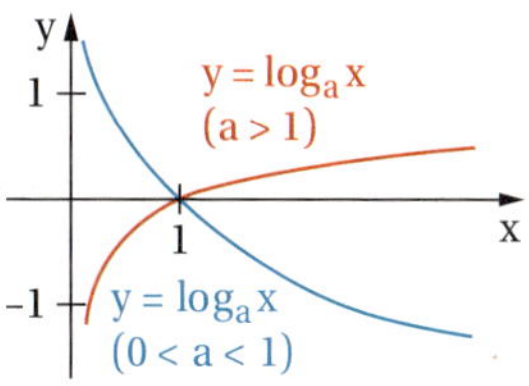

Spezialfälle: $y = f(x) = \log_{10} x = \lg x$
$y = f(x) = \log_e x = \ln x$

Analysis

Rationale Funktionen

80172B

Ganzrationale Funktionen (Polynomfunktion)	$f(x) = a_n x^n + a_{n-1} x^{n-1} + \ldots + a_1 x + a_0 \qquad (a_n \neq 0, n \in \mathbb{N})$ Die reellen Zahlen $a_0, a_1, \ldots, a_n$ heißen Koeffizienten von f. n gibt den Grad der Funktion an.
Nullstellen	Eine ganzrationale Funktion vom Grad n hat höchstens n Nullstellen. Für $n > 2$ lassen sie sich oft nur näherungsweise ermitteln (↗ S. 45).
Extrempunkte	Zwischen zwei benachbarten Nullstellen liegt mindestens ein Hochpunkt oder ein Tiefpunkt. Die Anzahl der Extrempunkte beträgt höchstens $n - 1$.
Symmetrie	Treten im Funktionsterm nur gerade Exponenten von x auf, so ist der Graph von f achsensymmetrisch zur y-Achse; treten nur ungerade Exponenten auf, so ist er punktsymmetrisch zum Koordinatenursprung.
Gebrochenrationale Funktionen	$f(x) = \frac{u(x)}{v(x)}$; u, v – ganzrationale Funktionen Die Funktion v besitzt mindestens einen Koeffizienten $a_k \neq 0$. Die Nullstellen der Funktion v sind **Definitionslücken** der Funktion f.
Nullstelle x_0	$u(x_0) = 0$ und $v(x_0) \neq 0 \quad \Rightarrow \quad x_0$ ist Nullstelle der Funktion f.
Polstelle x_P	$u(x_P) \neq 0$ und $v(x_P) = 0 \quad \Rightarrow \quad x_P$ ist Polstelle der Funktion f.

Funktionenscharen

80173B

<table>
<tr><td>Funktionenschar</td><td colspan="3">Menge von Funktionen, die sich (beispielsweise) durch eine Gleichung $y = f_a(x)$ beschreiben lässt, welche außer den beiden Variablen x und y noch einen Scharparameter a enthält.</td></tr>
<tr><td>Spezielle Funktionenscharen</td><td>$y = f_a(x) = f(x) + a$
um a in y-Richtung nach oben ($a > 0$) bzw. nach unten ($a < 0$) verschobener Graph von f
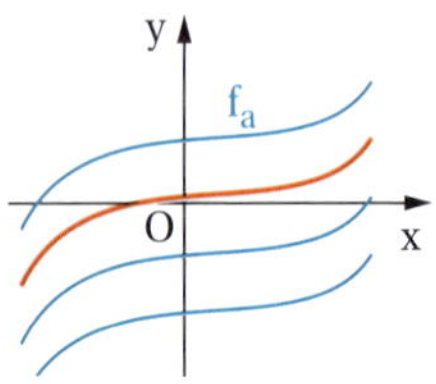</td><td>$y = f_b(x) = b \cdot f(x)$
auf das b-Fache in y-Richtung gestreckter ($b > 1$) bzw. gestauchter ($0 < b < 1$) Graph von f
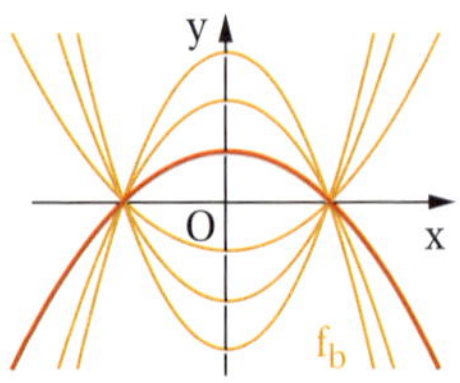</td><td>$y = f_c(x) = f(x + c)$
um c in x-Richtung nach links ($c > 0$) bzw. nach rechts ($c < 0$) verschobener Graph von f
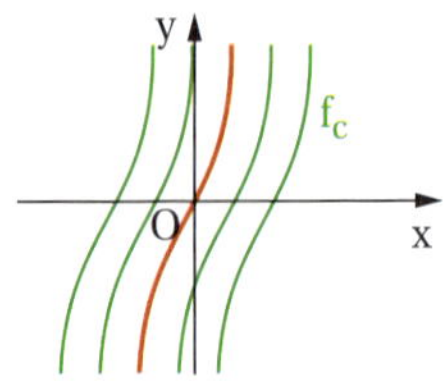</td></tr>
</table>

Zahlenfolgen

80174B

Bildungsvorschrift und Eigenschaften		
Reelle Zahlenfolge	Funktion mit Definitionsbereich $D \subseteq \mathbb{N}^*$ und Wertebereich $W \subset \mathbb{R}$ *Schreibweise:* $(a_n) = a_1; a_2; \ldots; a_n; \ldots$ a_1 – Anfangsglied	
Explizite Bildungsvorschrift	gibt für jedes $n \in D$ an, wie a_n aus n berechnet wird	
Rekursive Bildungsvorschrift	gibt neben dem Anfangsglied a_1 für jedes $n \in D$ an, wie a_{n+1} aus dem Vorgängerglied a_n berechnet wird	
Obere Schranke s_o	reelle Zahl s_o mit $a_n \le s_o$ für alle $n \in D$	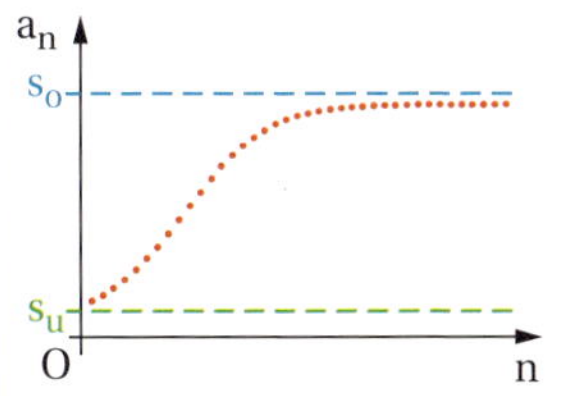
Untere Schranke s_u	reelle Zahl s_u mit $a_n \ge s_u$ für alle $n \in D$	
Monotonie	▪ monoton wachsend, wenn $a_{n+1} \ge a_n$ ist ▪ monoton fallend, wenn $a_{n+1} \le a_n$ ist (für alle $n \in \mathbb{N}^*$)	
Grenzwert, Konvergenz	Eine Zahlenfolge (a_n) konvergiert gegen den Grenzwert g (ist **konvergent**), wenn es zu jeder vorgegebenen positiven Zahl ε ein $n_0 \in \mathbb{N}^*$ gibt, sodass für alle $n \ge n_0$ gilt: $\|a_n - g\| < \varepsilon$ *Schreibweise:* $\lim\limits_{n \to \infty} a_n = g$	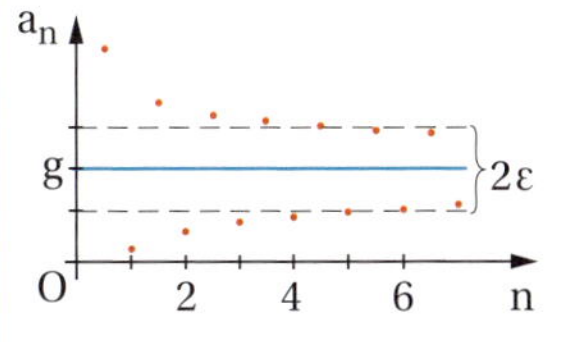
Divergenz	Jede nicht konvergente Zahlenfolge ist divergent.	
n-te Partialsumme	$s_n = a_1 + a_2 + \ldots + a_n = \sum\limits_{i=1}^{n} a_i$	

Spezielle Zahlenfolgen	Arithmetische Zahlenfolgen	Geometrische Zahlenfolgen
Begriff	Die Differenz zweier aufeinander folgender Glieder ist konstant, d. h., es gibt eine Zahl $d \in \mathbb{R}$, sodass für alle $n \in \mathbb{N}^*$ gilt: $a_{n+1} - a_n = d$	Der Quotient zweier aufeinander folgender Glieder ist konstant, d. h., es gibt eine Zahl $q \in \mathbb{R}$, sodass für alle $n \in \mathbb{N}^*$ gilt: $\frac{a_{n+1}}{a_n} = q$
Bildungsvorschriften	$a_{n+1} = a_n + d; a_1$ (rekursiv) $a_n = a_1 + (n-1) \cdot d$ (explizit)	$a_{n+1} = a_n \cdot q; a_1$ (rekursiv) $a_n = a_1 \cdot q^{n-1}$ (explizit)
Monotonie	▪ wachsend für $d > 0$ ▪ fallend für $d < 0$ ▪ konstant für $d = 0$	▪ wachsend für $q > 1$ ▪ fallend für $0 < q < 1$ ▪ konstant für $q = 1$ ▪ alternierend für $q < 0$
Partialsummen	$s_n = \frac{n}{2} \cdot (a_1 + a_n)$	$s_n = a_1 \cdot \frac{q^n - 1}{q - 1} = a_1 \cdot \frac{1 - q^n}{1 - q}$

Grenzwerte von Funktionen

80114B

Verhalten für $x \to \pm\infty$

Grenzwert

Eine Zahl g heißt Grenzwert von f für $x \to +\infty$ (bzw. $x \to -\infty$), wenn es zu jeder vorgegebenen positiven Zahl ε eine Stelle x_1 gibt, sodass für alle $x > x_1$ (bzw. $x < x_1$) gilt: $|f(x) - g| < \varepsilon$

Schreibweise:

$\lim\limits_{x \to +\infty} f(x) = g$ (bzw. $\lim\limits_{x \to -\infty} f(x) = g$)

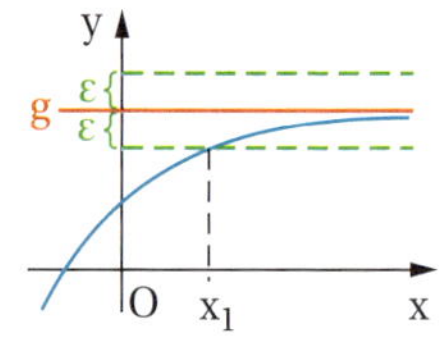

Asymptoten einer gebrochen-rationalen Funktion

m – Grad der Funktion u(x); n – Grad der Funktion v(x)

m < n

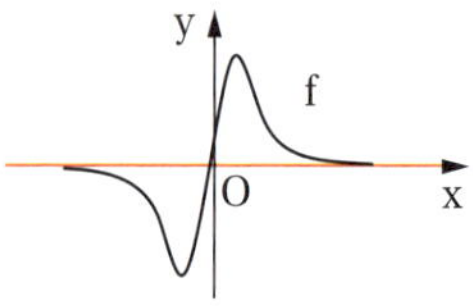

Waagerechte Asymptote: $y = 0$

m = n

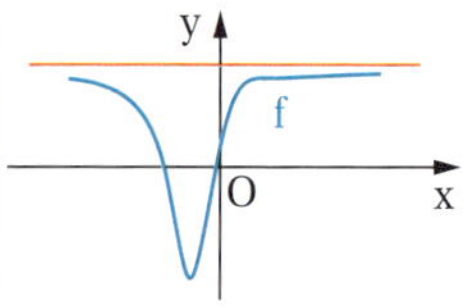

Waagerechte Asymptote: $y = \frac{a_m}{b_n}$

m = n + 1

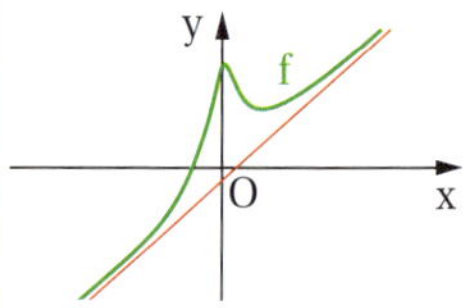

Schiefe Asymptote

Verhalten für $x \to x_0$

Grenzwert

Eine Zahl g heißt Grenzwert von f für $x \to x_0$, wenn es zu jeder vorgegebenen positiven Zahl ε eine Zahl $\delta > 0$ gibt, sodass für alle x mit $|x - x_0| < \delta$ und $x \neq x_0$ gilt: $|f(x) - g| < \varepsilon$

Schreibweise: $\lim\limits_{x \to x_0} f(x) = g$

Grenzwertsätze

Falls $\lim\limits_{x \to x_0} f(x) = u$ und $\lim\limits_{x \to x_0} g(x) = v$, so gilt:

$\lim\limits_{x \to x_0} [f(x) \pm g(x)] = u \pm v$, $\lim\limits_{x \to x_0} [f(x) \cdot g(x)] = u \cdot v$ $\lim\limits_{x \to x_0} \frac{f(x)}{g(x)} = \frac{u}{v}$ $(v \neq 0)$

Die Grenzwertsätze gelten analog für Grenzwerte für $x \to \pm\infty$.

Verhalten einer gebrochen-rationalen Funktion an einer Definitionslücke x_L

hebbare Definitionslücke

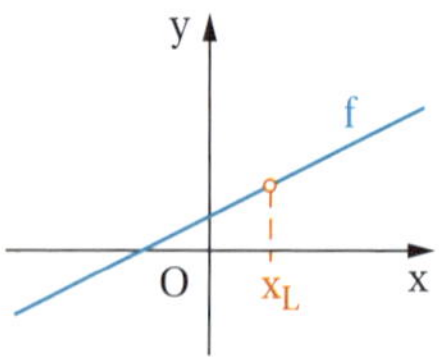

$\lim\limits_{\substack{x \to x_L \\ x < x_L}} f(x) = \lim\limits_{\substack{x \to x_L \\ x > x_L}} f(x) = g$

Polstelle

mit Vorzeichenwechsel

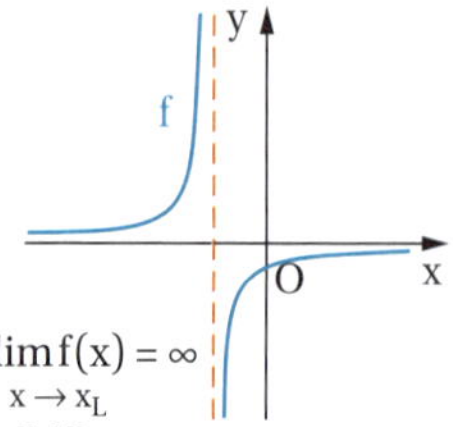

$\lim\limits_{\substack{x \to x_L \\ x < x_L}} f(x) = \infty$

$\lim\limits_{\substack{x \to x_L \\ x > x_L}} f(x) = -\infty$

ohne Vorzeichenwechsel

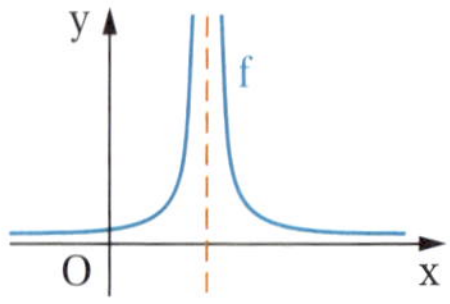

$\lim\limits_{\substack{x \to x_L \\ x < x_L}} f(x) = \lim\limits_{\substack{x \to x_L \\ x > x_L}} f(x) = \infty$

Grenzwerte spezieller Funktionen

- $\lim\limits_{x \to 0} \frac{\sin x}{x} = 1$
- $\lim\limits_{x \to 0} \left(x \cdot \sin \frac{1}{x}\right) = 0$
- $\lim\limits_{x \to 0} x^x = 1$
- $\lim\limits_{x \to 0} \frac{\tan x}{x} = 1$
- $\lim\limits_{x \to 1} \frac{\ln x}{x - 1} = 1$
- $\lim\limits_{x \to \infty} \frac{x^n}{e^x} = 0$
- $\lim\limits_{x \to 0} \frac{\sin mx}{nx} = \frac{m}{n}$ $(m, n \neq 0)$
- $\lim\limits_{x \to \infty} \frac{\log_a x}{x^n} = 0$ $(a > 1; n > 0)$
- $\lim\limits_{x \to \infty} \frac{\ln x}{x^n} = 0$ $(n > 0)$

Weitere Grenzwerte können mit der Regel von L'Hospital bestimmt werden (↗ S. 44).

Differenzialrechnung: Ableitung und Differenzierbarkeit

80115B

Begriff	Zusammenhang	
Mittlere Änderungsrate der Funktion f (Differenzenquotient)	$m = \frac{f(x) - f(x_0)}{x - x_0} = \frac{\Delta y}{\Delta x}$ Die mittlere Änderungsrate gibt die Steigung der Sekante durch die Punkte $P(x; f(x))$ und $P_0(x_0; f(x_0))$ des Graphen der Funktion f an.	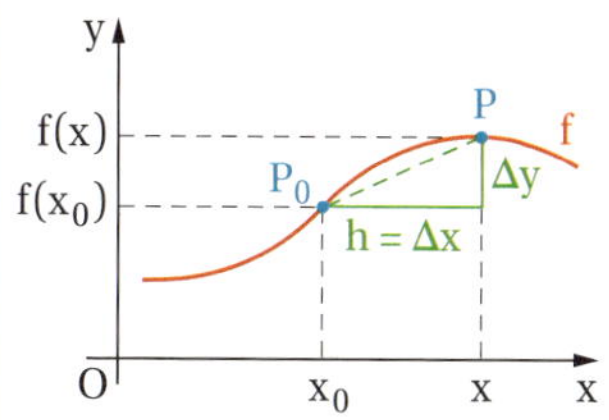
Ableitung	Der Grenzwert $\lim\limits_{x \to x_0} \frac{f(x) - f(x_0)}{x - x_0} = f'(x_0)$ bzw. $\lim\limits_{h \to 0} \frac{f(x_0 + h) - f(x_0)}{h} = f'(x_0)$ heißt ▪ **Ableitung,** ▪ **lokale Änderungsrate,** ▪ **Differenzialquotient** $\left.\frac{dy}{dx}\right\|_{x_0}$ der Funktion f an der Stelle x_0. *Schreibweisen:* $f'(x_0)$ (*gesprochen:* „f Strich von x_0") $\left.\frac{dy}{dx}\right\|_{x_0}$ (*gesprochen:* „dy nach dx an der Stelle x_0") Existiert $f'(x_0)$, so heißt f **differenzierbar** an der Stelle x_0.	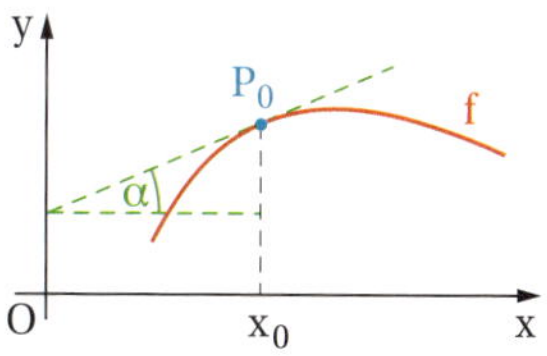 $m = \tan \alpha = f'(x_0)$ Die Ableitung $f'(x_0)$ gibt die Steigung der Tangente an den Graph der Funktion f im Punkt $P_0(x_0; f(x_0))$ an.
Ableitungsfunktion	Die Funktion f', die jedem $x_0 \in D$ die Ableitung $f'(x_0)$ zuordnet, heißt **Ableitungsfunktion** der Funktion f.	
2. Ableitung	$y'' = [f'(x)]' = f''(x) = \frac{d^2y}{dx^2}$	
n-te Ableitung	$y^{(n)} = [f^{(n-1)}(x)]' = f^{(n)}(x) = \frac{d^ny}{dx^n}$	

Ableitungsregeln

80116B

Begriff	Verknüpfung	Regel	Kurzform
Faktorregel	$f(x) = c \cdot u(x)$	$f'(x) = c \cdot u'(x)$	$f' = c \cdot u'$
Summenregel	$f(x) = u(x) \pm v(x)$	$f'(x) = u'(x) \pm v'(x)$	$f' = u' \pm v'$
Produktregel	$f(x) = u(x) \cdot v(x)$	$f'(x) = u'(x) \cdot v(x) + u(x) \cdot v'(x)$	$f' = u' \cdot v + u \cdot v'$
Quotientenregel	$f(x) = \frac{u(x)}{v(x)}$	$f'(x) = \frac{u'(x) \cdot v(x) - u(x) \cdot v'(x)}{[v(x)]^2}$	$f'(x) = \frac{u' \cdot v - u \cdot v'}{v^2}$
Kettenregel	$f(x) = u[v(x)]$ u – äußere Funktion v – innere Funktion	$f'(x) = u'[v(x)] \cdot v'(x)$	
Umkehrregel	$x = g(y) = f^{-1}(y)$	$g'(y) = \frac{1}{f'(x)}$	

Ableitungsfunktionen spezieller Funktionen

f(x)	f'(x)	f"(x)	f(x)	f'(x)	f"(x)
$a = \text{const.}$	0	0	$\log_a x$	$\frac{1}{x \cdot \ln a}$	$-\frac{1}{x^2 \cdot \ln a}$
x	1	0	$\ln x$	$\frac{1}{x}$	$-\frac{1}{x^2}$
$\sqrt{x}$	$\frac{1}{2\sqrt{x}}$	$-\frac{1}{4\sqrt{x^3}}$	$\lg x$	$\frac{1}{x \cdot \ln 10}$	$\frac{-1}{x^2 \cdot \ln 10}$
$x^n \ (n \neq 0, n \neq 1)$	nx^{n-1}	$n(n-1)x^{n-2}$	$\sin x$	$\cos x$	$-\sin x$
a^x	$a^x \ln a$	$a^x (\ln a)^2$	$\cos x$	$-\sin x$	$-\cos x$
e^x	e^x	e^x	$\tan x$	$\frac{1}{\cos^2 x} = 1 + \tan^2 x$	$2 \tan x (1 + \tan^2 x)$

Stetigkeit

80175B

Begriff	Zusammenhang
Stetigkeit an einer Stelle x_0	Eine Funktion f heißt an der Stelle $x_0 \in D$ stetig, wenn ihr Grenzwert an der Stelle x_0 existiert und mit dem Funktionswert $f(x_0)$ übereinstimmt.
Stetigkeit	Eine Funktion f heißt **stetig**, wenn sie an jeder Stelle ihres Definitionsbereiches stetig ist.
Zwischenwertsatz	Wenn die Funktion f im Intervall [a; b] stetig ist und $f(a) \neq f(b)$, so nimmt f in diesem Intervall jeden Wert y zwischen f(a) und f(b) mindestens einmal an.

Untersuchung von Funktionseigenschaften

80117B

Ist die Funktion f mindestens zweimal differenzierbar, so können mithilfe ihrer Ableitungsfunktionen Eigenschaften der Funktion bzw. ihres Graphen untersucht werden.

Begriff	Zusammenhang
Monotonieverhalten	$f'(x) > 0$ für alle $x \in [a; b] \Rightarrow$ f ist in [a; b] streng monoton wachsend. $f'(x) < 0$ für alle $x \in [a; b] \Rightarrow$ f ist in [a; b] streng monoton fallend.
Krümmungsverhalten	$f''(x) > 0$ für alle $x \in [a; b]$, also f' in [a; b] monoton wachsend $\Rightarrow$ Graph von f ist linksgekrümmt bzw. (von unten gesehen) konvex. (1) $f''(x) < 0$ für alle $x \in [a; b]$, also f' in [a; b] monoton fallend $\Rightarrow$ Graph von f ist rechtsgekrümmt bzw. (von unten gesehen) konkav. (2)

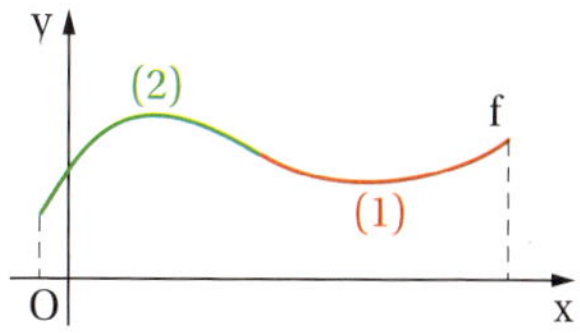

Markante Punkte des Funktionsgraphen

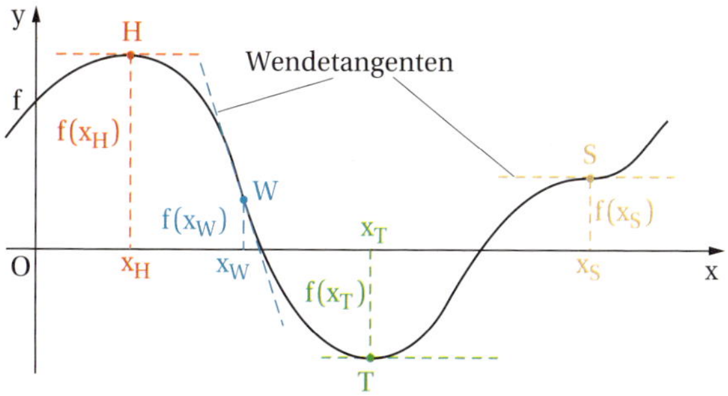

$H(x_H; f(x_H))$ Hochpunkt (lokaler Maximumpunkt)

$T(x_T; f(x_T))$ Tiefpunkt (lokaler Minimumpunkt)

$W(x_W; f(x_W))$ Wendepunkt

$S(x_S; f(x_S))$ Sattelpunkt (Horizontalwendepunkt)

Eigenschaft	Notwendige Bedingung	Hinreichende Bedingung
$f(x_H)$ ist ein lokales Maximum; x_H ist eine lokale Maximumstelle von f.	$f'(x_H) = 0$	$f'(x_H) = 0$ und $f''(x_H) < 0$ bzw. $f'(x_H) = 0$ und $f'(x)$ wechselt beim Durchgang durch x_H mit wachsendem x das Vorzeichen von plus zu minus.
$f(x_T)$ ist ein lokales Minimum; x_T ist eine lokale Minimumstelle von f.	$f'(x_T) = 0$	$f'(x_T) = 0$ und $f''(x_T) > 0$ bzw. $f'(x_T) = 0$ und $f'(x)$ wechselt beim Durchgang durch x_T mit wachsendem x das Vorzeichen von minus zu plus.
x_W ist eine Wendestelle von f.	$f''(x_W) = 0$	$f''(x_W) = 0$ und $f'''(x_W) \neq 0$
S ist ein Sattelpunkt von f.	$f'(x_S) = 0$ $f''(x_S) = 0$	$f'(x_S) = 0$ und $f''(x_S) = 0$ und $f'''(x_S) \neq 0$

Weitere Anwendungen der Differenzialrechnung

80129I 80129B

Begriff	Zusammenhang
Tangente und Normale an einen Funktionsgraphen	Tangentensteigung: $m_t = f'(x_0)$ Steigungswinkel: $\tan\alpha = f'(x_0)$ Tangentengleichung: $y = m_t(x - x_0) + y_0$ Normalensteigung: $m_N = -\frac{1}{m_t}$ $(m_t \neq 0)$ Normalengleichung: $y = -\frac{1}{m_t}(x - x_0) + y_0$ 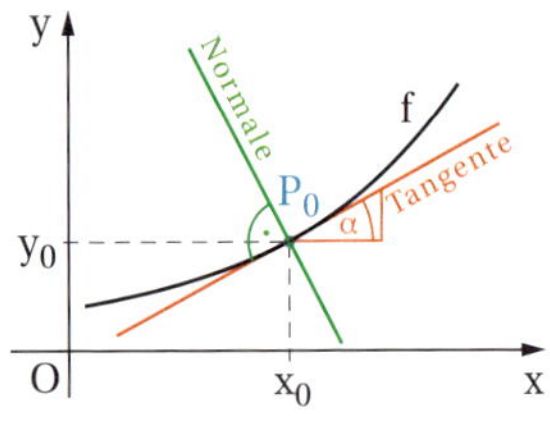
Mittelwertsatz der Differenzialrechnung	Ist f in [a; b] stetig und in]a; b [differenzierbar, dann existiert mindestens eine Stelle c zwischen a und b, sodass gilt: $\frac{f(b) - f(a)}{b - a} = f'(c)$ 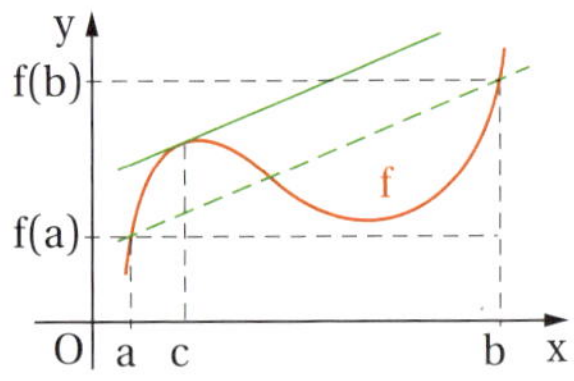 *Spezialfall* **(Satz von Rolle):** Ist $f(b) = f(a)$, so existiert ein $c \in\ ]a; b[$ mit $f'(c) = 0$.
Regel von l'Hospital für unbestimmte Ausdrücke	Ist $\lim\limits_{x \to a} f(x) = 0$ sowie $\lim\limits_{x \to a} g(x) = 0$ und existieren in einer Umgebung von a sowohl die Ableitungen von f und g als auch $\lim\limits_{x \to a} \frac{f'(x)}{g'(x)}$, so gilt: $\lim\limits_{x \to a} \frac{f(x)}{g(x)} = \lim\limits_{x \to a} \frac{f'(x)}{g'(x)}$ *Anmerkung:* Die Regel ist ebenfalls anwendbar, wenn für $x \to a$ sowohl $f(x) \to \infty$ als auch $g(x) \to \infty$, sofern die oben angegebenen weiteren Bedingungen erfüllt sind. Auch andere unbestimmte Ausdrücke (wie „$0 \cdot \infty$“, „$\infty - \infty$“) lassen sich mit der Regel von l' Hospital behandeln, indem man die darin enthaltenen Funktionen vorher so umformt, dass sie an der zu untersuchenden Stelle auf die Ausdrücke „$\frac{0}{0}$“ oder „$\frac{\infty}{\infty}$“ führen.
Extremwertproblem	*Aufgabenstellung:* Gesucht sind geordnete Paare $(x_E; y_E)$, sodass der Wert der Zielfunktion $z(x_E; y_E)$ ein Minimum bzw. Maximum unter denjenigen Werten $z(x; y)$ annimmt, für die die Nebenbedingung $b(x; y) = 0$ gilt. *Schrittfolge:* 1. Aufstellen der Zielfunktion 2. Reduzieren der unabhängigen Variablen mithilfe der Nebenbedingung 3. Zielfunktion auf lokale Extrempunkte untersuchen 4. Ermitteln der globalen Extrempunkte

Näherungsweises Bestimmen von Nullstellen stetiger Funktionen

80176B

Verfahren	Zusammenhang	Veranschaulichung
Bisektionsverfahren (Halbierungsverfahren)	Durch Halbierung des Intervalls [a; b] entstehen die Teilintervalle [a; x] und [x; b] mit $x = \frac{a+b}{2}$. Es ist $x_0 \in [a; x]$, wenn $f(a) \cdot f(x) \leq 0$, bzw. $x_0 \in [x; b]$, wenn $f(x) \cdot f(b) \leq 0$. Die Halbierung wird fortgesetzt, bis $\lvert a - b \rvert$ kleiner als eine vorgegebene Genauigkeit ist. 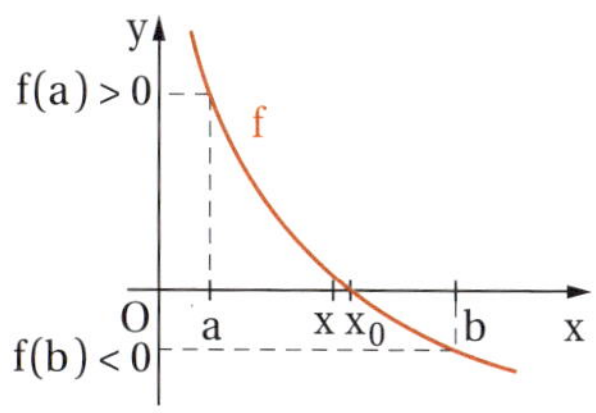 	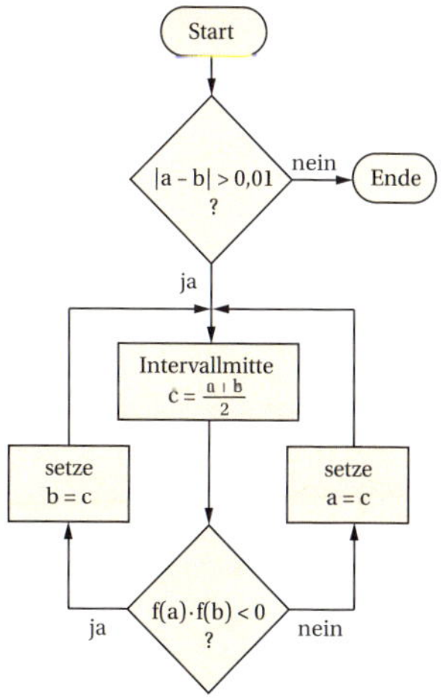
Sekantennäherungsverfahren (regula falsi)	Aus zwei Näherungswerten x_1 und x_2 für die gesuchte Nullstelle x_0 von f mit $f(x_1) < 0$ und $f(x_2) > 0$ (oder umgekehrt) bestimmt man einen genaueren Näherungswert x_3 mit $x_3 = x_1 - \frac{x_2 - x_1}{f(x_2) - f(x_1)} \cdot f(x_1)$. Das Verfahren wird mit x_1 und x_3 (bzw. x_2 und x_3) fortgesetzt.	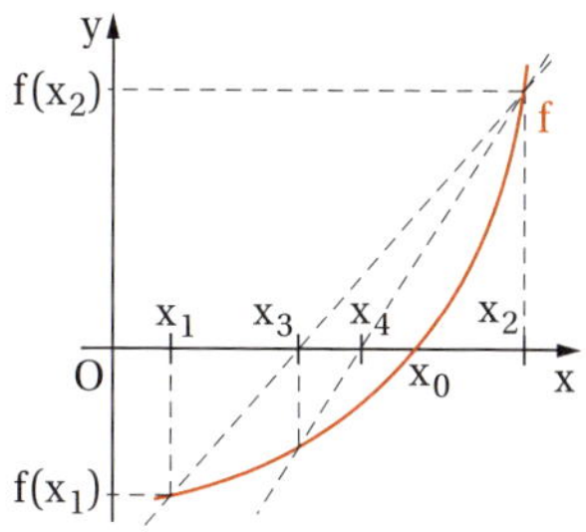
Tangentennäherungsverfahren (newtonsches Näherungsverfahren)	Aus einem (hinreichend guten) Näherungswert x_1 für die gesuchte Nullstelle x_0 bestimmt man einen genaueren Näherungswert x_2 mit $x_2 = x_1 - \frac{f(x_1)}{f'(x_1)}$. Das Verfahren wird unter Verwendung von x_2 fortgesetzt. *Bedingung:* $f'(x_i) \neq 0$ und $f'(x_0) \neq 0$ sowie $\frac{f(x) \cdot f''(x)}{[f'(x)]^2} < 1$ für alle x des x_0 enthaltenden Intervalls	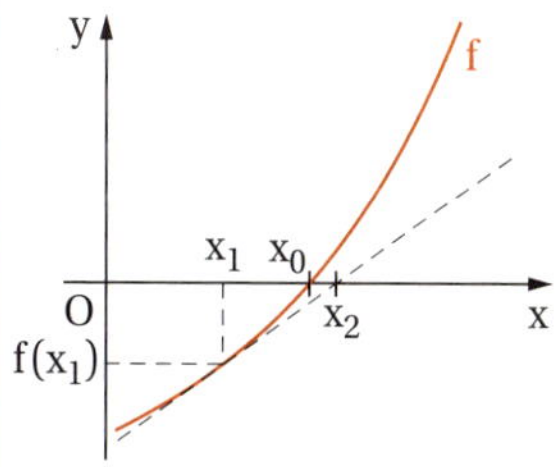

Integralrechnung

80177 I

Grundbegriffe	Zusammenhang
Ober- und Untersumme	▪ Zerlegung des Intervalls [a; b] in n Teilintervalle der Länge $\Delta x = \frac{(b-a)}{n}$ ▪ $f(\underline{x}_i)$ – kleinster Funktionswert im i-ten Teilintervall, $f(\overline{x}_i)$ – größter Funktionswert im i-ten Teilintervall 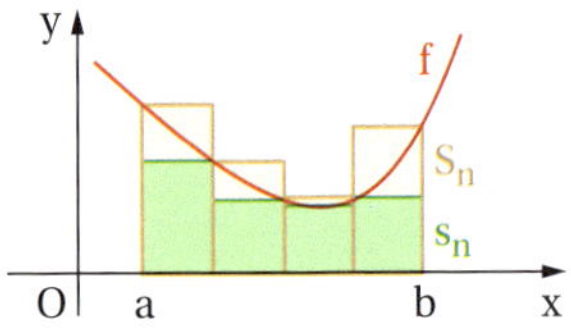 ▪ Obersumme: $S_n = \sum_{i=1}^{n} f(\overline{x}_i) \cdot \Delta x$ ▪ Untersumme: $s_n = \sum_{i=1}^{n} f(\underline{x}_i) \cdot \Delta x$
Bestimmtes Integral	Wenn die Grenzwerte $\lim_{n \to \infty} s_n$ und $\lim_{n \to \infty} S_n$ existieren und übereinstimmen, so wird dieser Grenzwert als bestimmtes Integral der Funktion f über dem Intervall [a; b] bezeichnet. *Schreibweise:* $\int_a^b f(x)\,dx$ — f(x) – Integrand; x – Integrationsvariable; a, b – Integrationsgrenzen Das bestimmte Integral $\int_a^b f(x)\,dx$ existiert, wenn die Funktion f im Intervall [a; b] stetig oder monoton ist.

Eigenschaften des bestimmten Integrals	
Übereinstimmung der Integrationsgrenzen	$\int_a^a f(x)\,dx = 0$
Vertauschung der Integrationsgrenzen	$\int_a^b f(x)\,dx = -\int_b^a f(x)\,dx$
Intervalladditivität	$\int_a^c f(x)\,dx + \int_c^b f(x)\,dx = \int_a^b f(x)\,dx \quad (\text{für } c \in [a; b])$
Linearität	$\int_a^b k \cdot f(x)\,dx = k \cdot \int_a^b f(x)\,dx;$ $\int_a^b [f(x) \pm g(x)]\,dx = \int_a^b f(x)\,dx \pm \int_a^b g(x)\,dx$
Monotonie	$f(x) < g(x)$ für alle $x \in [a; b] \Rightarrow \int_a^b f(x)\,dx < \int_a^b g(x)\,dx$
Mittelwertsatz der Integralrechnung	Ist die Funktion f im Intervall [a; b] stetig, so gibt es mindestens eine Zahl c mit a < c < b, sodass gilt: $\int_a^b f(x)\,dx = f(c) \cdot (b-a)$ 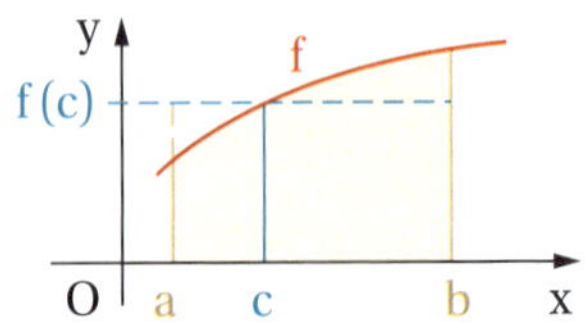 Die Zahl $f(c) = \frac{1}{b-a} \int_a^b f(x)\,dx$ heißt **Integralmittelwert** der Funktion f über dem Intervall [a; b].

Stammfunktion und unbestimmtes Integral

80177B

Begriff	Zusammenhang
Stammfunktion	F ist eine **Stammfunktion** der Funktion f mit $y = f(x)$, wenn für alle x aus dem gemeinsamen Definitionsbereich von f und F gilt: $F'(x) = f(x)$ Mit $y = F(x)$ ist auch jede Funktion $y = F(x) + C$ eine Stammfunktion von f.
Unbestimmtes Integral	Die Menge aller Stammfunktionen von f wird **unbestimmtes Integral** von f genannt. *Schreibweise:* $\int f(x)\,dx = F(x) + C$ (C **Integrationskonstante**)

Zusammenhang zwischen Stammfunktion und bestimmtem Integral

Begriff	Zusammenhang
Integralfunktion	Für eine Funktion f heißt die Funktion J_a mit $J_a(x) = \int_a^x f(t)\,dt$ Integralfunktion der Funktion f zur unteren Grenze a. *Eigenschaften:* ▪ Ist die Funktion f in einem Intervall I mit $a \in I$ stetig, so ist die Integralfunktion J_a eine Stammfunktion von f. ▪ Die Integralfunktion J_a besitzt an der Stelle $x_0 = a$ eine Nullstelle. 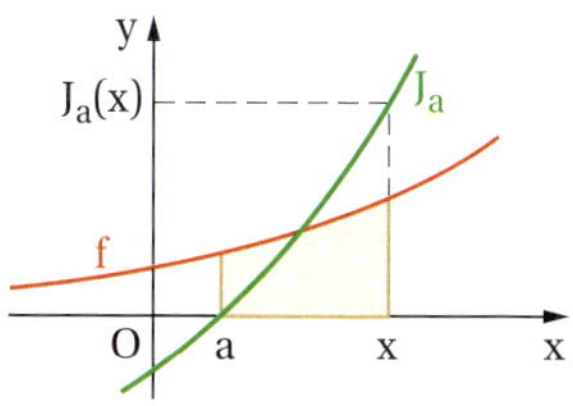
Hauptsatz der Differenzial- und Integralrechnung	Ist F eine Stammfunktion einer in [a; b] stetigen Funktion f, so gilt: $\int_a^b f(x)\,dx = F(b) - F(a)$ *Schreibweise:* $F(b) - F(a) = [F(x)]_a^b$

Integrationsregeln

80179B

Begriff	Verknüpfung	Regel
Faktorregel	$f(x) = c \cdot u(x)$	$\int f(x)\,dx = \int [c \cdot u(x)]\,dx = c \cdot \int u(x)\,dx$
Summenregel	$f(x) = u(x) \pm v(x)$	$\int f(x)\,dx = \int [u(x) \pm v(x)]\,dx = \int u(x)\,dx \pm \int v(x)\,dx$
Lineare Substitution	$f(x) = u(mx + b)$	$\int f(x)\,dx = \int u(mx + b)\,dx = \frac{1}{m} \cdot U(mx + b) + C$ U – Stammfunktion der Funktion u

Weitere Integrationsregeln

80179B

Begriff	Zusammenhang
Substitutionsregel	$\int f[g(x)] \cdot g'(x)\,dx = \int f(u)\,du$ (mit $u = g(x)$ und $du = g'(x)dx$) *Spezialfall:* $\int \frac{f'(x)}{f(x)}\,dx = \ln\lvert f(x)\rvert + C$ (mit $f(x) \neq 0$ für alle x)
Regel für partielle Integration	$\int [u'(x) \cdot v(x)]\,dx = u(x) \cdot v(x) - \int [u(x) \cdot v'(x)]\,dx$ kurz: $\int u'v\,dx = uv - \int uv'\,dx$
Integration durch Partialbruchzerlegung	Ist der Integrand eine echt gebrochenrationale Funktion und hat die Nennerfunktion v nur einfache reelle Nullstellen $x_1, x_2, x_3, \ldots$, so ist folgende Entwicklung in Partialbrüche möglich: $\frac{u(x)}{v(x)} = \frac{A}{x - x_1} + \frac{B}{x - x_2} + \frac{C}{x - x_3} + \ldots$ mit $A = \frac{u(x_1)}{v'(x_1)}$; $B = \frac{u(x_2)}{v'(x_2)}$; $C = \frac{u(x_3)}{v'(x_3)}$; … Dann gilt: $\int \frac{u(x)}{v(x)}\,dx = A\int \frac{dx}{x - x_1} + B\int \frac{dx}{x - x_2} + C\int \frac{dx}{x - x_3} + \ldots$

Grundintegrale und weitere spezielle unbestimmte Integrale

$\int 0\,dx = C$	$\int \sin^2 x\,dx = \frac{1}{2}(x - \sin x \cos x) + C$
$\int a\,dx = ax + C$ $(a \in \mathbb{R})$	$\int \cos^2 x\,dx = \frac{1}{2}(x + \sin x \cos x) + C$
$\int x^n\,dx = \frac{1}{n+1}x^{n+1} + C$ $(n \in \mathbb{R};\ n \neq -1)$	$\int \tan^2 x\,dx = \tan x - x + C$ $\left(x \neq (2k+1)\frac{\pi}{2};\ k \in \mathbb{Z}\right)$
$\int \frac{dx}{x} = \ln\lvert x\rvert + C$ $(x \neq 0)$	$\int \ln x\,dx = x\ln x - x + C$ $(x > 0)$
$\int e^x\,dx = e^x + C$	$\int x\ln x\,dx = \frac{x^2}{2}\left(\ln x - \frac{1}{2}\right) + C$ $(x > 0)$
$\int a^x\,dx = \frac{a^x}{\ln a} + C$ $(a > 0;\ a \neq 1)$	$\int \frac{dx}{\sqrt{x^2 \pm a^2}} = \ln\lvert x + \sqrt{x^2 \pm a^2}\rvert + C$
$\int \sin x\,dx = -\cos x + C$	$\int \frac{dx}{x^2 - a^2} = \frac{1}{2a}\ln\left\lvert\frac{x-a}{x+a}\right\rvert + C$ $(\lvert x\rvert \neq a)$
$\int \cos x\,dx = \sin x + C$	$\int \frac{f'(x)}{f(x)}\,dx = \ln\lvert f(x)\rvert + C$ $(f(x) \neq 0)$
$\int \tan x\,dx = -\ln\lvert\cos x\rvert + C$ $\left(x \neq (2k+1)\frac{\pi}{2};\ k \in \mathbb{Z}\right)$	$\int f'(x)e^{f(x)}\,dx = e^{f(x)} + C$

Flächeninhaltsberechnungen

Wenn die Funktionen f und g im Intervall [a; b] stetig sind, kann der Inhalt der Fläche zwischen dem Graphen einer Funktion und der x-Achse und der Inhalt der Fläche zwischen beiden Funktionsgraphen mithilfe bestimmter Integrale berechnet werden.

Fläche zwischen dem Graphen einer Funktion und der x-Achse		80104B
$f(x) \geq 0$ für alle $x \in [a; b]$ $g(x) \leq 0$ für alle $x \in [a; b]$	$A_1 = \int_a^b f(x)\,dx$ $A_2 = \left\lvert \int_a^b g(x)\,dx \right\rvert = -\int_a^b g(x)\,dx$	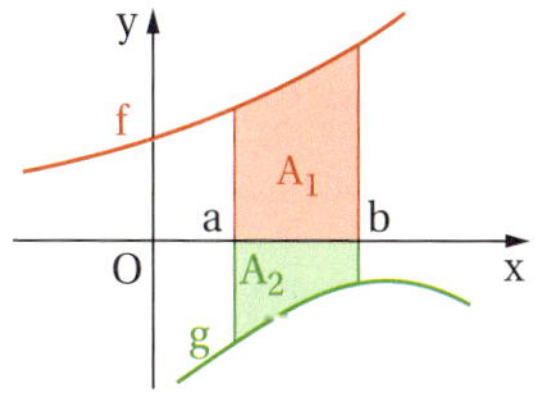
f besitzt in [a; b] Nullstellen $x_1, x_2, \ldots, x_{n-1}$.	$A = \left\lvert \int_a^{x_1} f(x)\,dx \right\rvert + \left\lvert \int_{x_1}^{x_2} f(x)\,dx \right\rvert + \ldots + \left\lvert \int_{x_{n-1}}^{b} f(x)\,dx \right\rvert$	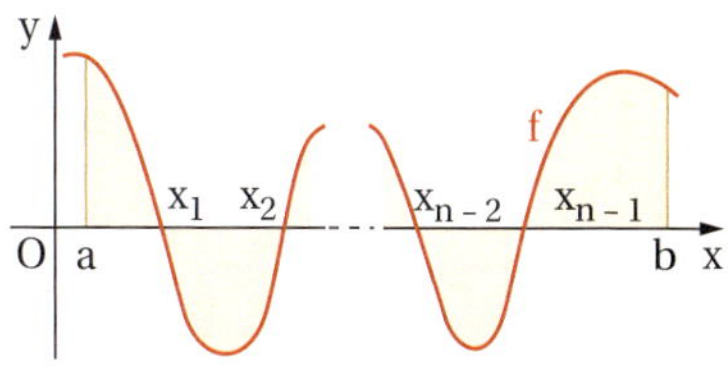
Fläche zwischen den Graphen zweier Funktionen		80105B
$f(x) \geq g(x)$ für alle $x \in [a; b]$	$A = \int_a^b [f(x) - g(x)]\,dx$ (unabhängig davon, ob f oder g in [a; b] Nullstellen besitzt)	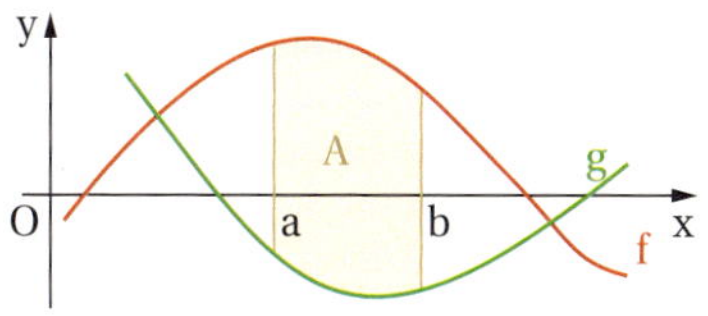
Die Graphen schneiden einander in [a; b].	$A = \left\lvert \int_a^{x_1} [f(x) - g(x)]\,dx \right\rvert + \left\lvert \int_{x_1}^{b} [f(x) - g(x)]\,dx \right\rvert$	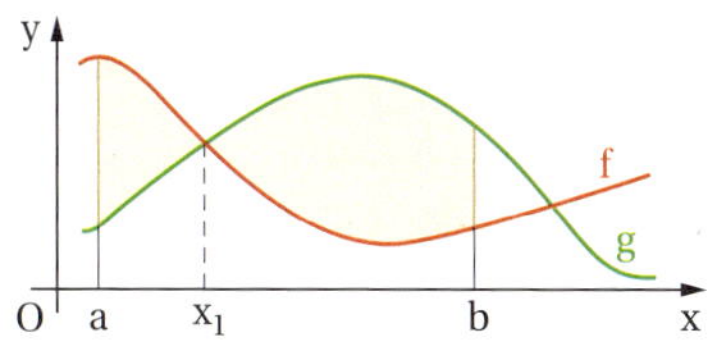

Bogenlänge ebener Kurven

80181B

Bedingung	Gleichung	
f ist im Intervall [a; b] differenzierbar.	Der Graph von f hat in [a; b] die Bogenlänge s mit: $s = \int_a^b \sqrt{1 + [f'(x)]^2}\,dx$	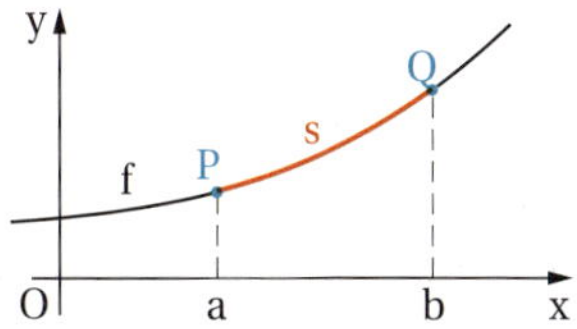

Berechnung von Rotationskörpern

80182B

Rotationskörper	Gleichung	Skizze
Rotation um die x-Achse Das Flächenstück zwischen dem Graphen einer Funktion f für $a \le x \le b$ und der x-Achse rotiert um die x-Achse.	**Volumen:** $V_x = \pi \cdot \int_a^b [f(x)]^2\,dx$ **Mantelfläche:** $M_x = 2\pi \cdot \int_a^b f(x) \cdot \sqrt{1 + [f'(x)]^2}\,dx$	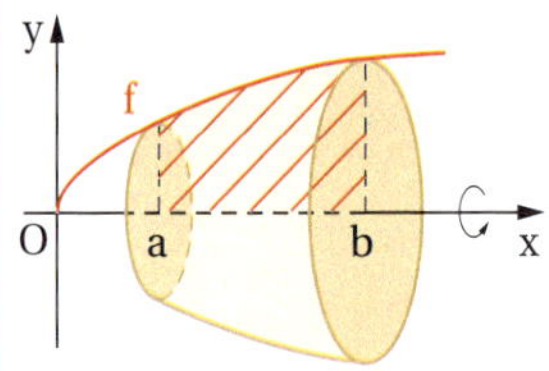
Rotation um die y-Achse Das Flächenstück zwischen dem Graphen einer Funktion f für $a \le x \le b$ und der y-Achse rotiert um die y-Achse.	**Volumen:** $V_y = \pi \cdot \int_{f(a)}^{f(b)} [g(y)]^2\,dy$ **Mantelfläche:** $M_y = 2\pi \cdot \int_{f(a)}^{f(b)} g(y) \cdot \sqrt{1 + g'(y)]^2}\,dy$ g – Umkehrfunktion der Funktion f	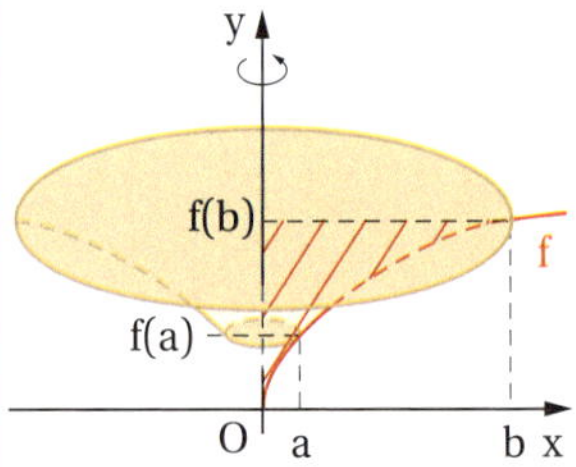

Uneigentliche Integrale

80183B

Begriff	Zusammenhang	
Uneigentliche Integrale mit unbeschränktem Integrationsintervall	Ist f eine in einem einseitig oder beidseitig offenen Intervall stetige Funktion, dann gilt: $\int_a^{\infty} f(x)\,dx = \lim\limits_{b \to \infty} \int_a^b f(x)\,dx$ $\int_{-\infty}^{b} f(x)\,dx = \lim\limits_{a \to -\infty} \int_a^b f(x)\,dx$ $\int_{-\infty}^{\infty} f(x)\,dx = \lim\limits_{a \to -\infty} \int_a^c f(x)\,dx + \lim\limits_{b \to \infty} \int_c^b f(x)\,dx$	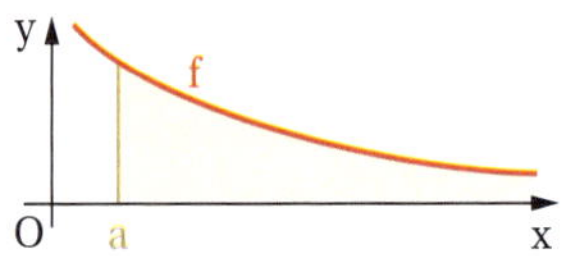 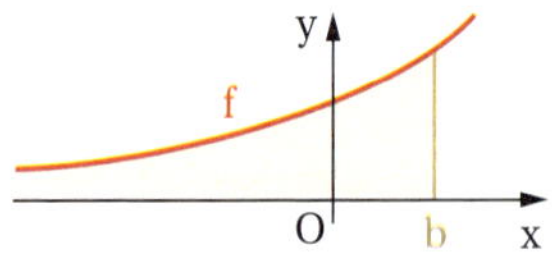 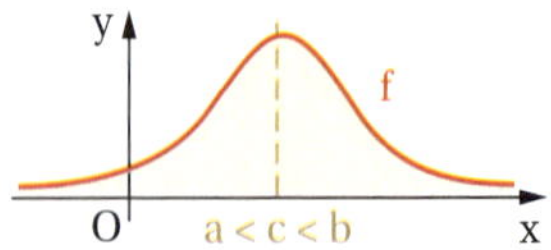
Uneigentliche Integrale mit unbeschränktem Integranden	Ist f eine in den Teilintervallen $[a; c - \varepsilon]$ und $[c + \delta; b]$ stetige Funktion mit einer Polstelle $x = c$, so gilt: $\int_a^b f(x)\,dx = \lim\limits_{\varepsilon \to 0} \int_a^{c-\varepsilon} f(x)\,dx + \lim\limits_{\delta \to 0} \int_{c+\delta}^{b} f(x)\,dx$	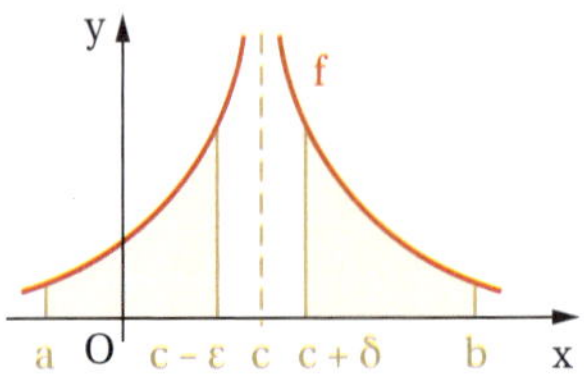

Näherungsweises Berechnen bestimmter Integrale

80184B

Für die näherungsweise Berechnung des bestimmten Integrals $\int_a^b f(x)\,dx$ (und der entsprechenden Flächeninhalte) wird das Intervall [a; b] in n Teile der Länge $d = \frac{b-a}{n}$ zerlegt.
Die Teilpunkte sind dann $x_0 = a$, $x_1 = a + d$, $x_2 = a + 2d$, …, $x_{n-1} = a + (n-1)d$ und $x_n = a + n \cdot d = b$.

Begriff	Zusammenhang
Rechteckregel	Die Fläche A wird durch Rechtecke mit der Fläche A_i angenähert. $A_i = d \cdot f(x_i) = d \cdot y_i \quad (i = 0, 1, \ldots, (n-1))$ $A = \int_a^b f(x)\,dx \approx d \cdot (y_0 + y_1 + \ldots + y_{n-1})$ 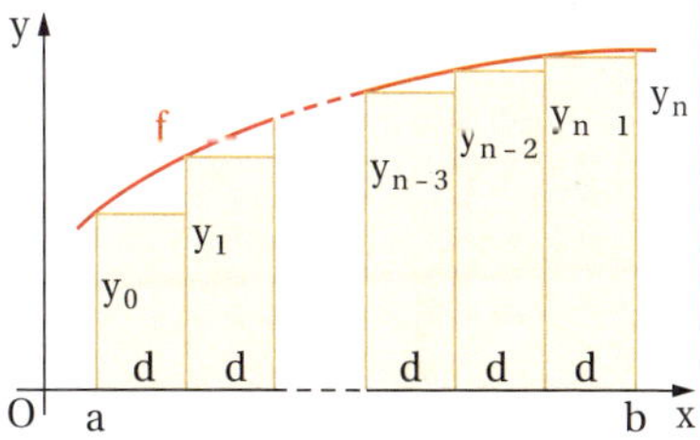
Trapezregel (Sekantenformel)	Die Fläche A wird durch Trapeze mit der Fläche A_i angenähert. $A_i = \frac{y_i + y_{i+1}}{2} d \quad (i = 0, 1, \ldots, (n-1))$ $A = \int_a^b f(x)\,dx$ $\approx \frac{d}{2}(y_0 + 2y_1 + 2y_2 + \ldots + 2y_{n-1} + y_n)$ 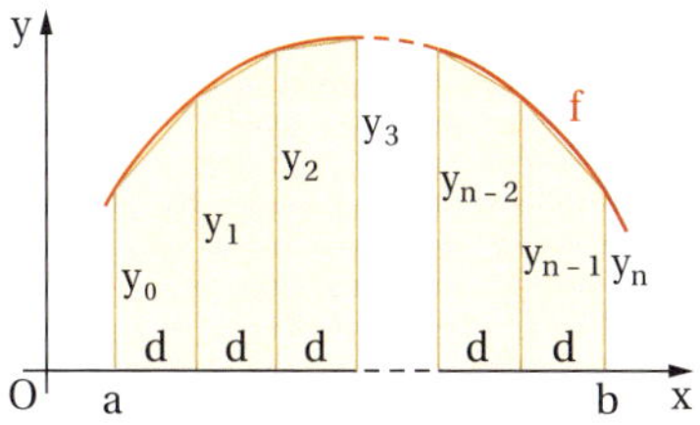
Simpsonsche Regel	Die Fläche A wird durch geradzahlig viele parabelförmig begrenzte Streifen angenähert. Man teilt [a; b] in n Intervalle und legt durch jeweils drei aufeinanderfolgende Punkte $(x_{i-1}; y_{i-1})$, $(x_i; y_i)$ und $(x_{i+1}; y_{i+1})$ mit $i = 1, \ldots, (n-1)$ einen Parabelbogen. $A = \int_a^b f(x)\,dx \approx \frac{d}{3}[(y_0 + 4y_1 + y_2) + (y_2 + 4y_3 + y_4) + \ldots + (y_{n-2} + 4y_{n-1} + y_n)]$ bzw. $A = \int_a^b f(x)\,dx \approx \frac{d}{3}(y_0 + 4y_1 + 2y_2 + 4y_3 + 2y_4 + \ldots + 2y_{n-2} + 4y_{n-1} + y_n)$ (n gerade)
Keplersche Fassregel	Die Fläche A wird durch zwei parabelförmig begrenzte Streifen angenähert. Man verwendet die Punkte (a; f(a)), $(x_m; f(x_m))$ und (b; f(b)) mit $x_m = \frac{1}{2}(a + b)$. $A = \int_a^b f(x)\,dx \approx \frac{b-a}{6}(f(a) + 4f(x_m) + f(b))$ 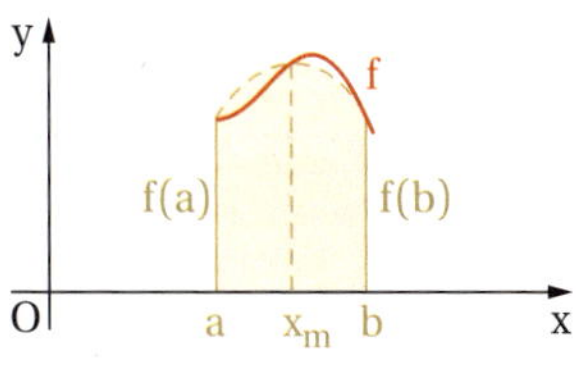

Differenzialgleichungen

80185B

Grundbegriffe

Gewöhnliche Differenzialgleichung	Jede Gleichung über einer Variablen x, mit der eine Funktion f gesucht wird und die mindestens eine Ableitung der Funktion f nach der Variablen x enthält, heißt (gewöhnliche) Differenzialgleichung. Der Grad der höchsten auftretenden Ableitung $f^{(n)}$ bzw. $y^{(n)}$ bestimmt die Ordnung der Differenzialgleichung.
Lösung einer Differenzialgleichung	▪ **allgemeine Lösung** Lösungsschar aller Funktionen, die mit ihren Ableitungen die Gleichung erfüllen ▪ **partikuläre Lösung** Lösung, die durch Festlegen eines freien Parameters entstanden ist
Anfangswertproblem	Aufgabenstellung, eine spezielle Lösungsfunktion zu finden, die durch ein vorgegebenes Wertepaar $(x_0; f(x_0))$ erfüllt wird

Lineare Differenzialgleichungen 1. Ordnung mit konstanten Koeffizienten $q, s \in \mathbb{R}$

Gleichung	$f'(x) + q \cdot f(x) = s$ bzw. $y' + q \cdot y = s$		
Lösungen	$q = 0;\ s \neq 0$	$q \neq 0;\ s = 0$	$q \neq 0;\ s \neq 0$
	$y = s \cdot x + c \quad (c \neq 0)$	$y = c \cdot e^{-qx} \quad (c \neq 0)$	$y = c \cdot e^{-qx} + \frac{s}{q} \quad (c \neq 0)$
Richtungsfeld mit partikulären Lösungen für $q \neq 0;\ s \neq 0$	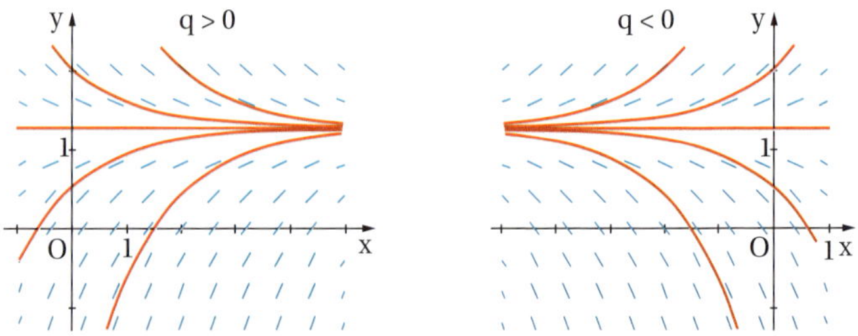		

Lösen spezieller Typen linearer Differenzialgleichungen 1. Ordnung

Gleichungstyp	Lösungsansatz/Lösung	
$y' = f'(x) = k \cdot f(x)$	$\ln(f(x)) = kx + C \quad \Rightarrow$	$y = f(x) = e^{kx + C} = e^C \cdot e^{kx} = \lambda e^{kx}$
$y' = f'(x) = h(x) \cdot f(x)$	$\ln(f(x)) = H(x) + C \quad \Rightarrow$ (H ist Stammfunktion von h.)	$y = f(x) = e^{H(x) + C} = e^C \cdot e^{H(x)} = \lambda e^{H(x)}$
$y' = g(x) \cdot h(y);\ (h(y) \neq 0)$	$\frac{1}{h(y)} dy = g(x)\, dx \quad \Rightarrow$	$\int \frac{1}{h(y)} dy = \int g(x)\, dx + C$
$y' = f(ax + by + c)$	$x = \int \frac{1}{a + b \cdot f(z)} dz + C$	mit $z = ax + by + c$
$y' = f\left(\frac{y}{x}\right)$	$x = k \cdot e^{\int \frac{1}{f(z) - z} dz}$	mit $y = z \cdot x;\ y' = z' \cdot x + z$

Wachstums- und Zerfallsprozesse

80119B

Bei den folgenden Modellen bezeichnet N die Bestandsgröße, N_0 den Anfangswert, G eine Wachstumsgrenze, λ die Wachstumsrate und t die Zeit.

Wachstum	Gleichungen	Veranschaulichung
Lineares Wachstum **$N'(t) = m$**	▪ Differenzialgleichung: $N'(t) = m$ ▪ allgemeine Lösung: $N(t) = N_0 + m \cdot t$	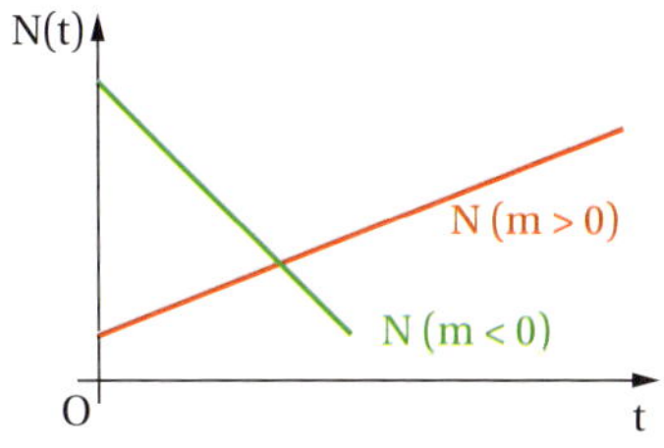
Exponentielles (natürliches) Wachstum **$N'(t) \sim N(t)$**	▪ Differenzialgleichung: $N'(t) = \lambda \cdot N(t)$ ▪ allgemeine Lösung: $N(t) = N_0 \cdot e^{\lambda \cdot t}$	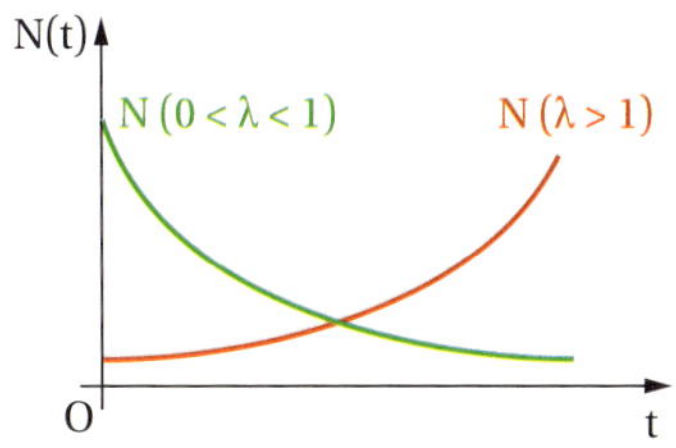
Beschränktes Wachstum **$N'(t) \sim (G - N(t))$**	▪ Differenzialgleichung: $N'(t) = \lambda \cdot (G - N(t))$ ▪ allgemeine Lösung: $N(t) = G - (G - N_0) \cdot e^{-\lambda \cdot t}$	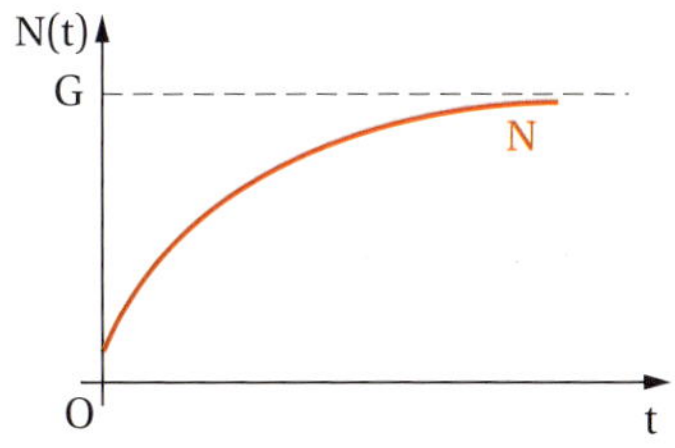
Logistisches Wachstum **$N'(t) \sim N(t)$ und** **$N'(t) \sim (G - N(t))$**	▪ Differenzialgleichung: $N'(t) = \lambda \cdot N(t) \cdot (G - N(t))$ ▪ allgemeine Lösung $N(t) = \frac{N_0 \cdot G}{N_0 + (G - N_0) \cdot e^{-\lambda G t}}$	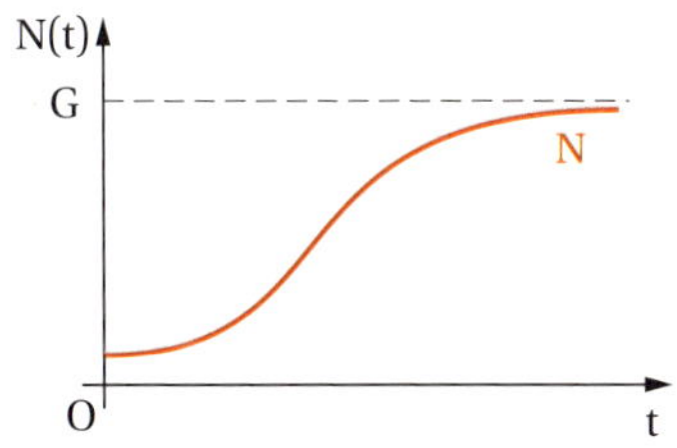
Hyperbolisches Wachstum **$N'(t) \sim N(t)^2$**	▪ Differenzialgleichung: $N'(t) = \lambda \cdot N(t)^2$ ▪ allgemeine Lösung: $N(t) = \frac{N_0}{1 - N_0 \lambda t}$	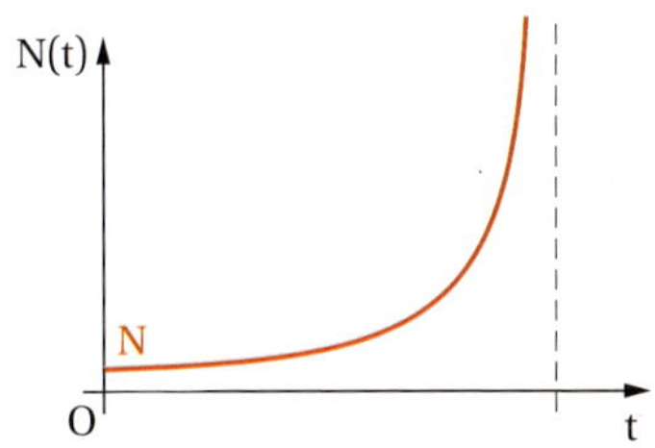

Lineare Algebra und Analytische Geometrie

Koordinatensysteme

80180 I

Begriff	Zusammenhang	Skizze
Kartesisches Koordinatensystem	x, y – Koordinaten von P x – Abszisse y – Ordinate O – Koordinatenursprung	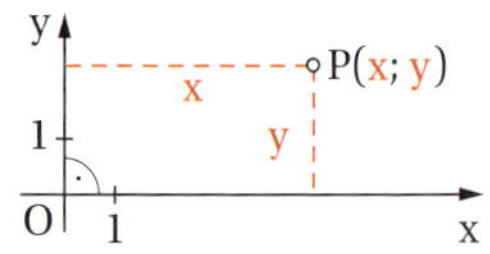
Polarkoordinatensystem	r, φ – Polarkoordinaten von P r – Radius φ – Polarwinkel (Phase, Anomalie)	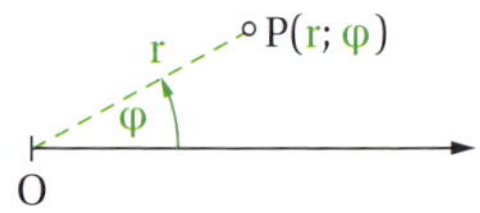
Transformation von kartesischen Koordinaten in Polarkoordinaten (und umgekehrt)	$x = r \cdot \cos\varphi$ $\quad r = \sqrt{x^2 + y^2}$ $y = r \cdot \sin\varphi$ $\quad \tan\varphi = \frac{y}{x}$ $\quad \cos\varphi = \frac{x}{\sqrt{x^2 + y^2}}$ $\sin\varphi = \frac{y}{\sqrt{x^2 + y^2}}$	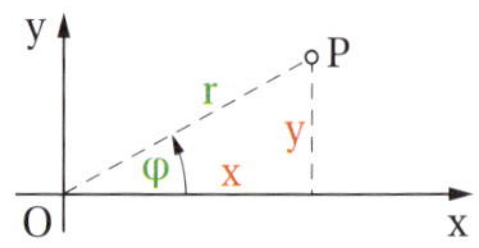

Strecken und Dreiecke

80188B

Begriff	Zusammenhang	Skizze
Länge s einer Strecke, Abstand zweier Punkte	$s = \overline{P_1P_2} = \sqrt{(x_2 - x_1)^2 + (y_2 - y_1)^2}$	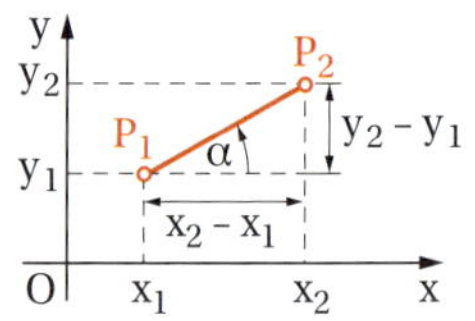
Steigung (Anstieg) m einer Strecke	$m = \tan\alpha = \frac{y_2 - y_1}{x_2 - x_1}$ $\quad (x_1 \neq x_2)$	
Teilung einer Strecke	Für einen **Teilpunkt** T mit $\overrightarrow{P_1T} = \lambda\overrightarrow{TP_2}$ gilt: $x_T = \frac{x_1 + \lambda x_2}{1 + \lambda}$; $\quad y_T = \frac{y_1 + \lambda y_2}{1 + \lambda}$ (λ **Teilverhältnis** mit $\lambda \in \mathbb{R}$ und $\lambda \neq -1$)	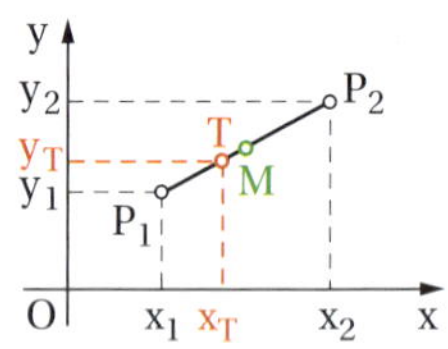
Mittelpunkt M einer Strecke	*Spezialfall:* $\lambda = 1$ $x_M = \frac{x_1 + x_2}{2}$ $\quad y_M = \frac{y_1 + y_2}{2}$	
Flächeninhalt A eines Dreiecks	Für ein Dreieck mit den Eckpunkten P_1, P_2 und P_3 gilt: $A = \frac{1}{2}\lvert x_1(y_2 - y_3) + x_2(y_3 - y_1) + x_3(y_1 - y_2)\rvert$	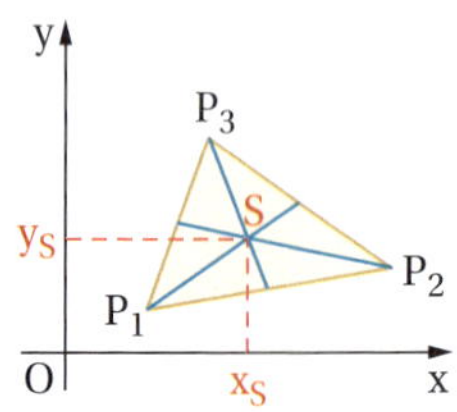
Schwerpunkt S eines Dreiecks	$x_S = \frac{x_1 + x_2 + x_3}{3}$ $\quad y_S = \frac{y_1 + y_2 + y_3}{3}$ (Schwerpunkt – Schnittpunkt der Seitenhalbierenden)	

Geraden in der Ebene

$m, n, A, B, C \in \mathbb{R}$ 80189B

Begriff	Zusammenhänge	Veranschaulichung
Punktrichtungsgleichung	$y - y_0 = m(x - x_0)$ $m = \tan\alpha \qquad (\alpha \neq 90°)$ (Gerade durch $P_0(x_0; y_0)$ mit der Steigung m)	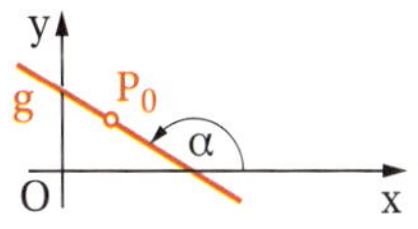
Zweipunktegleichung	$y - y_1 = \frac{y_2 - y_1}{x_2 - x_1}(x - x_1)$ $m = \tan\alpha = \frac{y_2 - y_1}{x_2 - x_1} \qquad (x_2 \neq x_1)$ (Gerade durch $P_1(x_1; y_1)$ und $P_2(x_2; y_2)$)	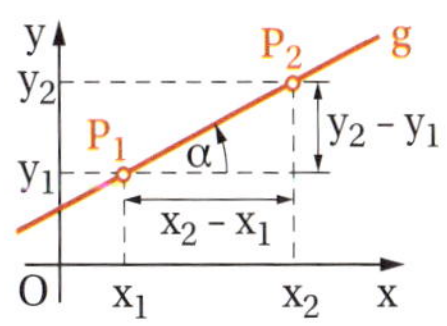
Kartesische Normalform der Geradengleichung	$y = mx + n$ $m = \tan\alpha \qquad (\alpha \neq 90°)$ (Gerade mit der Steigung m, welche die y-Achse in $S_y(0; n)$ schneidet)	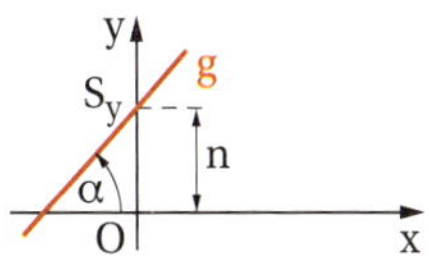
Achsenabschnittsgleichung	$\frac{x}{a} + \frac{y}{b} = 1 \qquad (a, b \neq 0)$ (Gerade, welche die Achsen in $S_x(a; 0)$ und $S_y(0; b)$ schneidet)	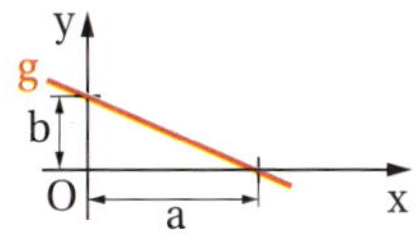
Allgemeine Form der Geradengleichung	$Ax + By + C = 0 \qquad (A^2 + B^2 > 0)$ $A = 0 \Rightarrow$ g parallel zur x-Achse $B = 0 \Rightarrow$ g parallel zur y-Achse	
Hessesche Normalenform der Geradengleichung	$x \cdot \cos\varphi + y \cdot \sin\varphi - p = 0$ Gerade mit dem Abstand p vom Ursprung O und dem Winkel φ zwischen positiver x-Achse und dem Lot p Aus der allgemeinen Form folgt: $\cos\varphi = \frac{A}{\sqrt{A^2 + B^2}}$; $\sin\varphi = \frac{B}{\sqrt{A^2 + B^2}}$; $p = \frac{-C}{\sqrt{A^2 + B^2}}$	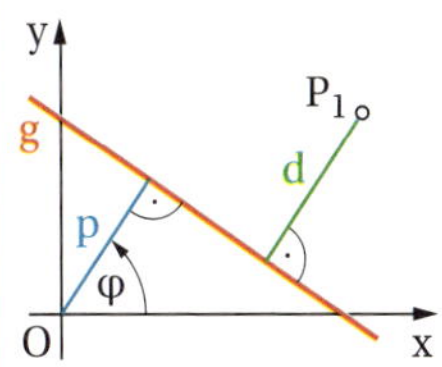
Abstand des Punktes P_1 von der Geraden g	$d = \lvert x_1 \cdot \cos\varphi + y_1 \cdot \sin\varphi - p \rvert = \frac{\lvert Ax_1 + By_1 + C \rvert}{\sqrt{A^2 + B^2}}$	
Lagebeziehung zweier Geraden	$g_1\colon\ y = m_1x + n \qquad g_2\colon\ y = m_2x + n$ $m_1 = m_2 \Leftrightarrow g_1 \parallel g_2$ $m_1 = -\frac{1}{m_2} \Leftrightarrow g_1 \perp g_2 \qquad (m_2 \neq 0)$	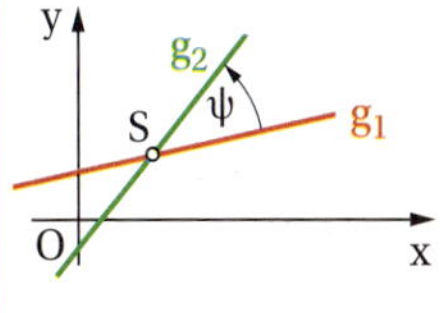
Schnittwinkel ψ (ψ ≠ 90°)	$\tan\psi = \left\lvert \frac{m_2 - m_1}{1 + m_1m_2} \right\rvert \qquad (m_1m_2 \neq -1)$	

Vektoren in der Geometrie

80187B

Begriff	Zusammenhang
Vektor	Ein Vektor $\vec{a}$ ist die Menge aller Pfeile, die gleich lang, zueinander parallel und gleich gerichtet sind. Jeder Pfeil der Menge ist ein Repräsentant des Vektors. 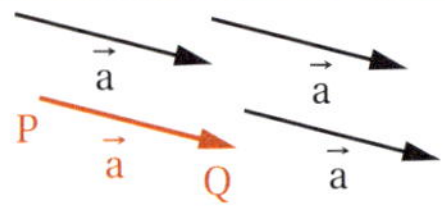
Betrag eines Vektors	Länge einer Strecke $\overline{PQ}$, wobei der Pfeil $\overrightarrow{PQ}$ ein Repräsentant von $\vec{a}$ ist *Schreibweise:* $\lvert\vec{a}\rvert$
Parallelität zweier Vektoren	Ein Vektor $\vec{a}$ ist genau dann zu einem Vektor $\vec{b}$ **parallel** ($\vec{a} \parallel \vec{b}$), wenn es eine reelle Zahl r bzw. s gibt, sodass $\vec{a} = r\vec{b}$ oder $\vec{b} = s\vec{a}$ gilt. 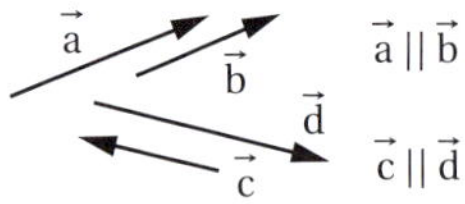
Nullvektor $\vec{o}$	Vektor $\vec{a}$ mit $\lvert\vec{a}\rvert = 0$ und unbestimmter Richtung
Einheitsvektor	Vektor $\vec{a}$ mit $\lvert\vec{a}\rvert = 1$
Entgegengesetzter Vektor $-\vec{a}$	Vektor $\vec{b}$ mit gleichem Betrag, gleicher Richtung und entgegengesetzter Orientierung wie $\vec{a}$ *Schreibweise:* $\vec{b} = -\vec{a}$ 

Vektoren im kartesischen Koordinatensystem

Begriff	Zusammenhang
Kartesisches Koordinatensystem	Ein Koordinatensystem $(O, \vec{e}_1, \vec{e}_2, \vec{e}_3)$ heißt **kartesisches** (orthonormiertes) **Koordinatensystem** genau dann, wenn gilt: ▪ $\lvert\vec{e}_1\rvert = \lvert\vec{e}_2\rvert = \lvert\vec{e}_3\rvert = 1$ ▪ $\sphericalangle(\vec{e}_1; \vec{e}_2) = \sphericalangle(\vec{e}_2; \vec{e}_3) = \sphericalangle(\vec{e}_3; \vec{e}_1) = 90°$ ▪ $\vec{e}_1, \vec{e}_2$ und $\vec{e}_3$ bilden in dieser Reihenfolge ein Rechtssystem (Rechte-Hand-Regel). 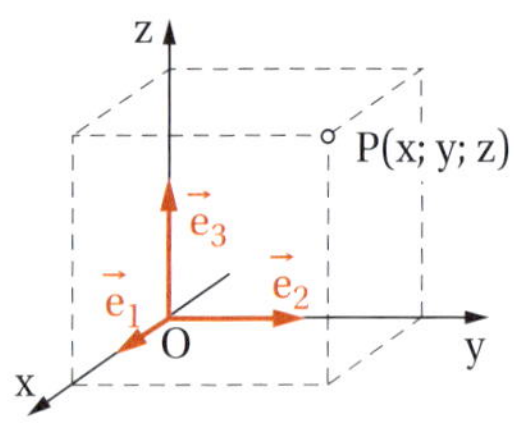
Koordinatendarstellung eines Vektors $\vec{a}$	$\vec{a} = a_x\vec{e}_1 + a_y\vec{e}_2 + a_z\vec{e}_3 = \begin{pmatrix} a_x \\ a_y \\ a_z \end{pmatrix} = (a_x; a_y; a_z)$ $a_x\vec{e}_1, a_y\vec{e}_2, a_z\vec{e}_3$ – Komponenten von $\vec{a}$ a_x, a_y, a_z – Koordinaten von $\vec{a}$
Ortsvektor $\vec{p}_1$ eines Punktes $P_1(x_1; y_1; z_1)$	$\vec{p}_1 = x_1\vec{e}_1 + y_1\vec{e}_2 + z_1\vec{e}_3 = \begin{pmatrix} x_1 \\ y_1 \\ z_1 \end{pmatrix}$
Vektor von $P_1(x_1; y_1; z_1)$ nach $P_2(x_2; y_2; z_2)$	$\vec{p}_2 - \vec{p}_1 = (x_2 - x_1)\vec{e}_1 + (y_2 - y_1)\vec{e}_2 + (z_2 - z_1)\vec{e}_3 = \begin{pmatrix} x_2 - x_1 \\ y_2 - y_1 \\ z_2 - z_1 \end{pmatrix}$

Vektorräume

80191B

Begriff	Zusammenhang	
Vektor und Vektorraum	Eine nichtleere Menge V, für deren Elemente eine Addition sowie eine Vervielfachung mit reellen Zahlen definiert sind, nennt man (reeller) **Vektorraum** und ihre Elemente **Vektoren** genau dann, wenn für alle $\vec{a}, \vec{b}, \vec{c} \in V$ und alle $r, s \in \mathbb{R}$ gilt:	
	1. $\vec{a} + \vec{b} = \vec{b} + \vec{a}$	(Kommutativgesetz)
	2. $(\vec{a} + \vec{b}) + \vec{c} = \vec{a} + (\vec{b} + \vec{c})$	(Assoziativgesetz)
	3. Es gibt ein Element $\vec{o} \in V$, sodass für alle $\vec{a} \in V$ gilt: $\vec{a} + \vec{o} = \vec{a}$	(Existenz eines Nullelements)
	4. Zu jedem $\vec{a} \in V$ gibt es in V ein Element $-\vec{a}$ mit $\vec{a} + (-\vec{a}) = \vec{o}$.	(Existenz eines entgegengesetzten Elements)
	5. $r(s\vec{a}) = (rs)\vec{a}$ (7) $(r + s)\vec{a} = r\vec{a} + s\vec{a}$	(Rechengesetze der
	6. $r(\vec{a} + \vec{b}) = r\vec{a} + r\vec{b}$ (8) $1\vec{a} = \vec{a}$	Vielfachbildung)

Mengen von Vektoren

80192B

Begriff	Zusammenhang
Lineare Unabhängigkeit	Die Vektoren $\vec{a}_1, \vec{a}_2, \ldots, \vec{a}_n$ heißen **linear unabhängig** genau dann, wenn die Gleichung $r_1\vec{a}_1 + r_2\vec{a}_2 + \ldots + r_n\vec{a}_n = \vec{o}$ $(r_i \in \mathbb{R})$ nur für $r_1 = r_2 = \ldots = r_n = 0$ lösbar ist. Anderenfalls heißen die Vektoren $\vec{a}_1, \vec{a}_2, \ldots, \vec{a}_n$ **linear abhängig.**
Linearkombination	Ein Vektor $\vec{b}$ heißt **Linearkombination** der Vektoren $\vec{a}_1, \vec{a}_2, \ldots, \vec{a}_n$, wenn es reelle Zahlen $r_1, r_2, \ldots, r_n$ gibt, sodass gilt: $\vec{b} = r_1\vec{a}_1 + r_2\vec{a}_2 + \ldots + r_n\vec{a}_n$
Erzeugendensystem	Die Menge $\{\vec{a}_1, \vec{a}_2, \ldots, \vec{a}_n\} \subset V$ heißt Erzeugendensystem des Vektorraumes V, wenn jedes Element $\vec{x} \in V$ eine Linearkombination der Vektoren $\vec{a}_1, \vec{a}_2, \ldots, \vec{a}_n$ ist.
Basis	Die Vektoren $\vec{a}_1, \vec{a}_2, \ldots, \vec{a}_n$ heißen Basis des Vektorraumes V genau dann, wenn sie linear unabhängig sind und jeder Vektor $\vec{x} \in V$ als Linearkombination dieser Vektoren darstellbar ist, d. h., wenn gilt: $\vec{x} = r_1\vec{a}_1 + r_2\vec{a}_2 + \ldots + r_n\vec{a}_n$ $(r_i \in \mathbb{R})$ $r_1, r_2, \ldots, r_n$ – Koordinaten von $\vec{x}$ bezüglich der Basis $\{\vec{a}_1, \vec{a}_2, \ldots, \vec{a}_n\}$ $r_1\vec{a}_1, r_2\vec{a}_2, \ldots, r_n\vec{a}_n$ – Komponenten von $\vec{x}$ bezüglich der Basis $\{\vec{a}_1, \vec{a}_2, \ldots, \vec{a}_n\}$
Dimension	Die Anzahl der Vektoren einer Basis (d. h. die maximale Anzahl linear unabhängiger Vektoren) des Vektorraumes V nennt man dessen **Dimension.**

Operationen mit Vektoren

80193B

Begriff	Zusammenhang
Addition	$\vec{a}+\vec{b}=\begin{pmatrix}a_x\\a_y\\a_z\end{pmatrix}+\begin{pmatrix}b_x\\b_y\\b_z\end{pmatrix}=\begin{pmatrix}a_x+b_x\\a_y+b_y\\a_z+b_z\end{pmatrix}$ 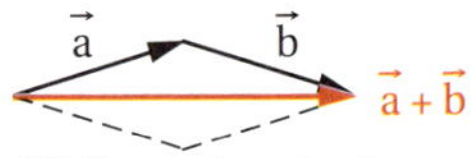 Pfeile aneinander legen
Subtraktion	$\vec{a}-\vec{b}=\vec{a}+(-\vec{b})=\begin{pmatrix}a_x\\a_y\\a_z\end{pmatrix}+\begin{pmatrix}-b_x\\-b_y\\-b_z\end{pmatrix}=\begin{pmatrix}a_x-b_x\\a_y-b_y\\a_z-b_z\end{pmatrix}$ 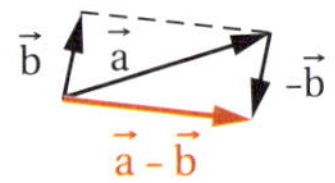
Vielfachbildung (Multiplikation mit einem Skalar)	$r\vec{a}=r\begin{pmatrix}a_x\\a_y\\a_z\end{pmatrix}=\begin{pmatrix}ra_x\\ra_y\\ra_z\end{pmatrix}$ $(r\in\mathbb{R})$ 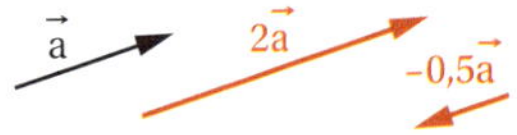 Pfeile strecken bzw. stauchen
Betrag eines Vektors	$\lvert\vec{a}\rvert=\sqrt{a_x^2+a_y^2}$ (in der Ebene) $\lvert\vec{a}\rvert=\sqrt{a_x^2+a_y^2+a_z^2}$ (im Raum) 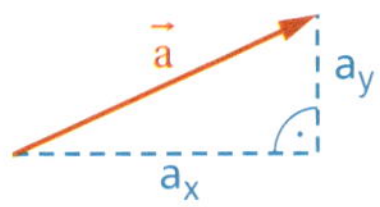
Skalarprodukt (Punktprodukt; inneres Produkt)	Unter dem **Skalarprodukt** $\vec{a}\cdot\vec{b}$ zweier Vektoren $\vec{a}$ und $\vec{b}$ versteht man eine reelle Zahl c, für die gilt: $c=\vec{a}\cdot\vec{b}=\lvert\vec{a}\rvert\cdot\lvert\vec{b}\rvert\cdot\cos\sphericalangle(\vec{a};\vec{b})$ Koordinatenform: $\vec{a}\cdot\vec{b}=a_xb_x+a_yb_y$ (in der Ebene) $\vec{a}\cdot\vec{b}=a_xb_x+a_yb_y+a_zb_z$ (im Raum)
Geometrische Interpretation des Skalarproduktes	▪ $\vec{a}=\overrightarrow{AC};\ \vec{b}=\overrightarrow{AB};\ \vec{p}=\overrightarrow{AD}$ ▪ $\vec{p}$ – senkrechte Projektion des Vektors $\vec{a}$ auf $\vec{b}$ ▪ $\vec{a}\cdot\vec{b}=\lvert\vec{p}\rvert\cdot\lvert\vec{b}\rvert$ 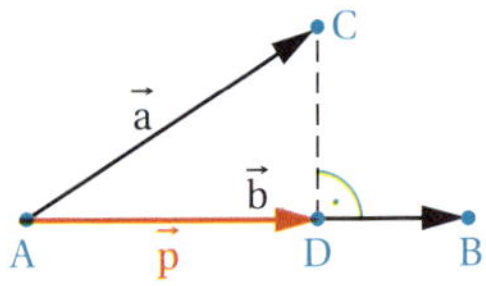
Vektorprodukt (Kreuzprodukt; äußeres Produkt)	Unter dem **Vektorprodukt** $\vec{a}\times\vec{b}$ zweier Vektoren $\vec{a}$ und $\vec{b}$ versteht man den Vektor $\vec{c}$ mit folgenden Eigenschaften: 1. $\lvert\vec{c}\rvert=\lvert\vec{a}\rvert\cdot\lvert\vec{b}\rvert\cdot\sin\sphericalangle(\vec{a};\vec{b})$ 2. $\vec{c}\perp\vec{a}$ und $\vec{c}\perp\vec{b}$ 3. $\vec{a}$, $\vec{b}$ und $\vec{c}$ bilden in dieser Reihenfolge ein Rechtssystem (falls $\vec{a}$ und $\vec{b}$ linear unabhängig). Koordinatenform: $\vec{a}\times\vec{b}=\begin{pmatrix}a_yb_z-a_zb_y\\a_zb_x-a_xb_z\\a_xb_y-a_yb_x\end{pmatrix}$ Das Vektorprodukt ist ein Maß für den Flächeninhalt des von zwei Vektoren aufgespannten Parallelogramms. 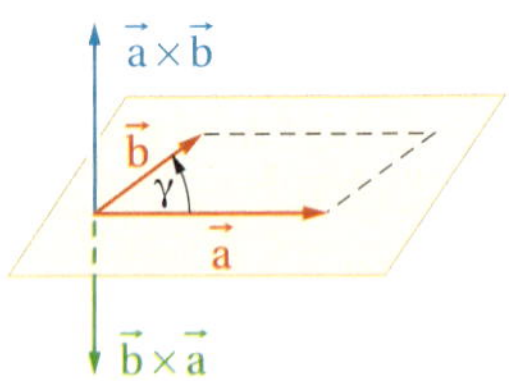

Eigenschaften und Anwendungen von Skalarprodukt und Vektorprodukt 80118B

Begriff	Zusammenhang
Eigenschaften des Skalarproduktes	$\vec{a}\cdot\vec{b}=\vec{b}\cdot\vec{a}$ (Kommutativgesetz) $\vec{a}\cdot(\vec{b}+\vec{c})=\vec{a}\cdot\vec{b}+\vec{a}\cdot\vec{c}$ (Distributivgesetz) $r(\vec{a}\cdot\vec{b})=(r\vec{a}\cdot\vec{b})=(\vec{a}\cdot r\vec{b})$ (Multiplikation mit einer reellen Zahl r) $\vec{a}\perp\vec{b} \Rightarrow \vec{a}\cdot\vec{b}=0$
Eigenschaften des Vektorproduktes	$\vec{a}\times\vec{b}=-(\vec{b}\times\vec{a})$ (Alternativgesetz) $\vec{a}\times(\vec{b}+\vec{c})=\vec{a}\times\vec{b}+\vec{a}\times\vec{c}$ (Distributivgesetz) $r(\vec{a}\times\vec{b})=(r\vec{a})\times\vec{b}=\vec{a}\times(r\vec{b})$ (Multiplikation mit einer reellen Zahl r) $\vec{a}, \vec{b}$ parallel $\Rightarrow \vec{a}\times\vec{b}=\vec{o}$
Winkel zwischen zwei Vektoren	$\cos\sphericalangle(\vec{a};\vec{b})=\frac{\vec{a}\cdot\vec{b}}{\lvert\vec{a}\rvert\lvert\vec{b}\rvert}=\frac{a_xb_x+a_yb_y+a_zb_z}{\sqrt{a_x^2+a_y^2+a_z^2}\sqrt{b_x^2+b_y^2+b_z^2}}$
Flächenberechnung	▪ eines Parallelogramms: $A=\lvert\vec{a}\times\vec{b}\rvert=\lvert\vec{a}\rvert\cdot\lvert\vec{b}\rvert\cdot\sin\gamma$ ▪ eines Dreiecks: $A=\frac{1}{2}\lvert\vec{a}\times\vec{b}\rvert=\frac{1}{2}\lvert\vec{a}\rvert\cdot\lvert\vec{b}\rvert\cdot\sin\gamma$ 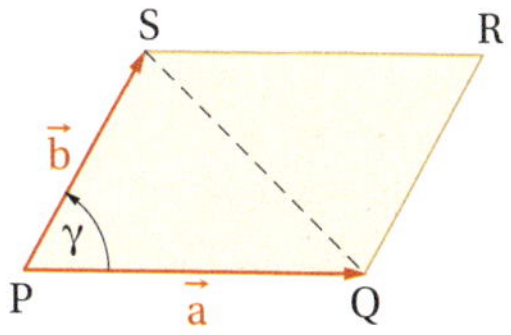

Geraden im Raum und in der Ebene 80194B

Begriff	Zusammenhang
Punktrichtungsgleichung	Gerade durch den Punkt P_0 mit dem Richtungsvektor $\vec{a}$: $\vec{x}=\overrightarrow{OP_0}+t\vec{a}=\vec{p}_0+t\vec{a}$ (t Parameter) Koordinatenform: $\begin{pmatrix}x\\y\\z\end{pmatrix}=\begin{pmatrix}x_0\\y_0\\z_0\end{pmatrix}+t\begin{pmatrix}a_x\\a_y\\a_z\end{pmatrix}$ bzw. $\begin{pmatrix}x\\y\end{pmatrix}=\begin{pmatrix}x_0\\y_0\end{pmatrix}+t\begin{pmatrix}a_x\\a_y\end{pmatrix}$ $(t\in\mathbb{R})$ 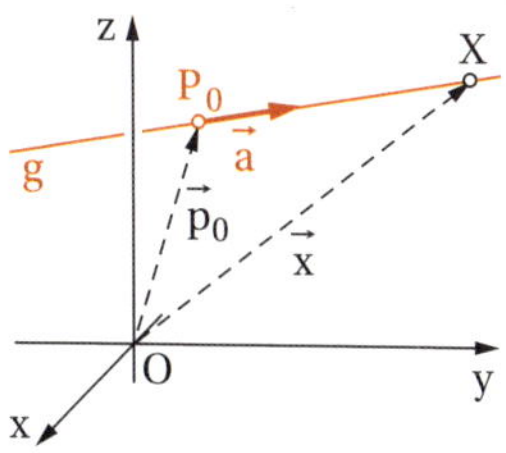
Zweipunktegleichung	Gerade durch die Punkte P_1 und P_2: $\vec{x}=\overrightarrow{OP_1}+t\overrightarrow{P_1P_2}=\vec{p}_1+t(\vec{p}_2-\vec{p}_1)$ (t Parameter) Koordinatenform: $\begin{pmatrix}x\\y\\z\end{pmatrix}=\begin{pmatrix}x_1\\y_1\\z_1\end{pmatrix}+t\begin{pmatrix}x_2-x_1\\y_2-y_1\\z_2-z_1\end{pmatrix}$ bzw. $\begin{pmatrix}x\\y\end{pmatrix}=\begin{pmatrix}x_1\\y_1\end{pmatrix}+t\begin{pmatrix}x_2-x_1\\y_2-y_1\end{pmatrix}$ $(t\in\mathbb{R})$ 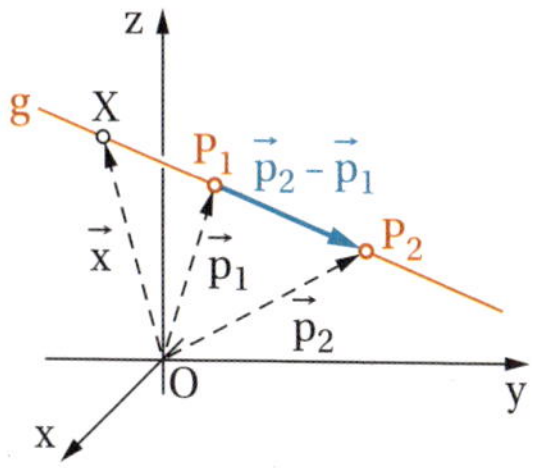

Ebenen

80120B

Begriff	Zusammenhang
Punktrichtungsgleichung Ebene durch den Punkt P_0 und mit den Richtungsvektoren $\vec{a}$ und $\vec{b}$	$\vec{x} = \overrightarrow{OP_0} + r\vec{a} + s\vec{b}$ $= \vec{p}_0 + r\vec{a} + s\vec{b} \quad (r, s\ \mathbb{R})$ Koordinatenform: $\begin{pmatrix} x \\ y \\ z \end{pmatrix} = \begin{pmatrix} x_0 \\ y_0 \\ z_0 \end{pmatrix} + r\begin{pmatrix} a_x \\ a_y \\ a_z \end{pmatrix} + s\begin{pmatrix} b_x \\ b_y \\ b_z \end{pmatrix}$ 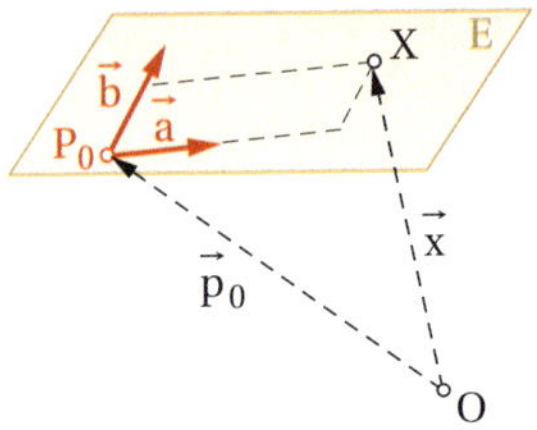
Dreipunktegleichung Ebene durch die Punkte P_1, P_2 und P_3	$\vec{x} = \overrightarrow{OP_1} + r\overrightarrow{P_1P_2} + s\overrightarrow{P_1P_3}$ $= \vec{p}_1 + r(\vec{p}_2 - \vec{p}_1) + s(\vec{p}_3 - \vec{p}_1) \quad (r, s \in \mathbb{R})$ Koordinatenform: $\begin{pmatrix} x \\ y \\ z \end{pmatrix} = \begin{pmatrix} x_1 \\ y_1 \\ z_1 \end{pmatrix} + r\begin{pmatrix} x_2 - x_1 \\ y_2 - y_1 \\ z_2 - z_1 \end{pmatrix} + s\begin{pmatrix} x_3 - x_1 \\ y_3 - y_1 \\ z_3 - z_1 \end{pmatrix} \quad (r, s \in \mathbb{R})$
Allgemeine Form der Ebenengleichung	$Ax + By + Cz = D$ (Koordinatengleichung) $(A, B, C, D \in \mathbb{R};\ A^2 + B^2 + C^2 > 0)$
Normalenvektor einer Ebene	Jeder zu einer Ebene senkrecht stehenden Vektor $\vec{n}$ heißt Normalenvektor der Ebene. Für eine Ebene E mit $Ax + By + Cz = D$ gilt: $\vec{n} = \begin{pmatrix} A \\ B \\ C \end{pmatrix}$ 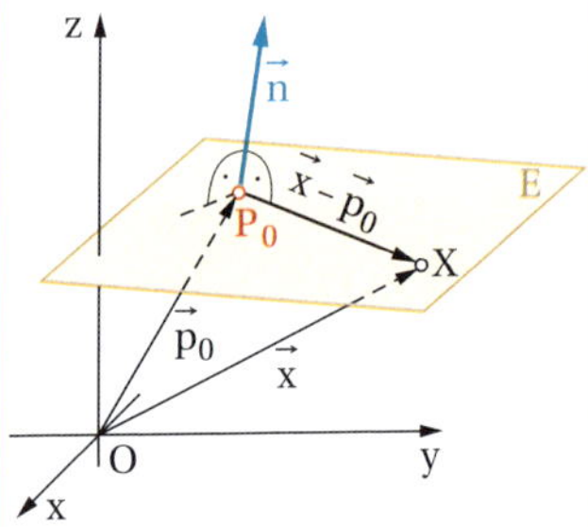
Hessesche Normalenform der Ebenengleichung Ebene durch den Punkt P_0 und mit dem Normalenvektor $\vec{n}$	$(\vec{x} - \vec{p}_0) \cdot \vec{n}^0 = 0$ mit $\vec{n}^0 = \frac{\vec{n}}{\lvert\vec{n}\rvert}$; $P_0 \in E$ $\vec{n}^0$ – Normaleneinheitsvektor
Spurpunkte einer Ebene	Schnittpunkte der Ebene mit den Koordinatenachsen *Schreibweise:* $S_x(x; 0; 0)$, $S_y(0; y; 0)$, $S_z(0; 0; z)$ 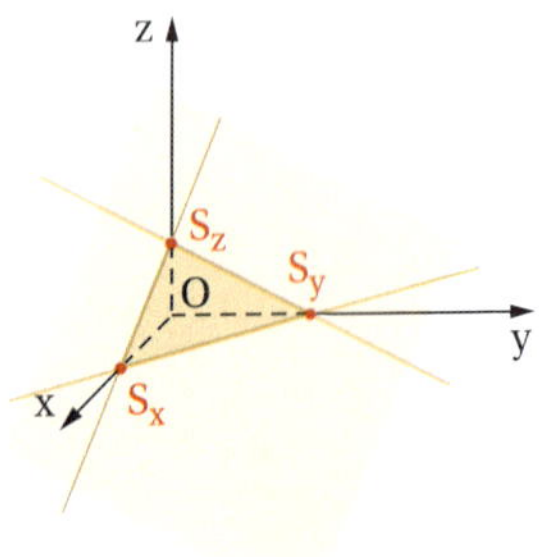
Spurgeraden einer Ebene	Schnittgeraden der Ebene mit den Koordinatenebenen

Lagebeziehungen

80128B

Lagebeziehung zweier Geraden g und h

Gerade g
g: $\vec{x} = \vec{p} + t\vec{a}$

Gerade h
h: $\vec{x} = \vec{q} + r\vec{b}$

Sind die Richtungsvektoren $\vec{a}$ und $\vec{b}$ parallel zueinander? Ist also $\vec{a} = k\vec{b}$; $k \in \mathbb{R}$?

- ja → Ist $P \in h$? (Punktprobe)
  - ja → g und h sind identisch: $g = h$
  - nein → g und h sind „echt“ parallel: $g \parallel h$; $g \neq h$
- nein → Untersuche das Gleichungssystem $\vec{p} + t\vec{a} = \vec{q} + r\vec{b}$ bzw. $t\vec{a} - r\vec{b} = \vec{q} - \vec{p}$
  → Hat dieses Gleichungssystem genau eine Lösung für t, r?
  - ja → Es gibt genau einen Schnittpunkt S von g und h: $\vec{s} = \vec{p} + t\vec{a}$, $\vec{s} = \vec{q} + r\vec{b}$
  - nein → Es gibt keinen Schnittpunkt von g und h: g und h sind windschief zueinander

Lagebeziehung zwischen einer Ebene E und einer Geraden g

Gerade g
g: $\vec{x} = \vec{p} + t\vec{a}$

Ebene E
E: $\vec{x} = \vec{q} + r\vec{u} + s\vec{v}$
bzw.
$Ax + By + Cz = D$

Lösen der Gleichung $A(p_x + ta_x) + B(p_y + ta_y) + C(p_z + ta_z) = D$
bzw. Untersuche das Gleichungssystem $\vec{p} + t\vec{a} = \vec{q} + r\vec{u} + s\vec{v}$ bzw. $t\vec{a} - r\vec{u} - s\vec{v} = \vec{q} - \vec{p}$

- Genau eine Lösung ⇔ Die Gerade schneidet die Ebene im Punkt S (Durchstoßpunkt).
- Unendlich viele Lösungen ⇔ Die Gerade liegt in der Ebene.
- Keine Lösung ⇔ Die Gerade verläuft parallel zur Ebene, es gibt keinen gemeinsamen Punkt.

Lagebeziehung zwischen zwei Ebenen E_1 und E_2

Ebene E_1
E_1: $\vec{x} = \vec{p} + r\vec{a} + s\vec{b}$
bzw.
$A_1x + B_1y + C_1z = D_1$

Ebene E_2
E_2: $\vec{x} = \vec{q} + t\vec{c} + u\vec{d}$
bzw.
$A_2x + B_2y + C_2z = D_2$

Die beiden Vektorsysteme $\{\vec{a}, \vec{b}, \vec{c}\}$ und $\{\vec{a}, \vec{b}, \vec{d}\}$ sind linear abhängig, die Normalenvektoren

$$\vec{n}_1 = \begin{pmatrix} A_1 \\ B_1 \\ C_1 \end{pmatrix} \text{ und } \vec{n}_2 = \begin{pmatrix} A_2 \\ B_2 \\ C_2 \end{pmatrix}$$

sind zueinander parallel oder der Normalenvektor $\vec{n}_2$ steht senkrecht auf $\vec{a}$ und $\vec{b}$.

- ja → E_1 und E_2 sind zueinander parallel.
- nein → E_1 und E_2 schneiden einander in einer Geraden g.

Schnittwinkel

80121B

Begriff	Gegeben	Gleichung
Winkel zwischen einander schneidenden Geraden g und h	g: $\vec{x} = \vec{p} + t\vec{a}$ h: $\vec{x} = \vec{q} + r\vec{b}$	$\cos\varphi = \frac{\lvert\vec{a}\cdot\vec{b}\rvert}{\lvert\vec{a}\rvert\lvert\vec{b}\rvert}$ $(0° \le \varphi \le 90°)$
Winkel zwischen Gerade g und Ebene E	g: $\vec{x} = \vec{p} + t\vec{a}$ E: $\vec{x} = \vec{q} + r\vec{u} + s\vec{v}$	$\sin\varphi = \frac{\lvert\vec{a}\cdot\vec{n}\rvert}{\lvert\vec{a}\rvert\lvert\vec{n}\rvert}$ $(0° \le \varphi \le 90°)$ ($\vec{n}$ Normalenvektor von E)
Winkel zwischen zwei Ebenen E_1 und E_2	E_1: $\vec{x} = \vec{p} + r\vec{a} + s\vec{b}$ E_2: $\vec{x} = \vec{q} + t\vec{c} + u\vec{d}$	$\cos\varphi = \frac{\lvert\vec{n}_1\cdot\vec{n}_2\rvert}{\lvert\vec{n}_1\rvert\lvert\vec{n}_2\rvert}$ ($\vec{n}_1$, $\vec{n}_2$ Nomalenvektoren von E_1, E_2)

Abstände

80122B

Begriff	Gegeben	Gleichung
Abstand eines Punktes P_1 von einer Geraden g in der xy-Ebene	$P_1(x_1; y_1)$ g: $(\vec{x} - \vec{p}_0)\cdot\vec{n} = 0$ bzw. g: $Ax + By + C = 0$	$d(P_1, g) = \left\lvert(\vec{p}_1 - \vec{p}_0)\cdot\frac{\vec{n}}{\lvert\vec{n}\rvert}\right\rvert$ bzw. $d(P_1, g) = \left\lvert\frac{Ax_1 + By_1 + C}{\sqrt{A^2 + B^2}}\right\rvert$
Abstand eines Punktes P_1 von einer Geraden g im Raum	$P_1(x_1; y_1; z_1)$ g: $\vec{x} = \vec{p}_0 + t\vec{a}$	$d(P_1, g) = \sqrt{\lvert\vec{p}_1 - \vec{p}_0\rvert^2 - \left[(\vec{p}_1 - \vec{p}_0)\cdot\frac{\vec{a}}{\lvert\vec{a}\rvert}\right]^2}$ $= \frac{\lvert(\vec{p}_1 - \vec{p}_0)\times\vec{a}\rvert}{\lvert\vec{a}\rvert}$
Abstand zweier zueinander paralleler Geraden g und h		$d(g, h) = d(P_1, h)$, wobei P_1 ein beliebiger Punkt auf g ist
Abstand eines Punktes P_1 von einer Ebene E	$P_1(x_1; y_1; z_1)$ E: $(\vec{x} - \vec{p}_0)\cdot\vec{n} = 0$ bzw. E: $Ax + By + Cz = D$	$d(P_1, E) = \left\lvert(\vec{p}_1 - \vec{p}_0)\cdot\frac{\vec{n}}{\lvert\vec{n}\rvert}\right\rvert$ bzw. $d(P_1, E) = \left\lvert\frac{Ax_1 + By_1 + Cz_1 - D}{\sqrt{A^2 + B^2 + C^2}}\right\rvert$
Abstand einer Geraden g von einer Ebene E, (g || E)		$d(g, E) = d(P_1, E)$, wobei P_1 ein beliebiger Punkt auf g ist
Abstand zweier Ebenen E_1 und E_2 (E_1 || E_2)		$d(E_1, E_2) = d(P_1, E_2)$, wobei P_1 ein beliebiger Punkt auf E_1 ist
Abstand zweier zueinander windschiefer Geraden g und h	g: $\vec{x} = \vec{p} + t\vec{a}$ h: $\vec{x} = \vec{q} + r\vec{b}$ $(\vec{a} \nparallel \vec{b})$	$d(g, h) = \left\lvert(\vec{p} - \vec{q})\cdot\frac{\vec{n}}{\lvert\vec{n}\rvert}\right\rvert$ ($\vec{n}$ Normalenvektor von g und h)

Matrizen

80195B

Begriff	Zusammenhang
Matrix vom Typ (m; n)	Rechteckige Anordnung von $m \cdot n$ Zahlen a_{ik} (z. B. der Koeffizienten eines linearen Gleichungssystems) in m Zeilen und n Spalten in der Form: $\mathbf{A} = \mathbf{A}_{(m;\,n)} = (a_{ik})_{(m;\,n)} = \begin{pmatrix} a_{11} & a_{12} & \dots & a_{1n} \\ a_{21} & a_{22} & \dots & a_{2n} \\ \dots & \dots & \dots & \dots \\ a_{m1} & a_{m2} & \dots & a_{mn} \end{pmatrix}$ Die Zahlen a_{ik} heißen Elemente (Komponenten) von **A**.
Zeilen- und Spaltenvektoren	Die (1; n)-Matrizen stellen **Zeilenvektoren,** die (m; 1)-Matrizen **Spaltenvektoren** dar. $\mathbf{A}_{(1;\,n)} = (a_1 \;\; a_2 \;\; \dots \;\; a_n) = (a_1; a_2; \dots; a_n) = \vec{a}$ $\quad \mathbf{B}_{(m;\,1)} = \begin{pmatrix} b_1 \\ b_2 \\ \dots \\ b_m \end{pmatrix} = \vec{b}$ Speziell entsprechen die (3; 1)-Matrizen den Vektoren des (dreidimensionalen) Raumes und die (2; 1)-Matrizen den Vektoren der Ebene.
Rang einer Matrix	Rang **A** ist die Maximalzahl linear unabhängiger Zeilenvektoren bzw. Spaltenvektoren (↗ S. 57) der Matrix **A**.
Transponierte Matrix $\mathbf{A}^T$	Werden die Zeilen einer (m; n)-Matrix **A** als Spalten einer Matrix $\mathbf{A}^T$ geschrieben, so heißt $\mathbf{A}^T$ die **zu A transponierte Matrix** vom Typ (n; m).
Nullmatrix **O**	$a_{ik} = 0$ für alle i, k (Alle Elemente sind gleich null.)

Quadratische Matrizen

80195B

Begriff	Zusammenhang
Quadratische Matrix	Stimmen Zeilen- und Spaltenanzahl überein, so liegt eine quadratische Matrix vom Typ (n; n) vor.
Hauptdiagonale	In jeder quadratischen Matrix bilden die Elemente $a_{11}, a_{22}, \dots, a_{nn}$ die Hauptdiagonale.
Obere Dreiecksmatrix	$a_{ik} = 0$ für alle $i > k$ Alle Elemente unterhalb der Hauptdiagonalen sind gleich null.
Diagonalmatrix **D**	$a_{ik} = 0$ für alle $i \neq k$ Alle Elemente außerhalb der Hauptdiagonalen sind gleich null.
Einheitsmatrix **E**	$a_{ik} = \begin{cases} 1 & \text{für } i = k \\ 0 & \text{für } i \neq k \end{cases}$ Diagonalmatrix, deren Elemente in der Hauptdiagonalen gleich eins sind.

Rechnen mit Matrizen

80196B

<table>
<tr><th>Verknüpfung</th><th>Bedingung</th><th>Zusammenhang/Eigenschaften</th></tr>
<tr><td>Addition/ Subtraktion</td><td>Die Matrizen A und B stimmen in der Anzahl der Zeilen und der Anzahl der Spalten überein.</td><td>Für $\mathbf{A} = \mathbf{A}_{(m;\,n)} = (a_{ik})_{(m;\,n)}$ und $\mathbf{B} = \mathbf{B}_{(m;\,n)} = (b_{ik})_{(m;\,n)}$ gilt $\mathbf{A} \pm \mathbf{B} = \mathbf{C}$ mit:
$\mathbf{C} = \mathbf{C}_{(m;\,n)} = (c_{ik})_{(m;\,n)}$ und $c_{ik} = a_{ik} \pm b_{ik}$
Eigenschaften:
▪ $\mathbf{A} + \mathbf{B} = \mathbf{B} + \mathbf{A}$
▪ $(\mathbf{A} + \mathbf{B}) + \mathbf{C} = \mathbf{A} + (\mathbf{B} + \mathbf{C})$
▪ $(\mathbf{A} + \mathbf{B})^T = \mathbf{B}^T + \mathbf{A}^T$
▪ $\mathbf{A} + \mathbf{O} = \mathbf{A};\ \mathbf{A} - \mathbf{A} = \mathbf{O}$</td></tr>
<tr><td>Vielfachbildung (Multiplikation mit einer reellen Zahl)</td><td>ohne Einschränkung ausführbar</td><td>Für eine Matrix $\mathbf{A} = \mathbf{A}_{(m;\,n)} = (a_{ik})_{(m;\,n)}$ und eine reelle Zahl r gilt $r\mathbf{A} = C$ mit:
$\mathbf{C} = \mathbf{C}_{(m;\,n)} = (c_{ik})_{(m;\,n)}$ und $c_{ik} = r \cdot a_{ik}$
Eigenschaften:
▪ $(r + s)\mathbf{A} = r\mathbf{A} + s\mathbf{A}$
▪ $r(\mathbf{A} + \mathbf{B}) = r\mathbf{A} + r\mathbf{B}$
▪ $r(s\mathbf{A}) = (r \cdot s)\mathbf{A}$
▪ $1\mathbf{A} = \mathbf{A},\ 0\mathbf{A} = \mathbf{O}$</td></tr>
<tr><td>Multiplikation</td><td>Die Anzahl der Spalten der Matrix A und die Anzahl der Zeilen der Matrix B stimmen überein.</td><td>Für $\mathbf{A} = \mathbf{A}_{(m;\,p)} = (a_{ik})_{(m;\,p)}$ und $\mathbf{B} = \mathbf{B}_{(p;\,n)} = (b_{ik})_{(p;\,n)}$ gilt $\mathbf{A} \cdot \mathbf{B} = \mathbf{C}$ mit:
$\mathbf{C} = \mathbf{C}_{(m;\,n)} = (c_{ik})_{(m;\,n)}$ und
$c_{ik} = \sum_{j=1}^{p} a_{ij} \cdot b_{jk} = a_{i1} \cdot b_{1k} + \ldots + a_{ip} \cdot b_{pk}$
falksches Schema zur Berechnung von $\mathbf{A} \cdot \mathbf{B}$:
<table>
<tr><td colspan="3" rowspan="3">$\mathbf{A} \cdot \mathbf{B}$</td><td>$b_{11}$</td><td>…</td><td>$b_{1k}$</td><td>…</td><td>$b_{1n}$</td></tr>
<tr><td>…</td><td></td><td>…</td><td></td><td>…</td></tr>
<tr><td>b_{p1}</td><td>…</td><td>b_{pk}</td><td>…</td><td>b_{pn}</td></tr>
<tr><td>a_{11}</td><td>…</td><td>a_{1p}</td><td>c_{11}</td><td>…</td><td>c_{1k}</td><td>…</td><td>c_{1n}</td></tr>
<tr><td>…</td><td></td><td>…</td><td>…</td><td></td><td>…</td><td></td><td>…</td></tr>
<tr><td>a_{i1}</td><td>…</td><td>a_{ip}</td><td>c_{i1}</td><td>…</td><td>c_{ik}</td><td>…</td><td>c_{in}</td></tr>
<tr><td>…</td><td></td><td>…</td><td>…</td><td></td><td>…</td><td></td><td>…</td></tr>
<tr><td>a_{m1}</td><td>…</td><td>a_{mp}</td><td>c_{m1}</td><td>…</td><td>c_{mk}</td><td>…</td><td>c_{mn}</td></tr>
</table>
Eigenschaften:
▪ $(\mathbf{A} \cdot \mathbf{B}) \cdot \mathbf{C} = \mathbf{A} \cdot (\mathbf{B} \cdot \mathbf{C})$
▪ $(\mathbf{A} + \mathbf{B}) \cdot \mathbf{C} = \mathbf{A} \cdot \mathbf{C} + \mathbf{B} \cdot \mathbf{C}$
▪ $r\mathbf{A} \cdot s\mathbf{B} = (r \cdot s)(\mathbf{A} \cdot \mathbf{B})$
▪ $(\mathbf{A} \cdot \mathbf{B})^T = \mathbf{B}^T \cdot \mathbf{A}^T$
Im Allgemeinen ist $\mathbf{A} \cdot \mathbf{B} \neq \mathbf{B} \cdot \mathbf{A}$, d. h., die Multiplikation von Matrizen ist nicht kommutativ.</td></tr>
</table>

Lineare Abbildungen

80197 I

Mithilfe von Matrizen kann der Ortsvektor des Bildpunktes bei einer linearen Abbildung f berechnet werden.

Begriff	Zusammenhang		
Lineare Abbildung	$\vec{p}\,' = \mathbf{A} \cdot \vec{p}$ *Eigenschaften:* ▪ $f(\vec{p} + \vec{q}) = f(\vec{p}) + f(\vec{q})$ Additivität ▪ $f(k\vec{p}) = kf(\vec{p})$ $(k \in \mathbb{R})$ Homogenität	P(x; y) bzw. P(x; y; z) – Originalpunkt $\vec{p}$ – Ortsvektor des Originalpunktes P P' – Bildpunkt von P bei der linearen Abbildung f $\vec{p}\,'$ – Ortsvektor des Bildpunktes P' A – Abbildungsmatrix	
Abbildungsmatrizen linearer Abbildungen in der Ebene			
Spiegelung an der x-Achse	$A = \begin{pmatrix} 1 & 0 \\ 0 & -1 \end{pmatrix}$	**Spiegelung an der y-Achse**	$A = \begin{pmatrix} -1 & 0 \\ 0 & 1 \end{pmatrix}$
Spiegelung am Koordinatenursprung O(0; 0)	$A = \begin{pmatrix} -1 & 0 \\ 0 & -1 \end{pmatrix}$	**90° - Drehung um den Koordinatenursprung**	$A = \begin{pmatrix} 0 & -1 \\ 1 & 0 \end{pmatrix}$
Drehung um den Winkel α um den Koordinatenursprung	$A = \begin{pmatrix} \cos\alpha & -\sin\alpha \\ \sin\alpha & \cos\alpha \end{pmatrix}$	**Zentrische Streckung mit dem Streckungszentrum O(0; 0) und Faktor k**	$A = \begin{pmatrix} k & 0 \\ 0 & k \end{pmatrix}$
Orthogonale Projektion auf die x-Achse	$A = \begin{pmatrix} 1 & 0 \\ 0 & 0 \end{pmatrix}$	**Orthogonale Projektion auf die y-Achse**	$A = \begin{pmatrix} 0 & 0 \\ 0 & 1 \end{pmatrix}$
Abbildungsmatrizen räumlicher linearer Abbildungen			
Spiegelung an der x-Achse	$A = \begin{pmatrix} 1 & 0 & 0 \\ 0 & -1 & 0 \\ 0 & 0 & -1 \end{pmatrix}$	**Spiegelung am Koordinatenursprung O(0; 0)**	$A = \begin{pmatrix} -1 & 0 & 0 \\ 0 & -1 & 0 \\ 0 & 0 & -1 \end{pmatrix}$
Spiegelung an der xy-Ebene	$A = \begin{pmatrix} 1 & 0 & 0 \\ 0 & 1 & 0 \\ 0 & 0 & -1 \end{pmatrix}$	**Drehung um die x-Achse um den Winkel α**	$A = \begin{pmatrix} 1 & 0 & 0 \\ 0 & \cos\alpha & -\sin\alpha \\ 0 & \sin\alpha & \cos\alpha \end{pmatrix}$
Drehung um die y-Achse um den Winkel α	$A = \begin{pmatrix} \cos\alpha & 0 & -\sin\alpha \\ 0 & 1 & 0 \\ \sin\alpha & 0 & \cos\alpha \end{pmatrix}$	**Drehung um die z-Achse um den Winkel α**	$A = \begin{pmatrix} \cos\alpha & -\sin\alpha & 0 \\ \sin\alpha & \cos\alpha & 0 \\ 0 & 0 & 1 \end{pmatrix}$

Affine Abbildungen

80132B

Umkehrbare lineare Abbildungen in der Ebene sind Spezialfälle von affinen Abbildungen.

Begriff	Zusammenhang
Affine Abbildung (Affinität)	Eine Abbildung der Ebene auf sich heißt affine Abbildung oder Affinität, wenn sie folgende Bedingungen erfüllt: ▪ Jedem Originalpunkt P der Ebene wird umkehrbar eindeutig ein Bildpunkt P' zugeordnet, d. h., die Abbildung ist **umkehrbar.** ▪ Das Bild jeder Geraden ist wieder eine Gerade, d. h., die Abbildung ist **geradentreu.**
Fixpunkt der affinen Abbildung	$F = F'$
Fixpunktgerade	Jeder Punkt der Geraden ist ein Fixpunkt der affinen Abbildung.
Fixgerade	Die Gerade wird durch die affine Abbildung auf sich selbst abgebildet.
Verketten affiner Abbildungen	Wenn f und g affine Abbildungen der Ebene auf sich sind, so ist auch ihre Nacheinanderausführung eine affine Abbildung.

Eigenschaften und Darstellungsarten affiner Abbildungen

80133B

Begriff	Zusammenhang	
Zueinander parallele Geraden	Wenn zwei Geraden g und h zueinander parallel sind, so sind auch die Bildgeraden g' und h' zueinander parallel, d. h., jede affine Abbildung ist **parallelentreu.**	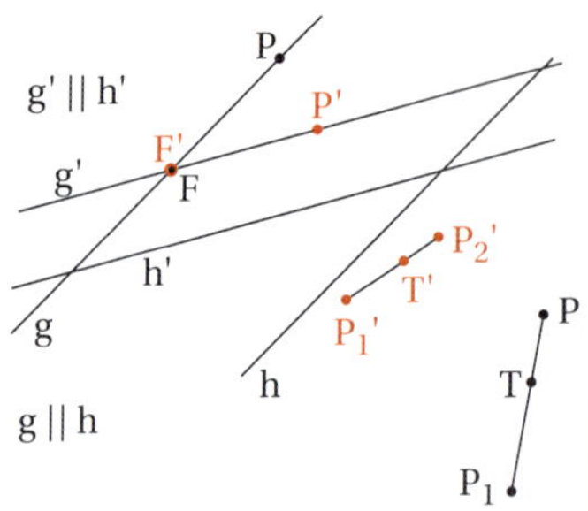
Teilverhältnisse	Wenn T ein Teilpunkt einer Strecke $\overline{P_1P_2}$ ist, so bleibt das Teilverhältnis $\frac{\overline{P_1T}}{\overline{TP_2}}$ bei der affinen Abbildung erhalten, d. h., jede affine Abbildung ist **teilverhältnistreu.**	
Matrixdarstellung	$\vec{p}' = \mathbf{A} \cdot \vec{p} + \vec{b}$ bzw. $\begin{pmatrix} x' \\ y' \end{pmatrix} = \begin{pmatrix} a_{11} & a_{12} \\ a_{21} & a_{22} \end{pmatrix} \cdot \begin{pmatrix} x \\ y \end{pmatrix} + \begin{pmatrix} b_1 \\ b_2 \end{pmatrix}$	$P(x; y)$ – Originalpunkt $\vec{p}$ – Ortsvektor des Originalpunktes P $P'(x'; y')$ – Bildpunkt von $P(x; y)$ $\vec{p}'$ – Ortsvektor des Bildpunktes P' $\mathbf{A} = \begin{pmatrix} a_{11} & a_{12} \\ a_{21} & a_{22} \end{pmatrix}$ – Abbildungsmatrix
Flächeninhalte von Original- und Bildfigur	$\det(\mathbf{A}) = a_{11} \cdot a_{22} - a_{12} \cdot a_{21}$ **Determinante** der Abbildungsmatrix **A** Für die Flächeninhalte der Originalfigur F und der Bildfigur F' gilt: $A_{F'} = \|\det(\mathbf{A})\| \cdot A_F$ Wenn $\|\det(\mathbf{A})\| = 1$ ist, so heißt die affine Abbildung **flächeninhaltstreu.**	

Klassifizierung affiner Abbildungen

80198B

Begriff	Zusammenhang
Charakteristische Gleichung	$\lvert\det(\mathbf{A} - \lambda\mathbf{E})\rvert = 0$ bzw. $\lambda^2 - (a_{11} + a_{22}) \cdot \lambda + a_{11} \cdot a_{22} - a_{12} \cdot a_{21} = 0$ Jede Lösung dieser quadratischen Gleichung heißt **Eigenwert** der Matrix **A**.
Eigenvektor	Wenn λ_0 ein Eigenwert der Matrix $\mathbf{A} = \begin{pmatrix} a_{11} & a_{12} \\ a_{21} & a_{22} \end{pmatrix}$ ist und der Vektor $\vec{p}_0 \neq \vec{o}$ die Gleichung $\mathbf{A} \cdot \vec{p}_0 = \lambda_0 \vec{p}_0$ erfüllt, so heißt $\vec{p}_0$ **Eigenvektor** zum Eigenwert λ_0.
Eigenraum	Die Menge aller Eigenvektoren zum Eigenwert λ_0 bildet mit dem Nullvektor $\vec{o}$ einen Vektorraum, den zu λ_0 gehörenden **Eigenraum** E_0.

Spezialfälle

80198B

	Eigenwerte	Eigenräume	Beschreibung
mit genau einem Fixpunkt F	$\lambda_1 \neq 1$; $\lambda_2 \neq 1$; $\lambda_1 = \lambda_2$	Der Eigenraum E_0 hat die Dimension 2.	Die Menge aller Geraden durch den Fixpunkt F entspricht der Menge aller Fixgeraden.
		Der Eigenraum E_0 hat die Dimension 1.	Es gibt genau eine Fixgerade. Diese ist durch den Fixpunkt F und den Eigenvektor $\vec{p}_0$ eindeutig bestimmt.
	$\lambda_1 \neq 1$; $\lambda_2 \neq 1$; $\lambda_1 \neq \lambda_2$	Jeder der Eigenräume hat die Dimension 1.	Es gibt genau zwei Fixgeraden; sie sind durch den Fixpunkt F und die Eigenvektoren $\vec{p}_1$ und $\vec{p}_2$ bestimmt.
	keine	keine	Es gibt keine Fixgerade.
mit mindestens einer Fixpunktgeraden	$\lambda_1 = 1$; $\lambda_2 = 1$	Der Eigenraum E_0 hat die Dimension 2.	Jeder Punkt ist ein Fixpunkt (identische Abbildung).
		Der Eigenraum E_0 hat die Dimension 1.	Es gibt genau eine Fixpunktgerade. Alle zur Fixpunktgeraden parallelen Geraden sind Fixgeraden.
	$\lambda_1 = 1$; $\lambda_2 \neq 1$	Jeder der Eigenräume hat die Dimension 1.	Es gibt genau eine Fixpunktgerade. Durch den Eigenvektor $\vec{p}_2$ ist eine Schar paralleler Fixgeraden bestimmt.
ohne Fixpunkte	$\lambda_1 = 1$; $\lambda_2 = 1$	Der Eigenraum E_0 hat die Dimension 2.	Durch den Vektor $\vec{b} \neq \vec{o}$ ist eine Schar paralleler Fixgeraden bestimmt.
		Der Eigenraum E_0 hat die Dimension 1.	Es gibt keine Fixgerade.
	$\lambda_1 = 1$; $\lambda_2 \neq 1$	Jeder der Eigenräume hat die Dimension 1.	Es gibt genau eine Fixgerade.

Lineare Optimierung

Modellierung eines linearen Optimierungsproblems

Bezeichnungen

z	– Zielgröße
$x_1, x_2, \dots, x_n$	– Problemvariable
$c_1, c_2, \dots, c_n$	– Koeffizienten der Zielfunktion (Kostenvektor)
$b_1, b_2, \dots, b_m$	– Konstanten im Ungleichungssystem (Bedarfsvektor)
$y_1, y_2, \dots, y_m$	– Schlupfvariable (kennzeichnen die Reserven)

Zielfunktion

$z = c_1x_1 + c_2x_2 + \dots + c_nx_n \Rightarrow$ Minimum/Maximum

bzw. $\vec{z} = \vec{c}^{\,T} \cdot \vec{x} \Rightarrow$ Minimum/Maximum

Nebenbedingungen

$a_{11}x_1 + a_{12}x_2 + \dots + a_{1n}x_n \gtreqless b_1$

$\dots$

$a_{m1}x_1 + a_{m2}x_2 + \dots + a_{mn}x_n \gtreqless b_m$

bzw. $\mathbf{A} \cdot \vec{x} \gtreqless \vec{b}$ mit $\mathbf{A} = \begin{pmatrix} a_{11} & \dots & a_{1n} \\ \dots & \dots & \dots \\ a_{m2} & \dots & a_{mn} \end{pmatrix}$

(Die Ungleichungen werden mithilfe von Schlupfvariablen y_i in Gleichungen überführt.)

Nichtnegativitätsbedingung: $x_i \geq 0; \quad i = 1, 2, \dots, n$

Normalform

Zielfunktion:	$\vec{z} = \vec{c}^{\,T} \cdot \vec{x} \Rightarrow$ Maximum
Nebenbedingungen:	$\mathbf{A} \cdot \vec{x} + \vec{y} = \vec{b}, \; b_i > 0$
Nichtnegativitätsbedingung:	$x_i \geq 0, \; y_i \geq 0$

Grafisches Lösungsverfahren (für eine Zielgröße mit zwei Variablen)

80130B

1. Zielfunktion $z = f(x, y) = c_1x + c_2y$ und Ungleichungssystem aufstellen und grafisch darstellen
2. Lösungsraum des Ungleichungssystems bestimmen
3. Zeichnen einer Zielgeraden g mit $y = f(x, z)$ und einem beliebigen Zielwert z (vorzugsweise $z = 0$)
4. Parallelverschiebung von g, sodass die Gerade den Lösungsraum nur in einem Eckpunkt oder in einer Kante berührt
5. Koordinaten des so ermittelten Eckpunkts als Optimum der Problemstellung interpretieren

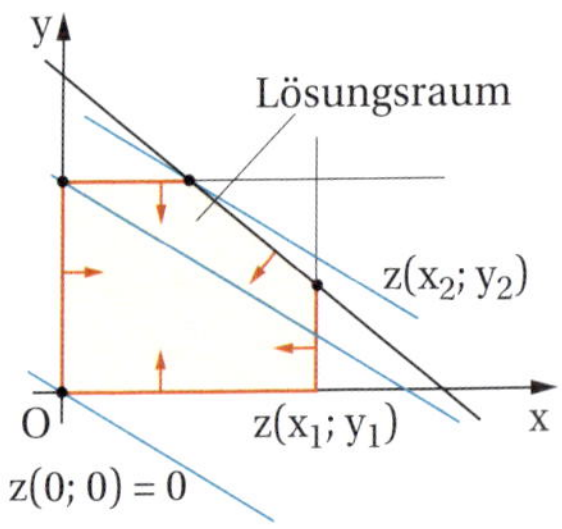

Simplexverfahren zum Lösen eines Maximierungsproblems

80131B

Berechnungsschema

z_i	– Werte der Zielfunktion (ZF)
n	– Anzahl der Variablen der ZF
m	– Anzahl der einschränkenden Bedingungen
x_i	– Problemvariable
y_i	– Schlupfvariable
BV	– Spalte der Basisvariablen

BV	x_1	x_2	…	x_n	y_1	y_2	…	y_m	b	Quotient
y_1					1	0	…	0		
y_2					0	1	…	0		
…					…	…	…	…		
y_m					0	0	…	1		
z_i										

Kreis und Kugel

Kreis	Kreis mit Mittelpunkt M und Radius r ($r > 0$)	
Kreisgleichung	Mittelpunktslage M(0; 0) 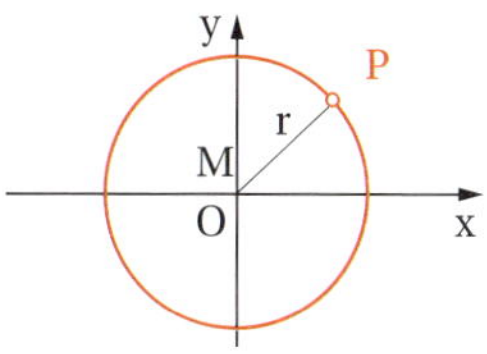 $x^2 + y^2 = r^2$ bzw. $\vec{x} \cdot \vec{x} = r^2$	Allgemeine Lage M(c; d) 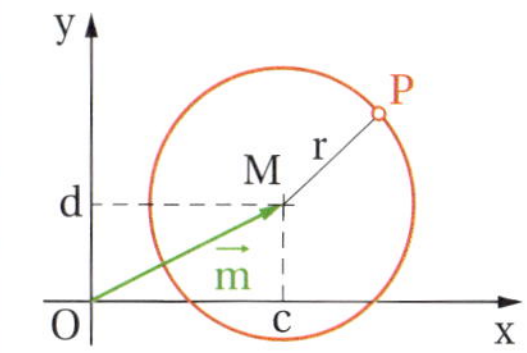 $(x - c)^2 + (y - d)^2 = r^2$ bzw. $(\vec{x} - \vec{m}) \cdot (\vec{x} - \vec{m}) = r^2$
Tangente t im Punkt $P_1(x_1; y_1)$	Mittelpunktslage M(0; 0): 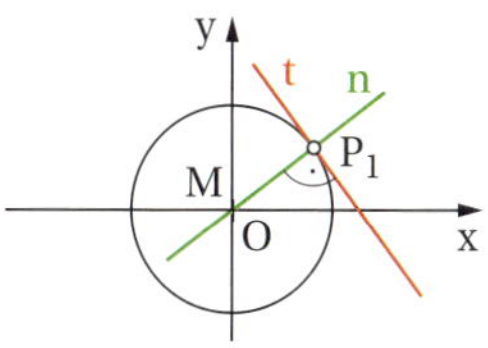 $x \cdot x_1 + y \cdot y_1 = r^2$	Allgemeine Lage M(c; d): 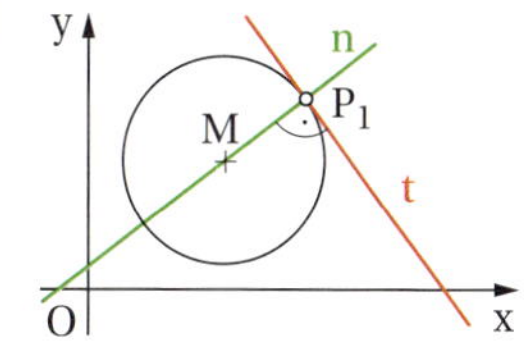 $(x - c)(x_1 - c) + (y - d)(y_1 - d) = r^2$
Normale n im Punkt $P_1(x_1; y_1)$	$y - y_1 = \frac{y_1}{x_1} \cdot (x - x_1)$	$y - y_1 = \frac{y_1 - d}{x_1 - c} \cdot (x - x_1)$
Kugel	Kugel mit Mittelpunkt M und Radius r ($r > 0$)	80199B
Kugelgleichung (allgemeine Lage)	▪ M(c; d; e): $(x - c)^2 + (y - d)^2 + (z - e)^2 = r^2$ bzw. $(\vec{x} - \vec{m}) \cdot (\vec{x} - \vec{m}) = r^2$	
Mittelpunkts-gleichung	▪ M(0; 0; 0): $x^2 + y^2 + z^2 = r^2$ bzw. $\vec{x} \cdot \vec{x} = r^2$	
Tangential-ebene E im Punkt $P_1(x_1; y_1; z_1)$	▪ M(c; d; e): $(x - c)(x_1 - c) + (y - d)(y_1 - d) + (z - e)(z_1 - e) = r^2$ bzw. $(\vec{x} - \vec{m}) \cdot (\vec{p}_1 - \vec{m}) = r^2$ ▪ M(0; 0; 0): $x \cdot x_1 + y \cdot y_1 + z \cdot z_1 = r^2$ bzw. $\vec{x} \cdot \vec{p}_1 = r^2$ Darstellung in hessescher Normalenform (mit dem Radiusvektor $\vec{p}_1 - \vec{m}$ als Normalenvektor): $(\vec{x} - \vec{p}_1) \cdot (\vec{p}_1 - \vec{m}) = 0$	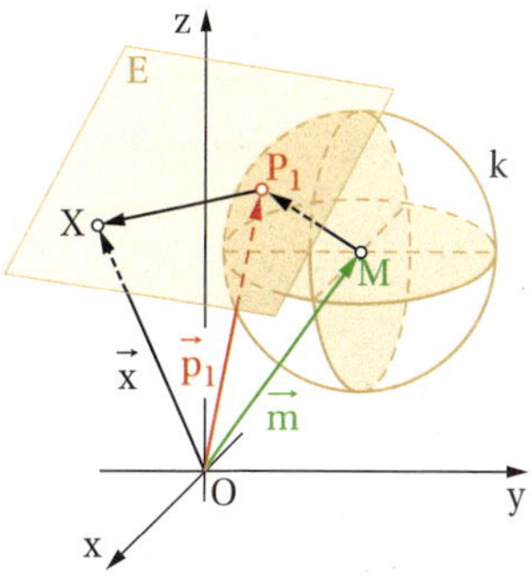

Wahrscheinlichkeitsrechnung und Statistik

Diagramme

80123B

Verwendung	Diagrammart	
Darstellen von *Häufigkeiten* bzw. von absoluten Größenangaben (Für Entwicklungstendenzen günstig.)	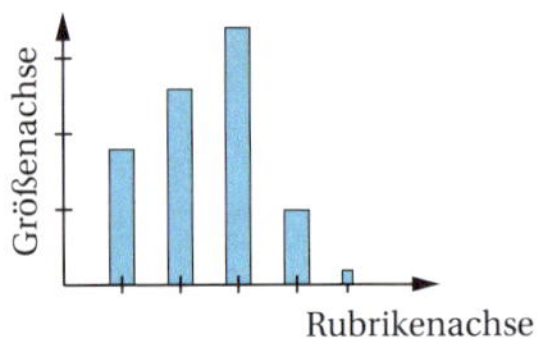 **Säulendiagramm** mit senkrechten Größenachsen	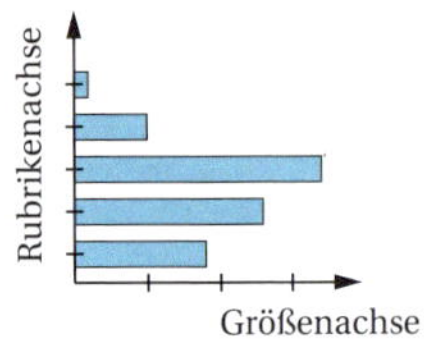 **Balkendiagramm** mit waagerechten Größenachsen
Darstellen von *Anteilen* bzw. von Größenverhältnissen	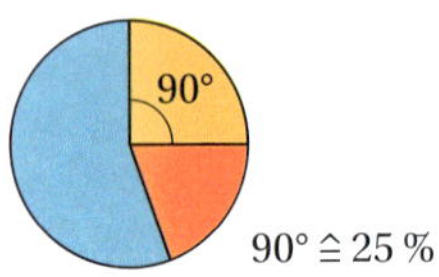 **Kreisdiagramm** 100 % ≙ 360° 1 % ≙ 3,6°	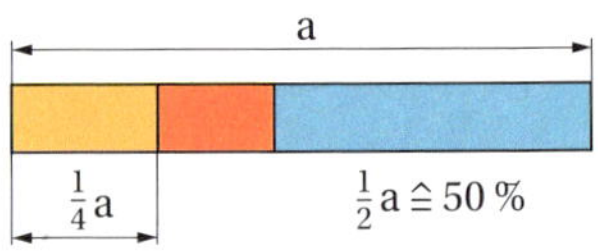 **Streifendiagramm** 100 % ≙ Länge a 1 % ≙ $\frac{\text{Länge a}}{100}$
Darstellen von *Zusammenhängen* zwischen Größen	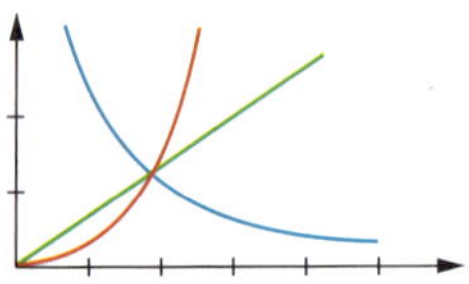 **Liniendiagramm**	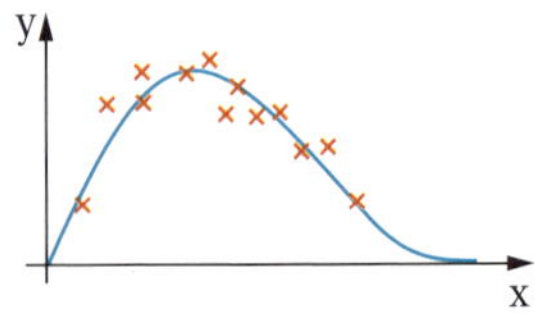 **Streudiagramm**
Darstellen von *Häufigkeitsverteilungen*	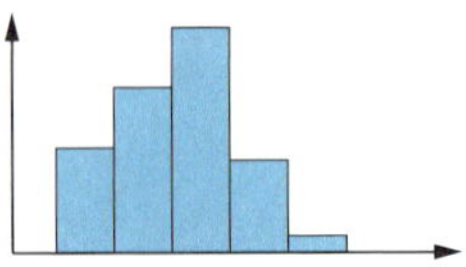 **Histogramm**	Der Flächeninhalt einer Säule (nicht die Höhe) entspricht der zugehörenden Häufigkeit. Die Rechtecke (Säulen) besitzen keine Zwischenräume.
Darstellen von *Merkmalen* geordneter Daten	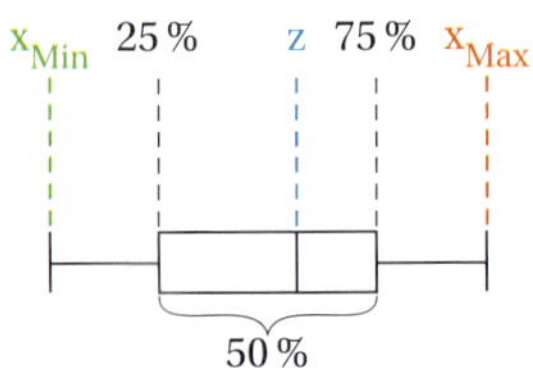 **Boxplot**	▪ kleinster Wert (x_{Min}) ▪ größter Wert (x_{Max}) ▪ Zentralwert (Median) z ▪ 25-%-Wert (1. Quartil) ▪ 75-%-Wert (3. Quartil)

Lagemaße statistischer Untersuchungen

$n, k \in \mathbb{N}^*;\ n \geq 2$ 80101B

Begriff	Zusammenhang	
Modalwert (Modus) m	häufigster Wert unter den Ergebnissen $x_1, x_2, \ldots, x_n$ einer Stichprobe	
Mittelwert (arithmetisches Mittel) $\overline{x}$	Berechnung für eine Stichprobe vom Umfang n	$\overline{x} = \frac{x_1 + x_2 + \ldots + x_n}{n} = \frac{1}{n} \sum_{i=1}^{n} x_i$
Gewogenes arithmetisches Mittel $\overline{x}$	Berechnung für eine Stichprobe vom Umfang n mit den absoluten Häufigkeiten $H_1, H_2, \ldots, H_k$ zu den Werten $x_1, x_2, \ldots, x_k$ $(k \leq n)$	$\overline{x} = \frac{H_1 \cdot x_1 + H_2 \cdot x_2 + \ldots + H_k \cdot x_k}{n}$ $= h_1 \cdot x_1 + h_2 \cdot x_2 + \ldots + h_k \cdot x_k$ ($h_1, h_2, \ldots, h_k$ relative Häufigkeiten)
Zentralwert (Median) z	Der Zentralwert z liegt in der Mitte aller geordneten Werte. Bei gerader Anzahl der Werte ist z das arithmetische Mittel der beiden mittleren Werte. Der Zentralwert kann im Kreisdiagramm abgelesen werden.	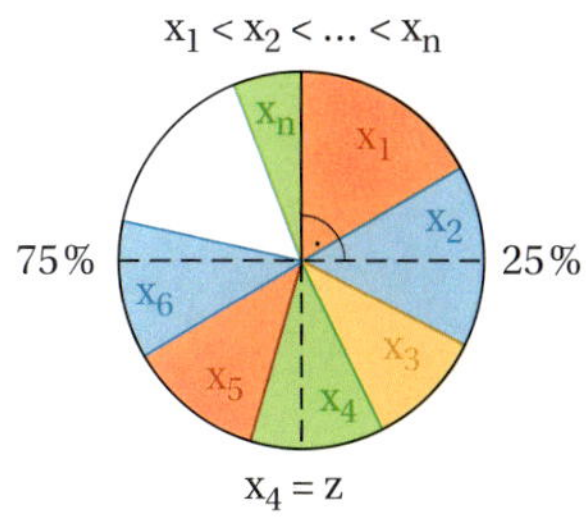

Streumaße statistischer Untersuchungen

$n \in \mathbb{N}^*;\ n \geq 2$ 80134B

Begriff	Zusammenhang	
Spannweite (Streu- oder Variationsbreite) w	Differenz zwischen größtem und kleinstem Ergebnis einer Stichprobe	$w = x_{max} - x_{min}$
Mittlere (lineare) Abweichung d vom Mittelwert		$d = \frac{\lvert x_1 - \overline{x}\rvert + \lvert x_2 - \overline{x}\rvert + \ldots + \lvert x_n - \overline{x}\rvert}{n}$ $= \frac{1}{n} \sum_{i=1}^{n} \lvert x_i - \overline{x}\rvert$
(Empirische) Varianz (Streuung) s^2 **Standardabweichung**	Berechnung für eine Stichprobe vom Umfang n	$s^2 = \frac{(x_1 - \overline{x})^2 + (x_2 - \overline{x})^2 + \ldots + (x_n - \overline{x})^2}{n-1}$ $= \frac{1}{n-1} \sum_{i=1}^{n} (x_i - \overline{x})^2$ $s = \sqrt{s^2}\ \ (s \geq 0)$
Varianz (Streuung) σ^2	Berechnung für eine Grundgesamtheit vom Umfang N	$\sigma^2 = \frac{(x_1 - \mu)^2 + (x_2 - \mu)^2 + \ldots + (x_N - \mu)^2}{N}$ $= \frac{1}{N} \sum_{i=1}^{N} (x_i - \mu)^2$ mit $\mu = \frac{1}{N} \sum_{i=1}^{N} x_i$

Klasseneinteilung

80135B

Begriff	Zusammenhang
Urliste	ungeordnete Zusammenstellung von n Beobachtungswerten (in der Reihenfolge, wie sie beobachtet wurden)
Klasseneinteilung	Liegen alle Merkmalsausprägungen a_1, a_2 bis a_m in einem Intervall $]a; b]$, so kann jeder Beobachtungswert x_j eindeutig einem der Teilintervalle $K_i = \left]a + \frac{i \cdot (b-a)}{k}; a + \frac{(i+1) \cdot (b-a)}{k}\right]$ $(i = 0, 1, \ldots, k-1)$ zugeordnet werden. *Faustregel:* $k \approx \sqrt{n}$ Die Klasseneinteilung kann durch Teilintervalle unterschiedlicher Länge vorgenommen werden.
Klassenhäufigkeiten	Absolute Häufigkeit $H_n(K_i)$: Anzahl der Beobachtungswerte im Teilintervall K_i Relative Häufigkeit $h_n(K_i)$: Anteil der Beobachtungswerte im Teilintervall K_i an der Gesamtzahl n Zur Veranschaulichung von Klassenhäufigkeiten dienen Histogramme (↗ S. 70).

Lineare Regression

80136B

Begriff	Zusammenhang
Korrelations-koeffizient r_{xy}	Zu den Merkmalen X und Y liegen n Paare von Einzelwerten $(x_i; y_i)$ vor. Interpretation von r_{xy}: Das Vorzeichen von r_{xy} beschreibt die Richtung des Zusammenhangs. Der Zusammenhang ist umso stärker ausgeprägt, je größer $\lvert r_{xy}\rvert$ ist. $r_{xy} = \frac{\sum_{i=1}^{n}(x_i-\overline{x})(y_i-\overline{y})}{\sqrt{\sum_{i=1}^{n}(x_i-\overline{x})^2 \cdot \sum_{i=1}^{n}(y_i-\overline{y})^2}} = \frac{\sum_{i=1}^{n} x_i y_i - \frac{1}{n}\sum_{i=1}^{n} x_i \sum_{i=1}^{n} y_i}{\sqrt{\sum_{i=1}^{n} x_i^2 - \frac{1}{n}\left(\sum_{i=1}^{n} x_i\right)^2} \cdot \sqrt{\sum_{i=1}^{n} y_i^2 - \frac{1}{n}\left(\sum_{i=1}^{n} y_i\right)^2}}$ $(-1 \le r_{xy} \le 1)$ ($\overline{x}, \overline{y}$ – Mittelwerte von x_i bzw. y_i)
Regressionsgerade	Gleichung der zur Vorhersage von y-Werten dienenden Regressionsgeraden: $y - \overline{y} = \frac{r_{xy} s_y}{s_x}(x - \overline{x})$ (s_x, s_y – Standardabweichungen von x_i bzw. y_i) 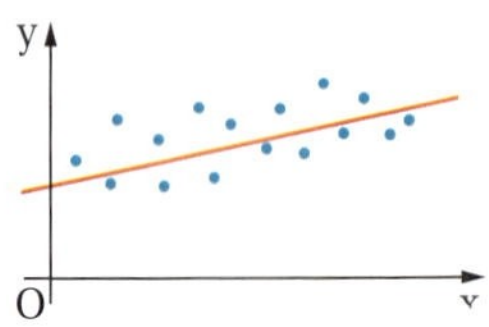

Kombinatorik

80137B

Bei kombinatorischen Untersuchungen wird die Anzahl der Möglichkeiten ermittelt, Objekte (Elemente) unterschiedlich anzuordnen bzw. auszuwählen.

Begriff	Zusammenhang	
Fakultät	*geschrieben:* n! *gesprochen:* n Fakultät n! ist das Produkt aller natürlichen Zahlen von 1 bis n.	*Festlegung:* $n! = 1 \cdot 2 \cdot 3 \cdot \ldots \cdot (n-1) \cdot n$ $0! = 1$ $1! = 1$
Binomial-koeffizient	*geschrieben:* $\binom{n}{k}$ *gesprochen:* n über k $n, k \in \mathbb{N}$ und $n \geq k$	$\binom{n}{k} = \frac{n!}{k!\,(n-k)!} = \binom{n}{n-k}$ $\binom{n}{0} = 1$ $\binom{n}{1} = n$
Permutation	Jede mögliche Anordnung aller Elemente einer Menge heißt Permutation dieser Elemente.	
Variation	Jede Auswahl von k Elementen aus n Elementen mit Berücksichtigung der Reihenfolge heißt Variation dieser Elemente.	
Kombination	Jede Auswahl von k Elementen aus n Elementen ohne Berücksichtigung der Reihenfolge heißt Kombination dieser Elemente.	(Veranschaulichungen für n = 3)

Auswahlprobleme und Anordnungsprobleme

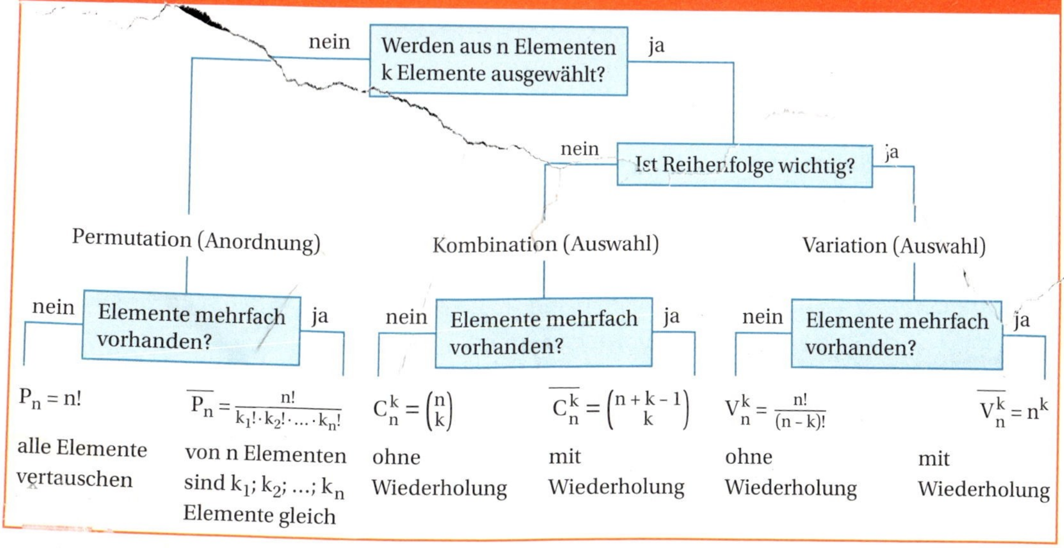

Wahrscheinlichkeitsrechnung: Grundlegende Begriffe

80138B

Vorgänge mit nicht voraussagbarem Ergebnis sind Gegenstand der Wahrscheinlichkeitsrechnung.

Begriff	Zusammenhang	
Zufallsexperiment (Zufallsversuch)	▪ Alle möglichen Ergebnisse sind bekannt. ▪ Ergebnisse einzelner Versuchsdurchführungen sind nicht voraussagbar. ▪ Unter gleichen Bedingungen ist immer eine Wiederholung möglich.	
Ergebnismenge Ω	Menge aller möglichen Ergebnisse	$\Omega = \{e_1; e_2; e_3; \ldots ; e_n\}$
Bernoulli-Versuch (Bernoulli-Experiment)	Die Ergebnismenge Ω besteht aus genau zwei verschiedenen Ergebnissen e_1 und e_2. $e_1 \mathrel{\widehat{=}}$ Erfolg; $e_2 \mathrel{\widehat{=}}$ Misserfolg	$\Omega = \{e_1; e_2\}$
Ereignis (Zufallsereignis)	Jede Teilmenge von Ω heißt Ereignis E.	
Sicheres Ereignis	▪ E tritt auf jeden Fall ein.	*Es gilt:* $E = \Omega$
Unmögliches Ereignis	▪ E tritt nie ein.	$E = \emptyset$
Elementarereignis	▪ E enthält genau ein Element (genau ein Ergebnis).	$E = \{e\}$
Gegenereignis $\overline{E}$	▪ $\overline{E}$ tritt genau dann ein, wenn E nicht eintritt.	$\overline{E} \cup E = \Omega$
Absolute Häufigkeit $H_n(E)$	Anzahl des Eintretens von Ereignis E bei n Durchführungen	
Relative Häufigkeit $h_n(E)$	Quotient aus der absoluten Häufigkeit und der Gesamtanzahl der Versuchsdurchführungen	$h_n(E) = \frac{H_n(E)}{n}$

Wahrscheinlichkeitsverteilung

80139B

Die Rechenregeln für Wahrscheinlichkeiten basieren auf folgenden Grundannahmen (Axiomen).

Begriff	Zusammenhang
Wahrscheinlichkeitsverteilung	Eine Funktion P, die jedem Ereignis $E \subseteq \Omega$ eine reelle Zahl P(E) zuordnet, heißt Wahrscheinlichkeitsverteilung, wenn sie die folgenden Bedingungen erfüllt: Axiom 1 (Nichtnegativität): $P(A) \geq 0$ Axiom 2 (Normiertheit): $P(\Omega) = 1$ Axiom 3 (Additivität): $P(A \cup B) = P(A) + P(B)$, falls A und B einander ausschließen

Wahrscheinlichkeit und ihre grundlegenden Eigenschaften

80124B

Bei einer hinreichend großen Anzahl von Versuchen kann die relative Häufigkeit des Eintretens eines Ereignisses E als Maß für dessen Wahrscheinlichkeit gewählt werden.

<table>
<tr><th>Begriff</th><th colspan="2">Zusammenhang</th></tr>
<tr><td>Gleichverteilung (Laplace-Experiment)</td><td colspan="2">Haben alle Elementarereignisse die gleiche Wahrscheinlichkeit, so liegt eine Gleichverteilung vor.
$P(E) = \frac{\text{Anzahl der für E günstigen Ergebnisse}}{\text{Anzahl aller möglichen Ergebnisse}}$</td></tr>
<tr><td>Regeln und Sätze für das Rechnen mit Wahrscheinlichkeiten</td><td>▪ Summenregel für Elementarereignisse
▪ unmögliches Ereignis
▪ Gegenereignis
▪ Additionssatz für zwei Ereignisse
▪ Monotonieeigenschaft</td><td>$E = \{x_1, x_2, \ldots, x_k\} \subseteq \Omega$
$\Rightarrow P(E) = P(\{x_1\}) + P(\{x_2\}) + \ldots + P(\{x_k\})$
$P(\emptyset) = 0$
$P(\overline{E}) = 1 - P(E)$
$P(E_1 \cup E_2) = P(E_1) + P(E_2) - P(E_1 \cap E_2)$
$E_1 \subseteq E_2 \Rightarrow P(E_1) \leq P(E_2)$</td></tr>
<tr><td>Vierfeldertafel</td><td>Mit einer Vierfeldertafel können Wahrscheinlichkeiten von Ereignissen übersichtlich dargestellt werden.</td><td>
<table>
<tr><th></th><th>A</th><th>$\overline{A}$</th><th></th></tr>
<tr><td>B</td><td>$P(A \cap B) = p_1$</td><td>$P(\overline{A} \cap B) = p_2$</td><td>$P(B) = p_1 + p_2$</td></tr>
<tr><td>$\overline{B}$</td><td>$P(A \cap \overline{B}) = p_3$</td><td>$P(\overline{A} \cap \overline{B}) = p_4$</td><td>$P(\overline{B}) = p_3 + p_4$</td></tr>
<tr><td></td><td>$P(A) = p_1 + p_3$</td><td>$P(\overline{A}) = p_2 + p_4$</td><td></td></tr>
</table>
</td></tr>
</table>

Mehrstufige Zufallsexperimente

80167B

Mehrere (nacheinander ablaufende) Teilvorgänge lassen sich zu einem (mehrstufigen) Zufallsexperiment zusammenfassen.

<table>
<tr><th>Begriff</th><th colspan="2">Zusammenhang</th></tr>
<tr><td>Baumdiagramm</td><td>Mit Baumdiagrammen können mehrstufige Vorgänge beschrieben werden. Jeder Pfad im Baumdiagramm stellt ein mögliches Ergebnis dar.</td><td>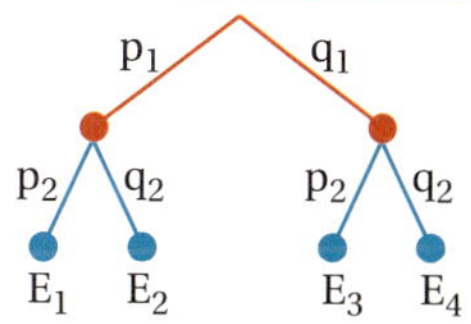
</td></tr>
<tr><td>1. Pfadregel</td><td>Die Wahrscheinlichkeit für ein Elementarereignis ist gleich dem Produkt der Wahrscheinlichkeiten längs des zugehörigen Pfades.</td><td>$P(E_1) = p_1 \cdot p_2$
$P(E_2) = p_1 \cdot q_2$</td></tr>
<tr><td>2. Pfadregel</td><td>Die Wahrscheinlichkeit für ein zusammengesetztes Ereignis ist gleich der Summe der Wahrscheinlichkeiten der Ergebnisse, die zu diesem Ereignis gehören.</td><td>$P(E_1 + E_4) = P(E_1) + P(E_4)$
$= p_1 \cdot p_2 + q_1 \cdot q_2$</td></tr>
</table>

Bernoulli-Kette

80154B

Wird ein Bernoulli-Versuch insgesamt n-mal unabhängig voneinander (nacheinander) durchgeführt, so spricht man von einer Bernoulli-Kette der Länge n.

Begriff	Zusammenhang
Bernoullische Formel	$P(E) = \binom{n}{k} \cdot p^k \cdot (1-p)^{n-k}$ (↗ Binomialverteilung, S. 78) Die bernoullische Formel gibt die Wahrscheinlichkeit für das Ereignis E „genau k Erfolge" in n Versuchen an ($0 \le k \le n$).
Simulation der Bernoulli-Kette durch das Urnenmodell	Aus einer Urne mit genau N Kugeln (M weiße, N – M rote) wird n mal nacheinander eine Kugel **mit Zurücklegen** entnommen. 

Bedingte Wahrscheinlichkeit

80158B

Begriff	Zusammenhang
Bedingte Wahrscheinlichkeit $P_B(A)$	Wahrscheinlichkeit des Ereignisses A unter der Voraussetzung, dass das Ereignis B bereits mit einer bestimmten Wahrscheinlichkeit eingetreten ist: $P_B(A) = \frac{P(A \cap B)}{P(B)}$ für $P(B) > 0$
Unabhängige Ereignisse	Zwei Ereignisse A und B heißen genau dann unabhängig, wenn gilt: $P_B(A) = P(A)$ bzw. $P_A(B) = P(B)$ (für $P(A), P(B) > 0$) Drei Ereignisse A, B, C heißen genau dann unabhängig, wenn A, B, C paarweise unabhängig sind und $P(A \cap B \cap C) = P(A) \cdot P(B) \cdot P(C)$ ist.
Multiplikationssatz für Ereignisse (Verallgemeinerung der 1. Pfadregel)	Wahrscheinlichkeit, dass sowohl A als auch B eintritt: $P(A \cap B) = P(A) \cdot P_A(B)$ $= P(B) \cdot P_B(A)$ (für $P(A), P(B) > 0$) 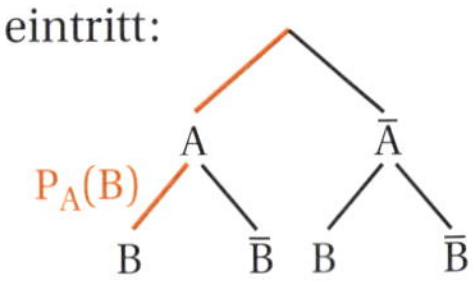 Spezialfall für unabhängige Ereignisse A und B: $P(A \cap B) = P(A) \cdot P(B)$
Satz der totalen Wahrscheinlichkeit (Verallgemeinerung der 2. Pfadregel)	Bilden die Ereignisse $B_1, B_2, \ldots, B_n$ eine **Zerlegung** von Ω, d. h., ist $B_1 \cup B_2 \cup \ldots \cup B_n = \Omega$ und $B_i \cap B_j = \emptyset$ (für $i \neq j$), so gilt für jedes Ereignis $A \subseteq \Omega$: $P(A) = P(B_1) \cdot P_{B_1}(A) + P(B_2) \cdot P_{B_2}(A) + \ldots + P(B_n) \cdot P_{B_n}(A)$
Bayessche Formel	Bilden die Ereignisse $B_1, B_2, \ldots, B_n$ eine Zerlegung von Ω, so gilt für jedes Ereignis $A \subseteq \Omega$ und jedes i (mit i = 1, 2, …, n): $P_A(B_i) = \frac{P(B_i) \cdot P_{B_i}(A)}{P(A)} = \frac{P(B_i) \cdot P_{B_i}(A)}{P(B_1) \cdot P_{B_1}(A) + P(B_2) \cdot P_{B_2}(A) + \ldots + P(B_n) \cdot P_{B_n}(A)}$

Zufallsgrößen und ihre Verteilung

80178B

Begriff	Zusammenhang
Zufallsgröße (Zufallsvariable) X	Eine Zufallsgröße X ist eine Funktion, die jedem Ergebnis e der Ergebnismenge Ω eines Zufallsexperiments eine reelle Zahl zuordnet. ▪ Endliche Zufallsgrößen können nur endlich viele Werte $x_1, x_2, \ldots, x_n$ annehmen. ▪ Diskrete Zufallsgrößen können höchstens abzählbar unendlich viele Werte annehmen. ▪ Stetige Zufallsgrößen können beliebig viele Werte annehmen.
Wahrscheinlichkeitsverteilung	Funktion, die jedem Wert x einer Zufallsgröße X seine Wahrscheinlichkeit $P(X = x) = p$ zuordnet
Wahrscheinlichkeitsfunktion einer diskreten Zufallsgröße	Funktion f mit $f(x_i) = P(X = x_i) = p_i$ und $\sum_{i=1}^{n} f(x_i) = 1$
Dichtefunktion einer stetigen Zufallsgröße	Funktion f mit $P(a < X < b) = \int_a^b f(x)\,dx$ und $\int_{-\infty}^{\infty} f(x)\,dx = 1$
Verteilungsfunktion F	$F(x) = P(X \leq x) = \sum_{x_i < x} f(x_i)$ bzw. $F(x) = P(X \leq x) = \int_{-\infty}^{x} f(z)\,dz$
Maße von Verteilungen	
Erwartungswert EX (auch Mittelwert μ)	Der Erwartungswert EX gibt an, welcher durchschnittliche Wert bei häufiger Wiederholung des Zufallsexperimentes ungefähr zu erwarten ist.
Erwartungswert einer endlichen Zufallsgröße	$EX = \mu = x_1 \cdot p_1 + x_2 \cdot p_2 + \ldots + x_n \cdot p_n = \sum_{i=1}^{n} x_i \cdot p_i$ (x_i Werte der Zufallsgröße X; p_i Wahrscheinlichkeit für $X = x_i$)
Erwartungswert einer stetigen Zufallsgröße	$EX = \mu = \int_{-\infty}^{\infty} [x \cdot f(x)]\,dx$ (f Dichtefunktion bzw. Wahrscheinlichkeitsdichte)
Varianz VarX (auch D^2X bzw. Streuung σ^2)	Die Varianz einer Zufallsgröße X beschreibt die mittlere quadratische Abweichung der Werte vom Erwartungswert. $VarX = E(X - EX)^2 = EX^2 - (EX)^2$
Varianz einer endlichen Zufallsgröße	$VarX = \sigma^2 = [x_1 - EX]^2 \cdot p_1 + [x_2 - EX]^2 \cdot p_2 + \ldots + [x_n - EX]^2 \cdot p_n$ $= \sum_{i=1}^{n} [x_i - EX]^2 \cdot p_i = \sum_{i=1}^{n} (x_i - \mu)^2 \cdot p_i$
Varianz einer stetigen Zufallsgröße	$VarX = \sigma^2 = \int_{-\infty}^{\infty} [(x - EX)^2 \cdot f(x)]\,dx = \int_{-\infty}^{\infty} [(x - \mu)^2 \cdot f(x)]\,dx$
Standardabweichung	$DX = \sigma = \sqrt{VarX}$
Tschebyschewsche Ungleichung	$P(\lvert X - EX \rvert \geq \alpha) \leq \frac{VarX}{\alpha^2}$ (für $\alpha \in \mathbb{R}$ und $\alpha \geq 0$)

Spezielle Verteilungen endlicher Zufallsgrößen

80125B

Begriff	Zusammenhang
Gleichverteilung	Es gibt n verschiedene Werte $x_1, x_2, \ldots, x_n$, für die gilt: $P(X = x_i) = \frac{1}{n}$ (für alle i = 1, 2, …, n) *Mögliche Interpretation:* Ziehen aus einer Urne mit genau n (durchnummerierten, aber sonst nicht unterscheidbaren) Kugeln **Erwartungswert** und **Varianz** für $x_1 = 1, x_2 = 2, \ldots, x_n = n$: $EX = \mu = \frac{n+1}{2}$ $\quad VarX = \sigma^2 = \frac{n^2-1}{12}$
Binomialverteilung (bernoullische oder newtonsche Verteilung)	Eine Zufallsgröße X, die bei einer Bernoulli-Kette (↗ S. 76) der Länge n und der Erfolgswahrscheinlichkeit p die Anzahl X der Erfolge beschreibt, heißt binomialverteilt mit den Parametern n und p.
Binomiale Wahrscheinlichkeiten	$b(n; p; k) = B_{n;\,p}(\{k\}) = P(X = k) = \binom{n}{k} \cdot p^k \cdot (1-p)^{n-k}$ (n, p Parameter) *Mögliche Interpretation:* Ziehen aus einer Urne mit weißen und schwarzen Kugeln *mit Zurücklegen* p Anteil der weißen Kugeln in der Urne n Anzahl der gezogenen Kugeln k Anzahl der gezogenen weißen Kugeln Es gilt: $b(n; p; k) = b(n; 1-p; n-k)$ 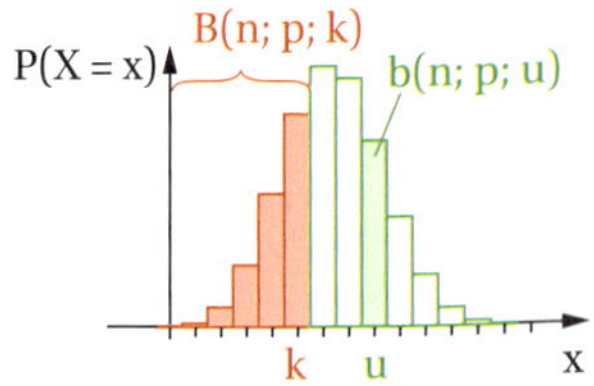 **Erwartungswert** und **Varianz:** $\mu = n \cdot p \qquad \sigma^2 = n \cdot p \cdot (1-p)$
Summierte binomiale Wahrscheinlichkeiten	$B(n; p; k) = B_{n;\,p}(\{0; 1; 2; \ldots; k\}) = P(X \le k) = \sum_{i=0}^{k} \binom{n}{i} \cdot p^i \cdot (1-p)^{n-i}$ (↗ Tabellen S. 84 ff.)
Hypergeometrische Verteilung	$P(X = k) = \frac{\binom{M}{k} \cdot \binom{N-M}{n-k}}{\binom{N}{n}}$ (N, M, n Parameter) *Mögliche Interpretation:* Ziehen aus einer Urne mit weißen und schwarzen Kugeln *ohne Zurücklegen* N Anzahl der Kugeln in der Urne M Anzahl der weißen Kugeln in der Urne n Anzahl der gezogenen Kugeln k Anzahl der gezogenen weißen Kugeln **Erwartungswert** und **Varianz**: $\mu = n \cdot p \qquad \sigma^2 = n \cdot p \cdot (1-p) \cdot \frac{N-n}{N-1} \quad \left(\text{mit } p = \frac{M}{N}\right)$

Spezielle Verteilungen stetiger Zufallsgrößen

80126B

Begriff	Zusammenhang
Gleichverteilung auf einem Intervall [a; b]	Eine Gleichverteilung einer stetigen Zufallsgröße auf dem Intervall [a; b] liegt vor, wenn für deren Dichtefunktion f gilt: $f(x) = \begin{cases} \frac{1}{b-a} & \text{für } a \le x \le b \\ 0 & \text{sonst} \end{cases}$ 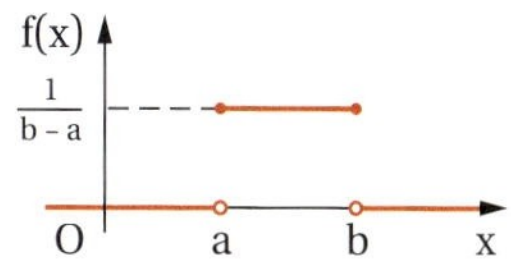 **Erwartungswert** und **Varianz:** $\mu = \frac{a+b}{2} \qquad \sigma^2 = \frac{(b-a)^2}{12}$
Normalverteilung (gaußsche Verteilung)	Eine Normalverteilung einer stetigen Zufallsgröße X liegt vor, wenn für deren Dichtefunktion f gilt: $f(x) = \varphi_{\mu;\,\sigma}(x) = \frac{1}{\sqrt{2\pi\sigma^2}} \cdot e^{-\frac{1}{2}\left(\frac{x-\mu}{\sigma}\right)^2}$ (μ Erwartungswert; σ^2 Varianz; e eulersche Zahl) 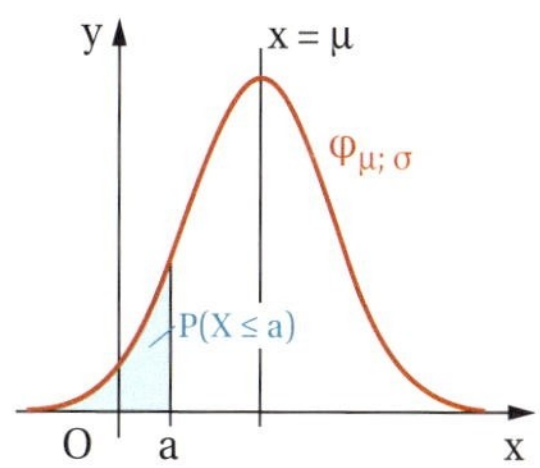 Werden insbesondere $\mu = 0$ und $\sigma^2 = 1$ gewählt, so spricht man von einer **Standardnormalverteilung.** In diesem Fall gilt: $f(x) = \varphi_{0;\,1}(x) = \frac{1}{\sqrt{2\pi}} \cdot e^{-\frac{1}{2}x^2}$ **σ-Regeln für normalverteilte Zufallsgrößen:** $P(\lvert X-\mu\rvert \le \sigma) \approx 0{,}68; \quad P(\lvert X-\mu\rvert \le 2\sigma) \approx 0{,}95; \quad P(\lvert X-\mu\rvert \le 3\sigma) \approx 0{,}997$

Näherungsformeln für die Binomialverteilung

Für den Fall, dass bei einer Binomialverteilung n sehr groß und p sehr klein ist, gilt folgende **Näherungsformel von Poisson:**

$$b(n;\,p;\,k) = P(X = k) \approx \frac{\mu^k \cdot e^{-\mu}}{k!} \qquad (\mu = n \cdot p;\ \text{e eulersche Zahl})$$

Für große n kann eine Annäherung (Approximation) der Binomialverteilung durch die (Standard-)Normalverteilung erfolgen.

Für $\mu = n \cdot p$, $\sigma = \sqrt{n \cdot p \cdot (1-p)}$ und $n \cdot p \cdot (1-p) > 9$ (als Faustregel) gelten die folgenden **Näherungsformeln von Laplace:**

- lokale Näherung
  $B_{n;\,p}(\{k\}) \approx \frac{1}{\sigma} \cdot \varphi\left(\frac{k-\mu}{\sigma}\right)$ mit $\varphi(z) = \frac{1}{\sqrt{2\pi}} e^{-\frac{1}{2}z^2}$ und $z = \frac{k-\mu}{\sigma}$
- globale Näherung
  $B_{n;\,p}(\{0;\,1;\,\ldots;\,k\}) \approx \Phi\left(\frac{k+0{,}5-\mu}{\sigma}\right)$ mit $\Phi(x) = \int_{-\infty}^{x} \varphi(z)\,dz$

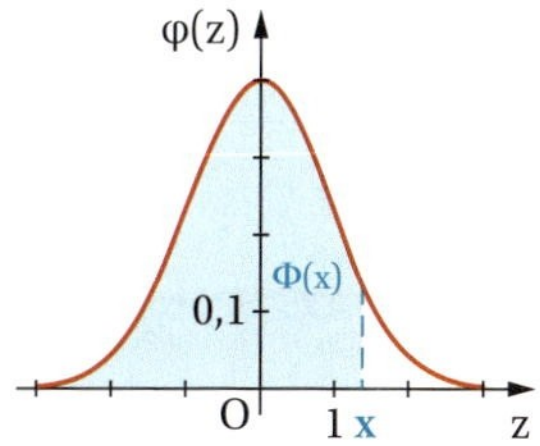

Dichtefunktionswerte φ(x) der Standardnormalverteilung

$$\varphi(x) = \frac{1}{\sqrt{2\pi}} \cdot e^{-\frac{1}{2}x^2}$$

x	0	1	2	3	4	5	6	7	8	9
0,0	0,3989	3989	3989	3988	3986	3984	3982	3980	3977	3973
0,1	0,3970	3965	3961	3956	3951	3945	3939	3932	3925	3918
0,2	0,3910	3902	3894	3885	3876	3867	3857	3847	3836	3825
0,3	0,3814	3802	3790	3778	3765	3752	3739	3725	3712	3697
0,4	0,3683	3668	3653	3637	3621	3605	3589	3572	3555	3538
0,5	0,3521	3503	3485	3467	3448	3429	3410	3391	3372	3352
0,6	0,3332	3312	3292	3271	3251	3230	3209	3187	3166	3144
0,7	0,3123	3101	3079	3056	3034	3011	2989	2966	2943	2920
0,8	0,2897	2874	2850	2827	2803	2780	2756	2732	2709	2685
0,9	0,2661	2637	2613	2589	2565	2541	2516	2492	2468	2444
1,0	0,2420	2396	2371	2347	2323	2299	2275	2251	2227	2203
1,1	0,2179	2155	2131	2107	2083	2059	2036	2012	1989	1965
1,2	0,1942	1919	1895	1872	1849	1826	1804	1781	1758	1736
1,3	0,1714	1691	1669	1647	1626	1604	1582	1561	1539	1518
1,4	0,1497	1476	1456	1435	1415	1394	1374	1354	1334	1315
1,5	0,1295	1276	1257	1238	1219	1200	1182	1163	1145	1127
1,6	0,1109	1092	1074	1057	1040	1023	1006	0989	0973	0957
1,7	0,0940	0925	0909	0893	0878	0863	0848	0833	0818	0804
1,8	0,0790	0775	0761	0748	0734	0721	0707	0694	0681	0669
1,9	0,0656	0644	0632	0620	0608	0596	0584	0573	0562	0551
2,0	0,0540	0529	0519	0508	0498	0488	0478	0468	0459	0449
2,1	0,0440	0431	0422	0413	0404	0396	0387	0379	0371	0363
2,2	0,0355	0347	0339	0332	0325	0317	0310	0303	0297	0290
2,3	0,0283	0277	0270	0264	0258	0252	0246	0241	0235	0229
2,4	0,0224	0219	0213	0208	0203	0198	0194	0189	0184	0180
2,5	0,0175	0171	0167	0163	0158	0154	0151	0147	0143	0139
2,6	0,0136	0132	0129	0126	0122	0119	0116	0113	0110	0107
2,7	0,0104	0101	0099	0096	0093	0091	0088	0086	0084	0081
2,8	0,0079	0077	0075	0073	0071	0069	0067	0065	0063	0061
2,9	0,0060	0058	0056	0055	0053	0051	0050	0048	0047	0046
3,0	0,0044	0043	0042	0040	0039	0038	0037	0036	0035	0034
3,1	0,0033	0032	0031	0030	0029	0028	0027	0026	0025	0025
3,2	0,0024	0023	0022	0022	0021	0020	0020	0019	0018	0018
3,3	0,0017	0017	0016	0016	0015	0015	0014	0014	0013	0013
3,4	0,0012	0012	0012	0011	0011	0010	0010	0010	0009	0009
3,5	0,0009	0008	0008	0008	0008	0007	0007	0007	0007	0006
3,6	0,0006	0006	0006	0005	0005	0005	0005	0005	0005	0004
3,7	0,0004	0004	0004	0004	0004	0004	0003	0003	0003	0003
3,8	0,0003	0003	0003	0003	0002	0002	0002	0002	0002	0002
3,9	0,0002	0002	0002	0002	0002	0002	0002	0002	0001	0001
4,0	0,0001	0001	0001	0001	0001	0001	0001	0001	0001	0001
4,1	0,0001	0001	0001	0001	0001	0001	0001	0001	0001	0001
4,2	0,0001	0001	0001	0001						

Es gilt: φ(−x) = φ(x)

Anmerkung: Alle nicht aufgeführten Werte sind (auf vier Dezimalstellen gerundet) 0,0000.
φ(1,24) = 0,1849 φ(−0,96) = φ(0,96) = 0,2516

Funktionswerte Φ(x) der Standardnormalverteilung

$$\Phi(x) = \int_{-\infty}^{x} \varphi(z)\,dz$$

x	0	1	2	3	4	5	6	7	8	9
0,0	0,5000	5040	5080	5120	5160	5200	5239	5279	5319	5359
0,1	0,5398	5438	5478	5517	5557	5596	5636	5675	5714	5754
0,2	0,5793	5832	5871	5910	5948	5987	6026	6064	6103	6141
0,3	0,6179	6217	6255	6293	6331	6368	6406	6443	6480	6517
0,4	0,6555	6591	6628	6664	6700	6736	6772	6808	6844	6879
0,5	0,6915	6950	6985	7019	7054	7088	7123	7157	7190	7224
0,6	0,7258	7291	7324	7357	7389	7422	7454	7486	7518	7549
0,7	0,7580	7612	7642	7673	7704	7734	7764	7794	7823	7852
0,8	0,7881	7910	7939	7967	7996	8023	8051	8079	8106	8133
0,9	0,8159	8186	8212	8238	8264	8289	8315	8340	8365	8389
1,0	0,8413	8438	8461	8485	8508	8531	8554	8577	8599	8621
1,1	0,8643	8665	8686	8708	8729	8749	8770	8790	8810	8830
1,2	0,8849	8869	8888	8907	8925	8944	8962	8980	8997	9015
1,3	0,9032	9049	9066	9082	9099	9115	9131	9147	9162	9177
1,4	0,9192	9207	9222	9236	9251	9265	9279	9292	9306	9319
1,5	0,9332	9345	9357	9370	9382	9394	9406	9418	9430	9441
1,6	0,9452	9463	9474	9485	9495	9505	9515	9525	9535	9545
1,7	0,9554	9564	9573	9582	9591	9599	9608	9616	9625	9633
1,8	0,9641	9649	9656	9664	9671	9678	9686	9693	9700	9706
1,9	0,9713	9719	9726	9732	9738	9744	9750	9756	9762	9767
2,0	0,9773	9778	9783	9788	9793	9798	9803	9808	9812	9817
2,1	0,9821	9826	9830	9834	9838	9842	9846	9850	9854	9857
2,2	0,9861	9865	9868	9871	9875	9878	9881	9884	9887	9890
2,3	0,9893	9896	9898	9901	9904	9906	9909	9911	9913	9916
2,4	0,9918	9920	9922	9925	9927	9929	9931	9932	9934	9936
2,5	0,9938	9940	9941	9943	9945	9946	9948	9949	9951	9952
2,6	0,9953	9955	9956	9957	9959	9960	9961	9962	9963	9964
2,7	0,9965	9966	9967	9968	9969	9970	9971	9972	9973	9974
2,8	0,9974	9975	9976	9977	9977	9978	9979	9980	9980	9981
2,9	0,9981	9982	9983	9983	9984	9984	9985	9985	9986	9986
3,0	0,9987	9987	9987	9988	9988	9989	9989	9989	9990	9990
3,1	0,9990	9991	9991	9991	9992	9992	9992	9992	9993	9993
3,2	0,9993	9993	9994	9994	9994	9994	9994	9995	9995	9995
3,3	0,9995	9995	9995	9996	9996	9996	9996	9996	9996	9997
3,4	0,9997	9997	9997	9997	9997	9997	9997	9997	9997	9998
3,5	0,9998	9998	9998	9998	9998	9998	9998	9998	9998	9998
3,6	0,9998	9998	9999	9999	9999	9999	9999	9999	9999	9999
3,7	0,9999	9999	9999	9999	9999	9999	9999	9999	9999	9999
3,8	0,9999	9999	9999	9999	9999	9999	9999	9999	9999	9999
3,9	1,0000									

Es gilt: $\Phi(-x) = 1 - \Phi(x)$

Anmerkung: Alle nicht aufgeführten Werte sind (auf vier Dezimalstellen gerundet) 1,0000.

$\Phi(1{,}24) = 0{,}8925$ $\Phi(-0{,}96) = 1 - \Phi(0{,}96) = 1 - 0{,}8315 = 0{,}1685$

Binomiale Wahrscheinlichkeiten

$$b(n; p; k) = P(X = k) = \binom{n}{k} \cdot p^k \cdot (1 - p)^{n-k}$$

n	k	p										k	n
		0,05	0,10	$\frac{1}{6}$	0,20	0,25	0,30	$\frac{1}{3}$	0,40	0,45	0,50		
5	0	0,7738	5905	4019	3277	2373	1681	1317	0778	0503	0313	5	5
	1	0,2036	3281	4019	4096	3955	3602	3292	2592	2059	1563	4	
	2	0,0214	0729	1608	2048	2637	3087	3292	3456	3369	3125	3	
	3	0,0011	0081	0322	0512	0879	1323	1646	2304	2757	3125	2	
	4		0005	0032	0064	0146	0284	0412	0768	1128	1563	1	
	5			0001	0003	0010	0024	0041	0102	0185	0313	0	
10	0	0,5987	3487	1615	1074	0563	0282	0173	0060	0025	0010	10	10
	1	0,3151	3874	3230	2684	1877	1211	0867	0403	0207	0098	9	
	2	0,0746	1937	2907	3020	2816	2335	1951	1209	0763	0439	8	
	3	0,0105	0574	1550	2013	2503	2668	2601	2150	1665	1172	7	
	4	0,0010	0112	0543	0881	1460	2001	2276	2508	2384	2051	6	
	5	0,0001	0015	0130	0264	0584	1029	1366	2007	2340	2461	5	
	6		0001	0022	0055	0162	0368	0569	1115	1596	2051	4	
	7			0002	0008	0031	0090	0163	0425	0746	1172	3	
	8				0001	0004	0014	0030	0106	0229	0439	2	
	9						0001	0003	0016	0042	0098	1	
	10								0001	0003	0010	0	
15	0	0,4633	2059	0649	0352	0134	0047	0023	0005	0001	0000	15	15
	1	0,3658	3432	1947	1319	0668	0305	0171	0047	0016	0005	14	
	2	0,1348	2669	2726	2309	1559	0916	0599	0219	0090	0032	13	
	3	0,0307	1285	2363	2501	2252	1700	1299	0634	0318	0139	12	
	4	0,0049	0428	1418	1876	2252	2186	1948	1268	0780	0417	11	
	5	0,0006	0105	0624	1032	1651	2061	2143	1859	1404	0916	10	
	6		0019	0208	0430	0917	1472	1786	2066	1914	1527	9	
	7		0003	0053	0138	0393	0811	1148	1771	2013	1964	8	
	8			0011	0035	0131	0348	0574	1181	1647	1964	7	
	9			0002	0007	0034	0116	0223	0612	1048	1527	6	
	10				0001	0007	0030	0067	0245	0515	0916	5	
	11					0001	0006	0015	0074	0191	0417	4	
	12						0001	0003	0016	0052	0139	3	
	13								0003	0010	0032	2	
	14									0001	0005	1	
20	0	3585	1216	0261	0115	0032	0008	0003	0000	0000	0000	20	20
	1	3774	2702	1043	0576	0211	0068	0030	0005	0001	0000	19	
	2	1887	2852	1982	1369	0669	0278	0143	0031	0008	0002	18	
	3	0596	1901	2379	2054	1339	0716	0429	0123	0040	0011	17	
	4	0133	0898	2022	2182	1897	1304	0911	0350	0139	0046	16	
	5	0022	0319	1294	1746	2023	1789	1457	0746	0365	0148	15	
	6	0003	0089	0647	1091	1686	1916	1821	1244	0746	0370	14	
	7		0020	0259	0545	1124	1643	1821	1659	1221	0739	13	
	8		0004	0084	0222	0609	1144	1480	1797	1623	1201	12	
	9		0001	0022	0074	0271	0654	0987	1597	1771	1602	11	
	10			0005	0020	0099	0308	0543	1171	1593	1762	10	
	11			0001	0005	0030	0120	0247	0710	1185	1602	9	
	12				0001	0008	0039	0092	0355	0727	1201	8	
n	k	0,95	0,90	$\frac{5}{6}$	0,80	0,75	0,70	$\frac{2}{3}$	0,60	0,55	0,50	k	n
		p											

Binomiale Wahrscheinlichkeiten

$$b(n; p; k) = P(X = k) = \binom{n}{k} \cdot p^k \cdot (1 - p)^{n-k}$$

n	k	p: 0,05	0,10	$\frac{1}{6}$	0,20	0,25	0,30	$\frac{1}{3}$	0,40	0,45	0,50	k	n
20	13					0002	0010	0028	0146	0366	0739	7	20
	14						0002	0007	0049	0150	0370	6	
	15							0001	0013	0049	0148	5	
	16								0003	0013	0046	4	
	17									0002	0011	3	
	18										0002	2	
50	0	0,0769	0052	0001	0000	0000	0000	0000	0000	0000	0000	50	50
	1	0,2025	0286	0011	0002	0000	0000	0000	0000	0000	0000	49	
	2	0,2611	0779	0054	0011	0001	0000	0000	0000	0000	0000	48	
	3	0,2199	1386	0172	0044	0004	0000	0000	0000	0000	0000	47	
	4	0,1360	1809	0405	0128	0016	0001	0000	0000	0000	0000	46	
	5	0,0658	1849	0745	0295	0049	0006	0001	0000	0000	0000	45	
	6	0,0260	1541	1118	0554	0123	0018	0004	0000	0000	0000	44	
	7	0,0086	1076	1405	0870	0259	0048	0012	0000	0000	0000	43	
	8	0,0024	0643	1510	1169	0463	0110	0033	0002	0000	0000	42	
	9	0,0006	0333	1410	1364	0721	0220	0077	0005	0000	0000	41	
	10	0,0001	0152	1156	1398	0985	0386	0157	0014	0001	0000	40	
	11		0061	0841	1271	1194	0602	0286	0035	0004	0000	39	
	12		0022	0546	1033	1294	0838	0465	0076	0011	0001	38	
	13		0007	0319	0755	1261	1050	0679	0147	0027	0003	37	
	14		0002	0169	0499	1110	1189	0898	0260	0059	0008	36	
	15		0001	0081	0299	0888	1223	1077	0415	0116	0020	35	
	16			0035	0164	0648	1147	1178	0606	0207	0044	34	
	17			0014	0082	0432	0983	1178	0808	0339	0087	33	
	18			0005	0037	0264	0772	1080	0987	0508	0160	32	
	19			0002	0016	0148	0558	0910	1109	0700	0270	31	
	20			0001	0006	0077	0370	0705	1146	0888	0419	30	
	21				0002	0036	0227	0503	1091	1038	0598	29	
	22				0001	0016	0128	0332	0959	1119	0788	28	
	23					0006	0067	0202	0778	1115	0960	27	
	24					0002	0032	0114	0584	1026	1080	26	
	25					0001	0014	0059	0405	0873	1123	25	
	26						0006	0028	0259	0687	1080	24	
	27						0002	0013	0154	0500	0960	23	
	28						0001	0005	0084	0336	0788	22	
	29							0002	0043	0208	0598	21	
	30							0001	0020	0119	0419	20	
	31								0009	0063	0270	19	
	32								0003	0031	0160	18	
	33								0001	0014	0087	17	
	34									0006	0044	16	
	35									0002	0020	15	
	36									0001	0008	14	
	37										0003	13	
	38										0001	12	
n	k	0,95	0,90	$\frac{5}{6}$	0,80	0,75	0,70	$\frac{2}{3}$	0,60	0,55	0,50	k	n
		p											

Anmerkungen: Alle nicht aufgeführten Werte sind (bei Rundung auf vier Dezimalstellen) 0,0000.
b(50; 0,3; 13) = 0,1050 b(50; 0,7; 37) = 0,1050

Summierte binomiale Wahrscheinlichkeiten

$$B(n;p;k)=\sum_{i=0}^{k}\binom{n}{i}\cdot p^i\cdot(1-p)^{n-i}$$

n	k	p										k	n
		0,05	0,10	$\frac{1}{6}$	0,20	0,25	0,30	$\frac{1}{3}$	0,40	0,45	0,50		
5	0	0,7738	5905	4019	3277	2373	1681	1317	0778	0503	0313	4	5
	1	0,9774	9185	8038	7373	6328	5282	4609	3370	2562	1875	3	
	2	0,9988	9914	9645	9421	8965	8369	7901	6826	5931	5000	2	
	3		9995	9967	9933	9844	9692	9547	9130	8688	8125	1	
	4			9999	9997	9990	9976	9959	9898	9815	9688	0	
10	0	0,5987	3487	1615	1074	0563	0282	0173	0060	0025	0010	9	10
	1	0,9139	7361	4845	3758	2440	1493	1040	0464	0233	0107	8	
	2	0,9885	9298	7752	6778	5256	3828	2991	1673	0996	0547	7	
	3	0,9990	9872	9303	8791	7759	6496	5593	3823	2660	1719	6	
	4	0,9999	9984	9845	9672	9219	8497	7869	6331	5044	3770	5	
	5		9999	9976	9936	9803	9527	9234	8338	7384	6230	4	
	6			9997	9991	9965	9894	9803	9452	8980	8281	3	
	7				9999	9996	9984	9966	9877	9726	9453	2	
	8						9999	9996	9983	9955	9893	1	
	9								9999	9997	9990	0	
15	0	0,4633	2059	0649	0352	0134	0047	0023	0005	0001	0000	14	15
	1	0,8290	5490	2596	1671	0802	0353	0194	0052	0017	0005	13	
	2	0,9638	8159	5322	3980	2361	1268	0794	0271	0107	0037	12	
	3	0,9945	9444	7685	6482	4613	2969	2092	0905	0424	0176	11	
	4	0,9994	9873	9102	8358	6865	5155	4041	2173	1204	0592	10	
	5	0,9999	9978	9726	9389	8516	7216	6184	4032	2608	1509	9	
	6		9997	9934	9819	9434	8689	7970	6098	4522	3036	8	
	7			9987	9958	9827	9500	9118	7869	6535	5000	7	
	8			9998	9992	9958	9848	9692	9050	8182	6964	6	
	9				9999	9992	9963	9915	9662	9231	8491	5	
	10					9999	9993	9982	9907	9745	9408	4	
	11						9999	9997	9981	9937	9824	3	
	12								9997	9989	9963	2	
	13									9999	9995	1	
20	0	0,3585	1216	0261	0115	0032	0008	0003	0000	0000	0000	19	20
	1	0,7358	3917	1304	0692	0243	0076	0033	0005	0001	0000	18	
	2	0,9245	6769	3287	2061	0913	0355	0176	0036	0009	0002	17	
	3	0,9841	8670	5665	4114	2252	1071	0604	0160	0049	0013	16	
	4	0,9974	9568	7687	6296	4148	2375	1515	0510	0189	0059	15	
	5	0,9997	9887	8982	8042	6172	4164	2972	1256	0553	0207	14	
	6		9976	9629	9133	7858	6080	4793	2500	1299	0577	13	
	7		9996	9887	9679	8982	7723	6615	4159	2520	1316	12	
	8		9999	9972	9900	9591	8867	8095	5956	4143	2517	11	
	9			9994	9974	9861	9520	9081	7553	5914	4119	10	
	10			9999	9994	9961	9829	9624	8725	7507	5881	9	
	11				9999	9991	9949	9870	9435	8692	7483	8	
	12					9998	9987	9963	9790	9420	8684	7	
	13						9997	9991	9935	9786	9423	6	
	14							9998	9984	9936	9793	5	
	15								9997	9985	9941	4	
	16									9997	9987	3	
	17										9998	2	
n	k	0,95	0,90	$\frac{5}{6}$	0,80	0,75	0,70	$\frac{2}{3}$	0,60	0,55	0,50	k	n
		p											

Summierte binomiale Wahrscheinlichkeiten

$$B(n;\,p;\,k) = \sum_{i=0}^{k} \binom{n}{i} \cdot p^{i} \cdot (1-p)^{n-i}$$

n	k	p: 0,05	0,10	$\frac{1}{6}$	0,20	0,25	0,30	$\frac{1}{3}$	0,40	0,45	0,50	k	n
25	0	0,2774	0718	0105	0038	0008	0001	0000	0000	0000	0000	24	25
	1	0,6424	2712	0629	0274	0070	0016	0005	0001	0000	0000	23	
	2	0,8729	5371	1887	0982	0321	0090	0035	0004	0001	0000	22	
	3	0,9659	7636	3816	2340	0962	0332	0149	0024	0005	0001	21	
	4	0,9928	9020	5937	4207	2137	0905	0462	0095	0023	0005	20	
	5	0,9988	9666	7720	6167	3783	1935	1120	0294	0086	0020	19	
	6	0,9998	9905	8908	7800	5611	3407	2215	0736	0258	0073	18	
	7		9977	9553	8909	7265	5118	3703	1536	0639	0216	17	
	8		9995	9843	9532	8506	6769	5376	2735	1340	0539	16	
	9		9999	9953	9827	9287	8106	6956	4246	2424	1148	15	
	10			9988	9944	9703	9022	8220	5858	3843	2122	14	
	11			9997	9985	9893	9558	9082	7323	5426	3450	13	
	12			9999	9996	9966	9825	9585	8462	6937	5000	12	
	13				9999	9991	9940	9836	9222	8173	6550	11	
	14					9998	9982	9944	9656	9040	7878	10	
	15						9995	9984	9868	9560	8852	9	
	16						9999	9996	9957	9826	9461	8	
	17							9999	9988	9942	9784	7	
	18								9997	9984	9927	6	
	19								9999	9996	9980	5	
	20									9999	9995	4	
	21										9999	3	
50	0	0,0769	0052	0001	0000	0000	0000	0000	0000	0000	0000	49	50
	1	0,2794	0338	0012	0002	0000	0000	0000	0000	0000	0000	48	
	2	0,5405	1117	0066	0013	0001	0000	0000	0000	0000	0000	47	
	3	0,7604	2503	0238	0057	0005	0000	0000	0000	0000	0000	46	
	4	0,8964	4312	0643	0185	0021	0002	0000	0000	0000	0000	45	
	5	0,9622	6161	1388	0480	0070	0007	0001	0000	0000	0000	44	
	6	0,9882	7702	2506	1034	0194	0025	0005	0000	0000	0000	43	
	7	0,9968	8779	3911	1904	0453	0073	0017	0000	0000	0000	42	
	8	0,9992	9421	5421	3073	0916	0183	0050	0002	0000	0000	41	
	9	0,9998	9755	6830	4437	1637	0402	0127	0008	0001	0000	40	
	10		9906	7986	5836	2622	0789	0284	0022	0002	0000	39	
	11		9968	8827	7107	3816	1390	0570	0057	0006	0000	38	
	12		9990	9373	8139	5110	2229	1035	0133	0018	0002	37	
	13		9997	9693	8894	6370	3279	1715	0280	0045	0005	36	
	14		9999	9862	9393	7481	4468	2612	0540	0104	0013	35	
	15			9943	9692	8369	5692	3690	0955	0220	0033	34	
	16			9978	9856	9017	6839	4868	1561	0427	0077	33	
	17			9992	9937	9449	7822	6046	2369	0765	0164	32	
	18			9997	9975	9713	8594	7126	3356	1273	0325	31	
n	k	0,95	0,90	$\frac{5}{6}$	0,80	0,75	0,70	$\frac{2}{3}$	0,60	0,55	0,50	k	n
		p											

Rekursionsformel: $B(n;\,p;\,k) = B(n;\,p;\,k-1) + b(n;\,p;\,k)$

Anmerkungen: Alle nicht aufgeführten Werte sind (bei Rundung auf vier Dezimalstellen) 1,0000.
Für schwächer unterlegte Tabelleneingänge ($p > 0{,}5$) gilt: $B(n;\,p;\,k) = 1 -$ (angegebener Wert)

$B(25;\,0{,}25;\,7) = 0{,}7265$ $\quad$ $B(20;\,0{,}70;\,11) = 1 - 0{,}8867 = 0{,}1133$

Summierte binomiale Wahrscheinlichkeiten

$$B(n; p; k) = \sum_{i=0}^{k} \binom{n}{i} \cdot p^i \cdot (1-p)^{n-i}$$

n	k	p										k	n
		0,05	0,10	$\frac{1}{6}$	0,20	0,25	0,30	$\frac{1}{3}$	0,40	0,45	0,50		
50	19			9999	9991	9861	9152	8036	4465	1974	0595	30	50
	20				9997	9937	9522	8741	5610	2862	1013	29	
	21				9999	9974	9749	9244	6701	3900	1611	28	
	22					9990	9877	9576	7660	5019	2399	27	
	23					9996	9944	9778	8438	6134	3359	26	
	24					9999	9976	9892	9022	7160	4439	25	
	25						9991	9951	9427	8034	5561	24	
	26						9997	9979	9686	8721	6641	23	
	27						9999	9992	9840	9220	7601	22	
	28							9997	9924	9556	8389	21	
	29							9999	9966	9765	8987	20	
	30								9986	9884	9405	19	
	31								9995	9947	9675	18	
	32								9998	9978	9836	17	
	33								9999	9991	9923	16	
	34									9997	9967	15	
	35									9999	9987	14	
	36										9995	13	
	37										9998	12	
100	0	0,0059	0000	0000	0000	0000	0000	0000	0000	0000	0000	99	100
	1	0,0371	0003	0000	0000	0000	0000	0000	0000	0000	0000	98	
	2	0,1183	0019	0000	0000	0000	0000	0000	0000	0000	0000	97	
	3	0,2578	0078	0000	0000	0000	0000	0000	0000	0000	0000	96	
	4	0,4360	0237	0001	0000	0000	0000	0000	0000	0000	0000	95	
	5	0,6160	0576	0004	0000	0000	0000	0000	0000	0000	0000	94	
	6	0,7660	1172	0013	0001	0000	0000	0000	0000	0000	0000	93	
	7	0,8720	2061	0038	0003	0000	0000	0000	0000	0000	0000	92	
	8	0,9369	3209	0095	0009	0000	0000	0000	0000	0000	0000	91	
	9	0,9718	4513	0231	0023	0000	0000	0000	0000	0000	0000	90	
	10	0,9885	5832	0427	0057	0001	0000	0000	0000	0000	0000	89	
	11	0,9957	7030	0777	0126	0004	0000	0000	0000	0000	0000	88	
	12	0,9985	8018	1297	0253	0010	0000	0000	0000	0000	0000	87	
	13	0,9995	8761	2000	0469	0025	0001	0000	0000	0000	0000	86	
	14	0,9999	9274	2874	0804	0054	0002	0000	0000	0000	0000	85	
	15		9601	3877	1285	0111	0004	0000	0000	0000	0000	84	
	16		9794	4942	1923	0211	0010	0001	0000	0000	0000	83	
	17		9900	5994	2712	0376	0022	0002	0000	0000	0000	82	
	18		9954	6965	3621	0630	0045	0005	0000	0000	0000	81	
	19		9980	7803	4602	0995	0089	0011	0000	0000	0000	80	
	20		9992	8481	5595	1488	0165	0024	0000	0000	0000	79	
	21		9997	8998	6540	2114	0288	0048	0000	0000	0000	78	
	22		9999	9370	7389	2864	0479	0091	0001	0000	0000	77	
	23			9621	8109	3711	0755	0164	0003	0000	0000	76	
	24			9783	8686	4617	1136	0281	0006	0000	0000	75	
	25			9881	9125	5535	1631	0458	0012	0000	0000	74	
	26			9938	9442	6417	2244	0715	0024	0001	0000	73	
	27			9969	9658	7224	2964	1066	0046	0002	0000	72	
	28			9985	9800	7925	3768	1524	0084	0004	0000	71	
n	k	0,95	0,90	$\frac{5}{6}$	0,80	0,75	0,70	$\frac{2}{3}$	0,60	0,55	0,50	k	n
		p											

Summierte binomiale Wahrscheinlichkeiten

$$B(n;\, p;\, k) = \sum_{i=0}^{k} \binom{n}{i} \cdot p^i \cdot (1-p)^{n-i}$$

n	k	p: 0,05	0,10	$\frac{1}{6}$	0,20	0,25	0,30	$\frac{1}{3}$	0,40	0,45	0,50	k	n
100	29			9993	9888	8505	4623	2093	0148	0008	0000	70	100
	30			9997	9939	8962	5491	2766	0248	0015	0000	69	
	31			9999	9969	9307	6331	3525	0398	0030	0001	68	
	32				9985	9554	7107	4344	0615	0055	0002	67	
	33				9993	9724	7793	5188	0913	0098	0004	66	
	34				9997	9836	8371	6019	1303	0166	0009	65	
	35				9999	9906	8839	6803	1795	0272	0018	64	
	36				9999	9948	9201	7511	2386	0429	0033	63	
	37					9973	9470	8123	3068	0651	0060	62	
	38					9986	9660	8630	3822	0951	0105	61	
	39					9993	9790	9034	4621	1343	0176	60	
	40					9997	9875	9341	5433	1831	0284	59	
	41					9999	9928	9566	6225	2415	0443	58	
	42					9999	9960	9724	6967	3087	0666	57	
	43						9979	9831	7635	3828	0967	56	
	44						9989	9900	8211	4613	1356	55	
	45						9995	9943	8689	5413	1841	54	
	46						9997	9969	9070	6196	2421	53	
	47						9999	9983	9362	6931	3087	52	
	48						9999	9991	9577	7596	3822	51	
	49							9996	9729	8173	4602	50	
	50							9998	9832	8654	5398	49	
	51							9999	9900	9040	6178	48	
	52								9942	9338	6914	47	
	53								9968	9559	7579	46	
	54								9983	9716	8159	45	
	55								9991	9824	8644	44	
	56								9996	9894	9033	43	
	57								9998	9939	9334	42	
	58								9999	9966	9557	41	
	59									9982	9716	40	
	60									9991	9824	39	
	61									9995	9895	38	
	62									9998	9940	37	
	63									9999	9967	36	
	64										9982	35	
	65										9991	34	
	66										9996	33	
	67										9998	32	
	68										9999	31	
n	k	0,95	0,90	$\frac{5}{6}$	0,80	0,75	0,70	$\frac{2}{3}$	0,60	0,55	0,50	k	n
		p											

Rekursionsformel: $B(n; p; k) = B(n; p; k-1) + b(n; p; k)$

Anmerkungen: Für $B(n; p; k)$ ist auch die Schreibweise $B_{n;\,p}(\{0; 1; 2; \ldots; k\})$ gebräuchlich.

Alle nicht aufgeführten Werte sind (bei Rundung auf vier Dezimalstellen) 1,0000.
Für schwächer unterlegte Tabelleneingänge ($p \geq 0{,}5$) gilt: $B(n; p; k) = 1 -$ (angegebener Wert)

$B(50; 0{,}40; 21) = 0{,}6701$ $\quad$ $B\left(100; \frac{2}{3}; 66\right) = 1 - 0{,}5188 = 0{,}4812$

Summierte binomiale Wahrscheinlichkeiten

$$B(n;p;k) = \sum_{i=0}^{k} \binom{n}{i} \cdot p^i \cdot (1-p)^{n-i}$$

n	k	p: 0,05	0,10	$\frac{1}{6}$	0,20	0,25	0,30	$\frac{1}{3}$	0,40	0,45	0,50	k	n
200	**5**	0,0623	0000	0000	0000	0000	0000	0000	0000	0000	0000	194	200
	9	0,4547	0035	0000	0000	0000	0000	0000	0000	0000	0000	190	
	10	0,5831	0081	0000	0000	0000	0000	0000	0000	0000	0000	189	
	14	0,9219	0929	0000	0000	0000	0000	0000	0000	0000	0000	185	
	15	0,9556	1431	0001	0000	0000	0000	0000	0000	0000	0000	184	
	19	0,9973	4655	0027	0000	0000	0000	0000	0000	0000	0000	180	
	20	0,9988	5591	0052	0001	0000	0000	0000	0000	0000	0000	179	
	24		8551	0426	0020	0000	0000	0000	0000	0000	0000	175	
	25		8995	0468	0036	0000	0000	0000	0000	0000	0000	174	
	29		9837	2366	0283	0002	0000	0000	0000	0000	0000	170	
	30		9905	3007	0430	0004	0000	0000	0000	0000	0000	169	
	34		9992	5943	1656	0044	0000	0000	0000	0000	0000	165	
	35		9996	6658	2151	0073	0000	0000	0000	0000	0000	164	
	39			8777	4718	0405	0005	0000	0000	0000	0000	160	
	40			9106	5422	0578	0009	0000	0000	0000	0000	159	
	44			9801	7887	1852	0072	0003	0000	0000	0000	155	
	45			9872	8349	2331	0111	0005	0000	0000	0000	154	
	49			9983	9506	4729	0506	0042	0000	0000	0000	150	
	50			9990	9655	5379	0695	0067	0000	0000	0000	149	
	54			9999	9934	7707	1988	0323	0001	0000	0000	145	
	55				9959	8162	2455	0453	0002	0000	0000	144	
	59				9995	9375	4733	1409	0013	0000	0000	140	
	60				9997	9546	5348	1778	0021	0000	0000	139	
	64					9897	7579	3755	0119	0001	0000	135	
	65					9932	8028	4338	0173	0002	0000	134	
	69					9990	9272	6670	0639	0016	0000	130	
	70					9994	9458	7192	0844	0026	0000	129	
	74					9999	9862	8794	2142	0133	0001	125	
	75						9906	9065	2590	0191	0003	124	
	79						9984	9716	4732	0673	0018	120	
	80						9990	9799	5307	0881	0028	119	
	84						9999	9958	7428	2175	0141	115	
	85						9999	9973	7868	2617	0200	114	
	89							9996	9143	4726	0687	110	
	90							9998	9345	5293	0894	109	
	94								9812	7392	2184	105	
	95								9869	7831	2623	104	
	99								9974	9113	4718	100	
	100								9983	9319	5282	99	
	104								9998	9801	7377	95	
	105								9999	9860	7816	94	
	109									9971	9105	90	
	110									9982	9313	89	
	114									9997	9800	85	
	115									9998	9859	84	
	120										9982	79	
	124										9998	75	
n	**k**	0,95	0,90	$\frac{5}{6}$	0,80	0,75	0,70	$\frac{2}{3}$	0,60	0,55	0,50	k	n
		p											

Anmerkungen: Die Tabelle für n = 200 umfasst nur Werte für ausgewählte k.

Testen von Hypothesen

80127B

Testverfahren	Verfahren zur Überprüfung von Hypothesen über einen unbekannten Parameter einer Grundgesamtheit mithilfe von Stichproben
Nullhypothese H_0	Die zu überprüfende Annahme, die mit möglichst kleiner Irrtumswahrscheinlichkeit abgelehnt werden soll, heißt Nullhypothese H_0. Die Alternative zur Nullhypothese H_0 wird als **Gegenhypothese** H_1 bezeichnet.
Ablehnungsbereich $\overline{A}$	Menge der Werte der Zufallsgröße X, bei deren Eintreten H_0 abgelehnt wird
Entscheidungsregel	Liegt der für eine Stichprobe ermittelte Wert der zu prüfenden Zufallsgröße (Testgröße) im Ablehnungsbereich, so wird H_0 abgelehnt und H_1 angenommen, anderenfalls wird H_0 beibehalten und H_1 abgelehnt.
Fehler	H_0 wird abgelehnt, obwohl H_0 wahr ist **(Fehler 1. Art)** H_0 wird beibehalten, obwohl H_0 falsch ist **(Fehler 2. Art)** Die Wahrscheinlichkeit für einen Fehler 1. Art heißt **Irrtumswahrscheinlichkeit α'.**
Signifikanztest	Ein Test heißt **signifikant** zum **Signifikanzniveau** α, wenn die tatsächliche Irrtumswahrscheinlichkeit α' das vorgegebene Signifikanzniveau α nicht übersteigt.
allgemeine Schrittfolge	1. Aufstellen der Nullhypothese H_0 und der Gegenhypothese H_1 2. Wahl einer geeigneten Testgröße X mit bekannter Wahrscheinlichkeitsverteilung 3. Festlegen des Stichprobenumfangs n und des Signifikanzniveaus 4. Festlegen des Ablehnungsbereichs $\overline{A}$ 5. Anwenden der Entscheidungsregel

Signifikanztest für eine Wahrscheinlichkeit p (X binomialverteilt mit den Parametern n und p_0)

Zweiseitiger Signifikanztest

H_0: $p = p_0$
H_1: $p \neq p_0$

Zweiseitiger Ablehnungsbereich für H_0:
$\overline{A} = \{0; 1; \ldots; k_1\} \cup \{k_2; k_2 + 1; \ldots; n\}$

k_1: größte natürliche Zahl, sodass $B_{n;\,p_0}(\{0; 1; \ldots; k_1\}) \leq \frac{\alpha}{2}$

k_2: kleinste natürliche Zahl, sodass $B_{n;\,p_0}(\{k_2; k_2 + 1 \ldots; n\}) \leq \frac{\alpha}{2}$

Irrtumswahrscheinlichkeit:
$\alpha' = B_{n;\,p_0}(\overline{A}) \leq \frac{\alpha}{2} + \frac{\alpha}{2} = \alpha$

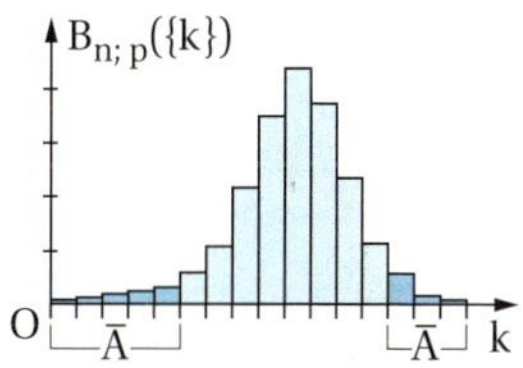

Ablehnung von H_0 für sehr kleine und sehr große Werte von X

Linksseitiger Signifikanztest

H_0: $p = p_0$ bzw. $p \geq p_0$ H_1: $p < p_0$
Linksseitiger Ablehnungsbereich für H_0:
$\overline{A} = \{0; 1; \ldots; k\}$ mit $B_{n;\,p_0}(\overline{A}) \leq \alpha$
k: größte natürliche Zahl,
sodass $B_{n;\,p_0}(\{0; 1; \ldots; k\}) \leq \frac{\alpha}{2}$
Irrtumswahrscheinlichkeit:
$\alpha' = B_{n;\,p_0}(\overline{A}) \leq \alpha$ bzw.
$\alpha' = B_{n,\,p}(\overline{A}) \leq B_{n;\,p_0}(\overline{A}) \leq \alpha$

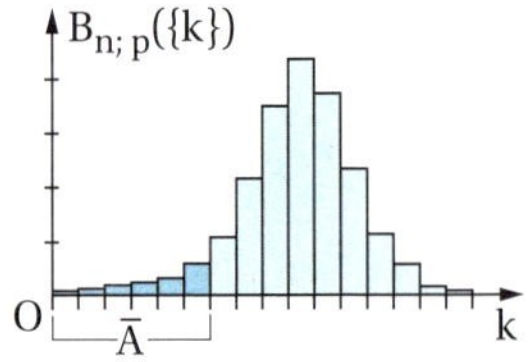

Ablehnung für sehr kleine Werte von X

Rechtsseitiger Signifikanztest

H_0: $p = p_0$ bzw. $p \leq p_0$ H_1: $p > p_0$
Rechtsseitiger Ablehnungsbereich für H_0:
$\overline{A} = \{k; k + 1; \ldots; n\}$ mit $(\overline{A}) \leq \alpha$;
k: kleinste natürliche Zahl,
sodass $B_{n;\,p_0}(\{k; k + 1 \ldots; n\}) \leq \alpha$
Irrtumswahrscheinlichkeit:
$\alpha' = B_{n;\,p_0}(\overline{A}) \leq \alpha$ bzw.
$\alpha' = B_{n,\,p}(\overline{A}) \leq B_{n;\,p_0}(\overline{A}) \leq \alpha$

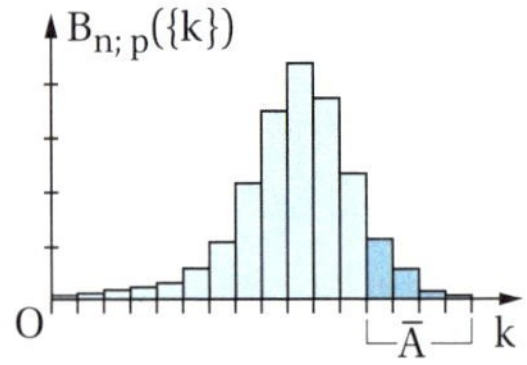

Ablehnung für sehr große Werte von X

Signifikanztest für einen Erwartungswert μ (X normalverteilt mit Varianz σ^2)

Zufallsgröße $\overline{X}$ einer Stichprobe

Die Zufallsgröße $\overline{X} = \frac{1}{n}(X_1 + X_2 + \ldots + X_n)$ einer Stichprobe vom Umfang n ist normalverteilt mit $\mu = E(\overline{X})$ und $V(\overline{X}) = \frac{\sigma^2}{n}$.

Zweiseitiger Signifikanztest

H_0: $\mu = \mu_0$ H_1: $\mu \neq \mu_0$
Zweiseitiger Ablehnungsbereich für H_0:
$\overline{A} = \{\overline{x} \mid \overline{x} < g_1\} \cup \{\overline{x} \mid \overline{x} > g_2\}$
(wobei $g_1 = \mu_0 - k\frac{\sigma}{\sqrt{n}}$ und $g_2 = \mu_0 + k\frac{\sigma}{\sqrt{n}}$
mit $\Phi(k) = 1 - \frac{\alpha}{2}$)

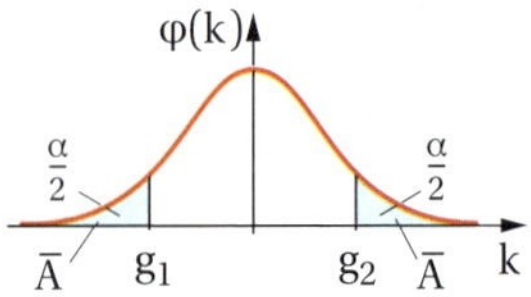

Linksseitiger Signifikanztest

H_0: $\mu \geq \mu_0$ H_1: $\mu < \mu_0$
Linksseitiger Ablehnungsbereich für H_0:
$\overline{A} = \{\overline{x} \mid \overline{x} < g\}$ (wobei $g = \mu_0 - k\frac{\sigma}{\sqrt{n}}$ mit $\Phi(k) = 1 - \alpha$)

Rechtsseitiger Signifikanztest

H_0: $\mu \leq \mu_0$ H_1: $\mu > \mu_0$
Rechtsseitiger Ablehnungsbereich für H_0:
$\overline{A} = \{\overline{x} \mid \overline{x} > g\}$ (wobei $g = \mu_0 + k\frac{\sigma}{\sqrt{n}}$ mit $\Phi(k) = 1 - \alpha$)

Sonderfälle

- **σ unbekannt** (aber n hinreichend groß)
  Für $n \geq 30$ kann σ durch die Standardabweichung s der Stichprobe ersetzt werden.
- **X nicht normalverteilt** (aber n hinreichend groß)
  Für $n \geq 100$ wird die Verteilung der Zufallsgröße $\overline{X}$ durch eine Normalverteilung mit dem Erwartungswert $\mu = E(\overline{X})$ und der Varianz $V(\overline{X}) = \frac{\sigma^2}{n}$ approximiert.

Alternativtest

80197B

Alternativtests sind spezielle Signifikanztests, bei denen der einfachen Nullhypothese H_0: $p = p_0$ die einfache Gegenhypothese H_1: $p = p_1$ gegenübergestellt wird.

Alternativtest für eine Wahrscheinlichkeit p (X binomialverteilt mit den Parametern $p \in \{p_0; p_1\}$)	
Fehlerwahrscheinlichkeiten	Fehler 1. Art: $\alpha' = B_{n;\,p_0}(\overline{A})$ Fehler 2. Art: $\beta' = B_{n;\,p_1}(A)$
Ablehnungsbereich $\overline{A}$ im Fall $p_0 > p_1$	Linksseitiger Ablehnungsbereich für H_0: $\overline{A} = \{0; 1; \ldots; k\}$ k: größte natürliche Zahl, sodass $B_{n;\,p_0}(\{0; 1; \ldots; k\}) \leq \alpha$
Ablehnungsbereich $\overline{A}$ im Fall $p_0 < p_1$	Rechtsseitiger Ablehnungsbereich für H_0: $\overline{A} = \{k; k+1; \ldots; n\}$ k: kleinste natürliche Zahl, sodass $B_{n;\,p_0}(\{k; k+1; \ldots; n\}) \leq \alpha$

Schätzen von Wahrscheinlichkeiten

80168B

Konfidenzintervall (Vertrauensintervall, Vertrauensbereich)	Intervall $[p_1; p_2]$, welches eine (unbekannte) Wahrscheinlichkeit p auf dem **Konfidenzniveau** (Vertrauensniveau) $1 - \alpha$ überdeckt Es gilt: $P(p_1 \leq p \leq p_2) = 1 - \alpha$
Ermitteln des Konfidenzintervalls (Schließen von der Stichprobe auf die Grundgesamtheit)	Ist p* ein Schätzwert für p aus einer Stichprobe vom Umfang n, so gilt: $p^* - k \cdot \sigma \leq p \leq p^* + k \cdot \sigma$ Ist die Standardabweichung σ unbekannt, kann sie mithilfe der Standardabweichung s der Stichprobe geschätzt werden. Es gilt $\sigma \approx \frac{s}{\sqrt{n}}$. (k ergibt sich aus der zugehörigen Verteilung und aus dem Konfidenzniveau $1 - \alpha$.)
Für normalverteilte Größen	1. Erfassen des Stichprobenumfangs n, eines Schätzwertes p* und des Konfidenzniveaus $1 - \alpha$ 2. Bestimmen von k aus $\Phi(k) = 1 - \frac{\alpha}{2}$ mithilfe der Tabelle der Standardnormalverteilung (↗S. 81), z. B. $k = 1{,}96$ für $\alpha = 5\,\%$ 3. Bestimmen der Intervallgrenzen p_1 und p_2 aus der Ungleichung $(p^* - p)^2 \leq k^2 \cdot \frac{p(1-p)}{n}$
Für binomialverteilte Größen	Für große Stichproben und $n \cdot p^* \cdot (1 - p^*) > 9$ ist die Testgröße näherungsweise standardisiert normalverteilt; k, p_1 und p_2 werden wie für normalverteilte Größen ermittelt.
Mindestgröße des Stichprobenumfangs	Für die Mindestgröße des Stichprobenumfangs n bei gegebener Länge d des Konfidenzintervalls gilt näherungsweise $n \geq \frac{k^2}{d^2}$.

Physik

Physikalische Konstanten

(nach CODATA)

Fundamentale Konstanten	Formelzeichen	Wert der Konstanten
Absoluter Nullpunkt	T_a	0 K = −273,15 °C
Atomare Masseeinheit	u	$1{,}660\,540 \cdot 10^{-27}\,\text{kg}$
Avogadro-Konstante (Avogadro-Zahl)	N_A	$6{,}022\,142 \cdot 10^{23} \cdot \frac{1}{\text{mol}}$
Boltzmann-Konstante	k	$1{,}380\,650 \cdot 10^{-23}\,\frac{\text{J}}{\text{K}}$
Compton-Wellenlänge des Elektrons	λ_C	$2{,}426\,310 \cdot 10^{-12}\,\text{m}$
Faraday-Konstante	F	$9{,}648 \cdot 534 \cdot 10^{4}\,\frac{\text{A} \cdot \text{s}}{\text{mol}}$
Lichtgeschwindigkeit im Vakuum	c	$2{,}997\,924\,58 \cdot 10^{8}\,\frac{\text{m}}{\text{s}}$
Loschmidt-Konstante	N_L	$2{,}686\,778 \cdot 10^{25}\,\frac{1}{\text{m}^3}$
Plancksches Wirkungsquantum	h	$6{,}626\,069 \cdot 10^{-34}\,\text{J} \cdot \text{s}$
Rydberg-Konstante	R_H	$1{,}097\,373 \cdot 10^{7}\,\frac{1}{\text{m}}$
Rydberg-Frequenz	R_y	$3{,}289\,841 \cdot 10^{15}\,\text{Hz}$
Stefan-Boltzmann-Konstante	σ	$5{,}670\,400 \cdot 10^{-8}\,\frac{\text{W}}{\text{m}^2 \cdot \text{K}^4}$
Solarkonstante für die Erdentfernung	S	$1{,}367 \cdot 10^{3}\,\frac{\text{W}}{\text{m}^2}$
Universelle Gaskonstante	R	$8{,}314\,472\,\frac{\text{J}}{\text{K} \cdot \text{mol}}$
Wiensche Konstante	b	$2{,}897\,769 \cdot 10^{-3}\,\text{m} \cdot \text{K}$
Feldkonstanten		
Gravitationskonstante	G, γ	$6{,}673 \cdot 10^{-11}\,\frac{\text{m}^3}{\text{kg} \cdot \text{s}^2}$
Elektrische Feldkonstante	ε_0	$8{,}854\,188 \cdot 10^{-12}\,\frac{\text{A} \cdot \text{s}}{\text{V} \cdot \text{m}}$
Magnetische Feldkonstante	μ_0	$4\pi \cdot 10^{-7}\,\frac{\text{V} \cdot \text{s}}{\text{A} \cdot \text{m}} = 1{,}256\,637 \cdot 10^{-6}\,\frac{\text{V} \cdot \text{s}}{\text{A} \cdot \text{m}}$
Elektron, Neutron, Proton		
Elektron – Ladung (Elementarladung)	e	$1{,}602\,176\,46 \cdot 10^{-19}\,\text{C}$
Elektron – Ruhemasse	m_e	$9{,}109\,381\,88 \cdot 10^{-31}\,\text{kg} = 5{,}485\,8 \cdot 10^{-4}\,u$
Elektron – Spezifische Ladung	$\frac{e}{m_e}$	$1{,}758\,820 \cdot 10^{11}\,\frac{\text{C}}{\text{kg}}$
Neutron – Ruhemasse	m_n	$1{,}674\,927\,16 \cdot 10^{-27}\,\text{kg} = 1{,}008\,665\,u$
Proton – Ruhemasse	m_p	$1{,}672\,621\,58 \cdot 10^{-27}\,\text{kg} = 1{,}007\,276\,u$

Größen und Einheiten im Überblick

80401W

Größe	Formelzeichen	Einheiten und Einheitenzeichen		Beziehungen zwischen den Einheiten
Aktivität	A	Becquerel	Bq	$1\,\text{Bq} = \frac{1}{\text{s}}$
Äquivalentdosis	H	Sievert	Sv	$1\,\text{Sv} = 1\,\frac{\text{J}}{\text{kg}}$
Arbeit mechanische elektrische	W	Joule Newtonmeter Wattsekunde Kilowattstunde	J N · m W · s kW · h	$1\,\text{J} = 1\,\frac{\text{kg} \cdot \text{m}^2}{\text{s}^2}$ $= 1\,\text{N} \cdot \text{m}$ $= 1\,\text{W} \cdot \text{s}$ $1\,\text{kW} \cdot \text{h} = 3{,}6 \cdot 10^6\,\text{W} \cdot \text{s}$
Beleuchtungsstärke	E	Lux	lx	$1\,\text{lx} = 1\,\frac{\text{lm}}{\text{m}^2}$
Beschleunigung	a, g	Meter durch Quadratsekunde	$\frac{\text{m}}{\text{s}^2}$	$1\,\frac{\text{m}}{\text{s}^2} = 1\,\frac{\text{N}}{\text{kg}}$
Brennweite	f	Meter	m	↗ Länge
Brechwert (Brechkraft)	D	Dioptrie	dpt	$1\,\text{dpt} = \frac{1}{\text{m}}$
Dichte	ϱ	Kilogramm durch Kubikmeter Gramm durch Kubikzentimeter	$\frac{\text{kg}}{\text{m}^3}$ $\frac{\text{g}}{\text{cm}^3}$	$1\,\frac{\text{kg}}{\text{m}^3} = 10^{-3}\,\frac{\text{g}}{\text{cm}^3}$ $1\,\frac{\text{g}}{\text{cm}^3} = 10^3\,\frac{\text{kg}}{\text{m}^3}$
Drehimpuls	L	Newtonmetersekunde	N · m · s	$1\,\text{N} \cdot \text{m} \cdot \text{s} = 1\,\frac{\text{kg} \cdot \text{m}^2}{\text{s}}$
Drehmoment	M	Newtonmeter	N · m	$1\,\text{N} \cdot \text{m} = 1\,\frac{\text{kg} \cdot \text{m}^2}{\text{s}^2}$
Drehzahl	n	durch Sekunde	$\frac{1}{\text{s}}$	$\frac{1}{\text{s}} = 60\,\frac{1}{\text{min}}$
Druck	p	Pascal Bar Atmosphäre Torr (Millimeter Quecksilbersäule) Meter Wassersäule	Pa bar at mmHg mWs	$1\,\text{Pa} = 1\,\frac{\text{N}}{\text{m}^2}$ $1\,\text{bar} = 10^5\,\text{Pa}$ $1\,\text{at} = 9{,}81 \cdot 10^4\,\text{Pa} = 0{,}981\,\text{bar}$ $1\,\text{Torr} = 133{,}32\,\text{Pa}$ $1\,\text{mWs} = 9{,}81 \cdot 10^3\,\text{Pa}$
Energie	E, U	Joule Newtonmeter Wattsekunde Elektronenvolt Steinkohleneinheit	J N · m W · s eV SKE	$1\,\text{J} = 1\,\frac{\text{kg} \cdot \text{m}^2}{\text{s}^2}$ $= 1\,\text{N} \cdot \text{m}$ $= 1\,\text{W} \cdot \text{s}$ $1\,\text{eV} = 1{,}602 \cdot 10^{-19}\,\text{J}$ $1\,\text{kg SKE} = 29{,}3\,\text{MJ}$
Energiedosis	D	Gray	Gy	$1\,\text{Gy} = 1\,\frac{\text{J}}{\text{kg}}$
Entropie	S	Joule durch Kelvin	$\frac{\text{J}}{\text{K}}$	$1\,\frac{\text{J}}{\text{K}} = 1\,\frac{\text{kg} \cdot \text{m}^2}{\text{s}^2 \cdot \text{K}}$
Feldstärke, elektrische	E	Volt durch Meter	$\frac{\text{V}}{\text{m}}$	$1\,\frac{\text{V}}{\text{m}} = 1\,\frac{\text{kg} \cdot \text{m}}{\text{s}^3 \cdot \text{A}} = 1\,\frac{\text{N}}{\text{C}}$
Fläche, Flächeninhalt	A	Quadratmeter Hektar Ar	m^2 ha a	$1\,\text{m}^2 = 10^2\,\text{dm}^2 = 10^4\,\text{cm}^2$ $1\,\text{ha} = 10^4\,\text{m}^2$ $1\,\text{a} = 10^2\,\text{m}^2$
Fluss, magnetischer	Φ	Weber	Wb	$1\,\text{Wb} = 1\,\text{V} \cdot \text{s}$ $= 1\,\frac{\text{m}^2 \cdot \text{kg}}{\text{s}^2 \cdot \text{A}}$

Größe	Formelzeichen	Einheiten und Einheitenzeichen		Beziehungen zwischen den Einheiten
Flussdichte, magnetische	B	Tesla	T	$1\,\mathrm{T} = 1\,\frac{\mathrm{Wb}}{\mathrm{m^2}} = 1\,\frac{\mathrm{V \cdot s}}{\mathrm{m^2}} = 1\,\frac{\mathrm{N}}{\mathrm{m \cdot A}}$
Frequenz	f	Hertz	Hz	$1\,\mathrm{Hz} = \frac{1}{\mathrm{s}}$
Geschwindigkeit	v, u, c	Meter durch Sekunde Kilometer durch Stunde Knoten	$\frac{\mathrm{m}}{\mathrm{s}}$ $\frac{\mathrm{km}}{\mathrm{h}}$ kn	$1\,\frac{\mathrm{m}}{\mathrm{s}} = 3{,}6\,\frac{\mathrm{km}}{\mathrm{h}}$ $1\,\frac{\mathrm{km}}{\mathrm{h}} = 0{,}28\,\frac{\mathrm{m}}{\mathrm{s}}$ $1\,\mathrm{kn} = 1\,\frac{\mathrm{sm}}{\mathrm{h}} = 1\,852\,\frac{\mathrm{m}}{\mathrm{h}}$
Impuls	p	Kilogramm mal Meter durch Sekunde	$\frac{\mathrm{kg \cdot m}}{\mathrm{s}}$	$1\,\frac{\mathrm{kg \cdot m}}{\mathrm{s}} = 1\,\mathrm{N \cdot s}$
Induktivität	L	Henry	H	$1\,\mathrm{H} = 1\,\frac{\mathrm{Wb}}{\mathrm{A}} = 1\,\frac{\mathrm{m^2 \cdot kg}}{\mathrm{s^2 \cdot A^2}}$
Kapazität, elektrische	C	Farad	F	$1\,\mathrm{F} = 1\,\frac{\mathrm{A \cdot s}}{\mathrm{V}}$
Kraft	F	Newton	N	$1\,\mathrm{N} = 1\,\frac{\mathrm{kg \cdot m}}{\mathrm{s^2}} = 1\,\frac{\mathrm{J}}{\mathrm{m}}$
Kraftstoß	I	Newton mal Sekunde	N · s	$1\,\mathrm{N \cdot s} = 1\,\frac{\mathrm{kg \cdot m}}{\mathrm{s}}$
Kreisfrequenz	ω	durch Sekunde	$\frac{1}{\mathrm{s}}$	$\frac{1}{\mathrm{s}} = 60\,\frac{1}{\mathrm{min}}$
Ladung, elektrische	Q	Coulomb	C	$1\,\mathrm{C} = 1\,\mathrm{A \cdot s}$
Länge	l	Meter	m	**Basiseinheit des SI** $1\,\mathrm{m} = 10^3\,\mathrm{mm}$
Lautstärkepegel (Lautstärke)	L_N	Phon	phon	0 phon: Hörschwelle 130 phon: Schmerzschwelle
Leistung	P	Watt	W	$1\,\mathrm{W} = 1\,\frac{\mathrm{J}}{\mathrm{s}} = 1\,\mathrm{V \cdot A} = 1\,\frac{\mathrm{kg \cdot m^2}}{\mathrm{s^3}} = 1\,\frac{\mathrm{N \cdot m}}{\mathrm{s}}$
Leuchtdichte	L_V	Candela durch Quadratmeter	$\frac{\mathrm{cd}}{\mathrm{m^2}}$	
Leuchtkraft	L	Joule durch Sekunde	$\frac{\mathrm{J}}{\mathrm{s}}$	$1\,\frac{\mathrm{J}}{\mathrm{s}} = 1\,\mathrm{W}$
Lichtstärke	I_V	Candela	cd	**Basiseinheit des SI**
Masse	m	Kilogramm Tonne	kg t	**Basiseinheit des SI** $1\,\mathrm{t} = 10^3\,\mathrm{kg}$
Schwingungsdauer (Periodendauer)	T	Sekunde	s	↗ Zeit
Potenzial, elektrisches	φ	Volt	V	$1\,\mathrm{V} = 1\,\frac{\mathrm{kg \cdot m^2}}{\mathrm{s^3 \cdot A}}$
Schalldruckpegel	L_A	Dezibel	dB	
Schallintensität	I	Watt durch Quadratmeter	$\frac{\mathrm{W}}{\mathrm{m^2}}$	$1\,\frac{\mathrm{W}}{\mathrm{m^2}} = 1\,\frac{\mathrm{kg}}{\mathrm{s^3}}$
Spannung, elektrische	U	Volt	V	$1\,\mathrm{V} = 1\,\frac{\mathrm{kg \cdot m^2}}{\mathrm{s^3 \cdot A}}$
Stoffmenge	n	Mol	mol	**Basiseinheit des SI**

Größe	Formelzeichen	Einheiten und Einheitenzeichen		Beziehungen zwischen den Einheiten
Stromstärke, elektrische	I	Ampere	A	$1\ \text{A} = 1\ \frac{\text{kg} \cdot \text{m}^2}{\text{s}^3 \cdot \text{V}}$
Temperatur	T	Kelvin Grad Celsius Grad Fahrenheit Grad Réaumur	K °C °F °R	**Basiseinheit des SI** 0 °C = 273,15 K 32 °F = 0 °C 212 °F = 100 °C 0 °R = 0 °C 80 °R = 100 °C
Volumen	V	Kubikmeter Liter Registertonne	m^3 l RT	$1\ \text{m}^3 = 10^3\ \text{dm}^3 = 10^6\ \text{cm}^3$ $1\ \text{l} = 1\ \text{dm}^3$ $1\ \text{RT} = 2{,}832\ \text{m}^3$
Wärme, Wärmemenge	Q	Joule Kalorie	J cal	$1\ \text{J} = 1\ \text{N} \cdot \text{m} = 1\ \frac{\text{kg} \cdot \text{m}^2}{\text{s}^2} = 1\ \text{W} \cdot \text{s}$ 1 cal = 4,19 J
Weg, Wellenlänge	s, λ	Meter	m	↗ Länge
Widerstand, elektrischer	R	Ohm	Ω	$1\ \Omega = 1\ \frac{\text{V}}{\text{A}} = 1\ \frac{\text{m}^2 \cdot \text{kg}}{\text{s}^3 \cdot \text{A}^2}$
Winkel	$\alpha, \beta, \gamma, \varphi$	Radiant Grad	rad °	$1\ \text{rad} = \frac{180°}{\pi} = 57{,}296°$ $1° = \frac{\pi}{180°}\ \text{rad} = 0{,}01745\ \text{rad}$
Winkelbeschleunigung	α	durch Quadratsekunde	$\frac{1}{\text{s}^2}$	$\frac{1}{\text{s}^2} = 3600\ \frac{1}{\text{min}^2} = 1\ \frac{\text{rad}}{\text{s}^2}$
Winkelgeschwindigkeit	ω	durch Sekunde	$\frac{1}{\text{s}}$	$\frac{1}{\text{s}} = 60\ \frac{1}{\text{min}} = 1\ \frac{\text{rad}}{\text{s}}$
Wirkungsgrad	η		1 oder in %	1 ≙ 100 %
Zeit (Zeitintervall, Zeitspanne, Dauer)	t	Sekunde Minute Stunde Tag Jahr	s min h d a	**Basiseinheit des SI** 1 min = 60 s 1 h = 60 min = 3 600 s 1 d = 24 h = 1 440 min = 86 400 s 1 a = 365 d oder 366 d

Vorsätze bei Einheiten

Vorsatz		Bedeutung	Faktor	Vorsatz		Bedeutung	Faktor
Exa	E	Trillion	10^{18}	Dezi	d	Zehntel	$0{,}1 = 10^{-1}$
Peta	P	Billiarde	10^{15}	Zenti	c	Hundertstel	$0{,}01 = 10^{-2}$
Tera	T	Billion	$10^{12} = 1\,000\,000\,000\,000$	Milli	m	Tausendstel	$0{,}001 = 10^{-3}$
Giga	G	Milliarde	$10^9 = 1\,000\,000\,000$	Mikro	µ	Millionstel	$0{,}000\,001 = 10^{-6}$
Mega	M	Million	$10^6 = 1\,000\,000$	Nano	n	Milliardstel	$0{,}000\,000\,001 = 10^{-9}$
Kilo	k	Tausend	$10^3 = 1\,000$	Pico	p	Billionstel	10^{-12}
Hekto	h	Hundert	$10^2 = 100$	Femto	f	Billiardstel	10^{-15}
Deka	da	Zehn	$10^1 = 10$	Atto	a	Trillionstel	10^{-18}

Mechanik

Gleichförmige Bewegungen

80401B

Gleichförmige Bewegung	$\vec{v} = \text{konstant}$ $v = \frac{s}{t}$ $v = \frac{\Delta s}{\Delta t}$ $s = v \cdot t$	v Geschwindigkeit s Weg t Zeit	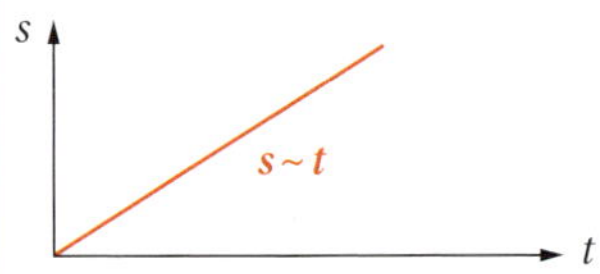
Gleichförmige Kreisbewegung	$v = \frac{2\pi \cdot r}{T}$ $v = \omega \cdot r$ $a = \frac{v^2}{r}$	v Geschwindigkeit r Radius der Kreisbahn T Zeit für einen Umlauf ω Winkelgeschwindigkeit a Radialbeschleunigung	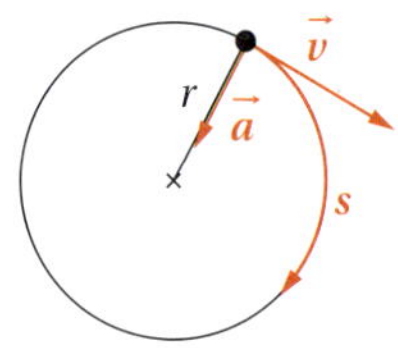

Gleichmäßig beschleunigte Bewegungen

80402B

Gleichmäßig beschleunigte Bewegung	$\vec{a} = \text{konstant}$ $a = \frac{v}{t}$ $a = \frac{\Delta v}{\Delta t}$ $a = \frac{2s}{t^2}$		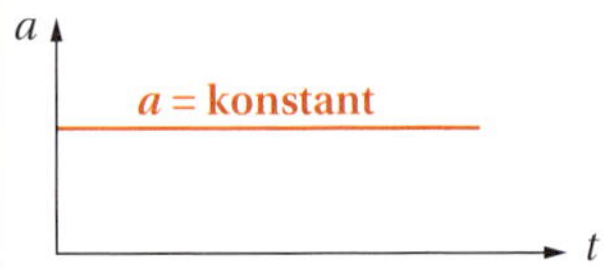
	$v = a \cdot t$ $v = \sqrt{2a \cdot s}$ $v = \frac{2s}{t}$	a Beschleunigung v Geschwindigkeit s Weg t Zeit	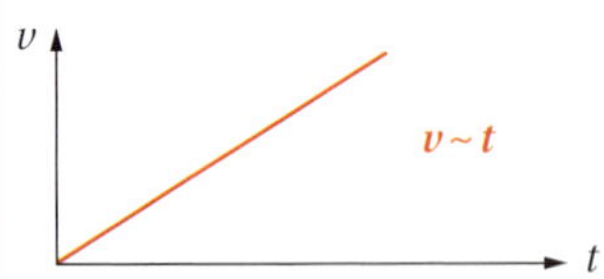
	$s = \frac{a}{2} \cdot t^2$ $s = \frac{v \cdot t}{2}$		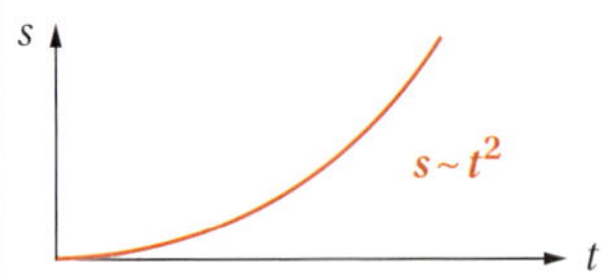
Freier Fall	Für den freien Fall gelten die Gesetze der gleichmäßig beschleunigten Bewegung mit $a = g$.		g Fallbeschleunigung $\left(g = 9{,}81\ \frac{\text{m}}{\text{s}^2}\right)$

Zusammengesetzte Bewegungen

80403B

Überlagerung zweier gleichförmiger Bewegungen	$v = \sqrt{v_1^2 + v_2^2 + 2\,v_1 \cdot v_2 \cdot \cos\alpha}$ $s = \sqrt{s_1^2 + s_2^2 + 2\,s_1 \cdot s_2 \cdot \cos\alpha}$ $\alpha = 90°$: $v = \sqrt{v_1^2 + v_2^2}$ $s = \sqrt{s_1^2 + s_2^2}$ $\alpha = 0°$: $v = v_1 + v_2$ $s = s_1 + s_2$	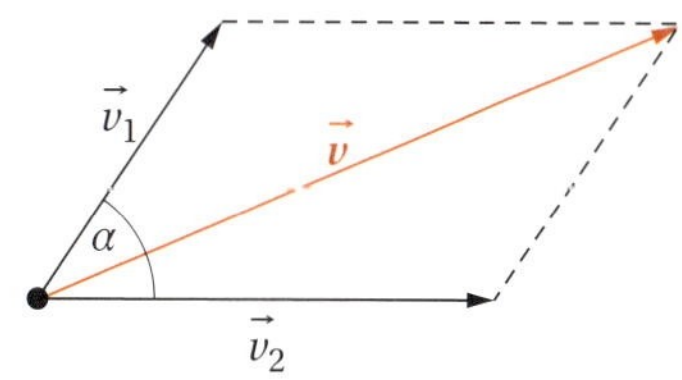 v Geschwindigkeit s Weg
Senkrechter Wurf nach unten	$v = v_0 + g \cdot t$ $s = v_0 \cdot t + \frac{g}{2} \cdot t^2$	nach unten nach oben 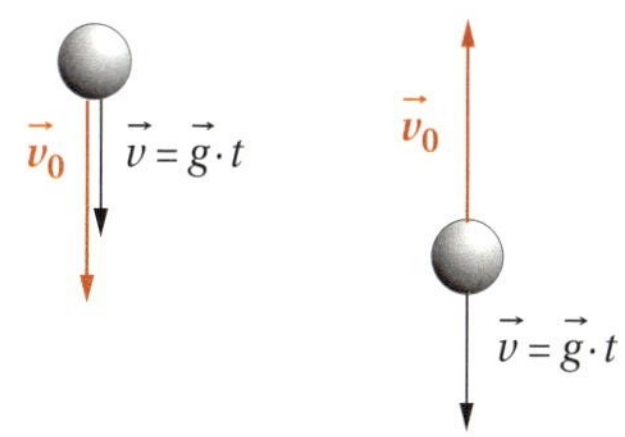
Senkrechter Wurf nach oben	$v = v_0 - g \cdot t$ $s = v_0 \cdot t - \frac{g}{2} \cdot t^2$ Steigzeit: $t_h = \frac{v_0}{g}$ Steighöhe: $s_h = \frac{v_0^2}{2g}$	
Waagerechter Wurf	$x = v_0 \cdot t$ $y = -\frac{g}{2} \cdot t^2$ $v_x = v_0$ $v_y = -g \cdot t$ $v = \sqrt{v_0^2 + g^2 \cdot t^2}$ Wurfparabel: $y = -\frac{g}{2 v_0^2} \cdot x^2$	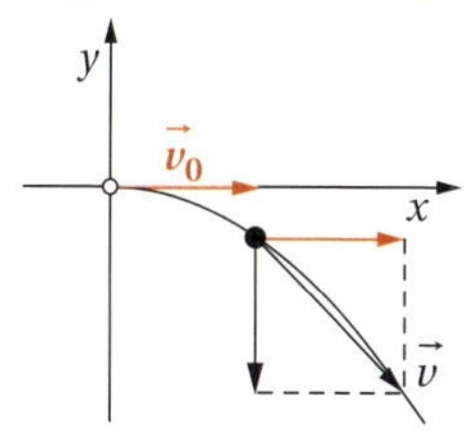
Schräger Wurf (Schiefer Wurf)	$x = v_0 \cdot t \cdot \cos\alpha$ $y = v_0 \cdot t \cdot \sin\alpha - \frac{g}{2} \cdot t^2$ $v_x = v_0 \cdot \cos\alpha$ $v_y = v_0 \cdot \sin\alpha - g \cdot t$ $v = \sqrt{v_0^2 + g^2 \cdot t^2 - 2\,v_0 \cdot g \cdot t \cdot \sin\alpha}$ Wurfparabel: $y = \tan\alpha \cdot x - \frac{g}{2 v_0^2 \cdot \cos^2\alpha} \cdot x^2$ Wurfweite: $s_W = \frac{v_0^2 \cdot \sin 2\alpha}{g}$ Wurfhöhe: $s_h = \frac{v_0^2 \cdot \sin^2\alpha}{2g}$ Steigzeit: $t_h = \frac{v_0 \cdot \sin\alpha}{g}$	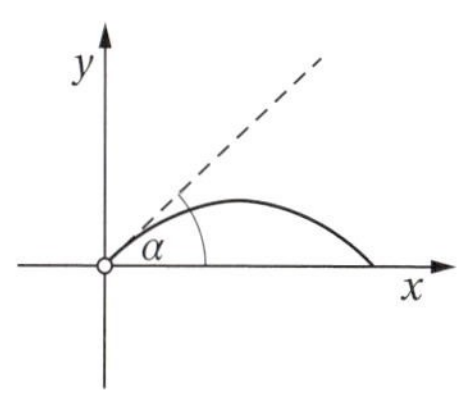 x Weg in x-Richtung y Weg in y-Richtung v Geschwindigkeit v_0 Anfangsgeschwindigkeit g Fallbeschleunigung $\left(9{,}81\,\frac{\text{m}}{\text{s}^2}\right)$ t Zeit α Abwurfwinkel

Kräfte in der Mechanik

80404B

Gewichtskraft F_G	$F_G = m \cdot g$	m Masse g Fallbeschleunigung $\left(g = 9{,}81\ \frac{m}{s^2}\right)$
Reibungskraft F_R	$F_R = \mu \cdot F_N$	μ Reibungszahl F_N Normalkraft
Radialkraft F_r (Zentripetalkraft, Zentralkraft)	$F_r = m \cdot \frac{v^2}{r}$ $F_r = m \cdot \frac{4\pi^2 \cdot r}{T^2}$ $F_r = m \cdot \omega^2 \cdot r$	v Bahngeschwindigkeit r Kreisbahnradius, Abstand T Umlaufzeit ω Winkelgeschwindigkeit
Federspannkraft F_E	$F_E = D \cdot s$	D Federkonstante s Dehnung der Feder
Auftriebskraft F_A	$F_A = \varrho \cdot V \cdot g$	ϱ Dichte V Volumen
Druckkraft F	$F = p \cdot A$	p Druck A Fläche
Gravitationskraft F	$F = G \cdot \frac{m \cdot M}{r^2}$	G Gravitationskonstante $\left(G = 6{,}673 \cdot 10^{-11}\ \frac{m^3}{kg \cdot s^2}\right)$
Luftwiderstandskraft F_L	$F_L = \frac{1}{2} c_W \cdot A \cdot \varrho \cdot v^2$	c_W Luftwiderstandszahl v Geschwindigkeit A Querschnittsfläche
Drehmoment M	$\vec{M} = \vec{r} \times \vec{F}$ $M = r \cdot F \cdot \sin\alpha$ Unter der Bedingung $\vec{r} \perp \vec{F}$ gilt: $M = r \cdot F$	r Kraftarm F Kraft α Winkel zwischen r und F

Reibungszahlen μ Durchschnittswerte

80402W

Stoffe	Haftreibungszahl μ_0	Gleitreibungszahl μ	Rollreibungszahl μ_F
Bremsbelag auf Stahl	–	0,6	–
Holz auf Holz	0,6	0,5	–
Reifen auf Asphalt			–
▪ trocken	0,8	0,5	0,02
▪ nass	0,5	0,3	0,03
Stahl auf Eis	0,03	0,01	–
Stahl auf Stahl			
▪ trocken	0,15	0,10	0,002
▪ geschmiert	0,10	0,05	0,001

Zusammensetzung von zwei Kräften

80405B

Gleiche Richtung	Entgegengesetzte Richtung	Rechtwinklig zueinander	Bei beliebigem anderen Winkel
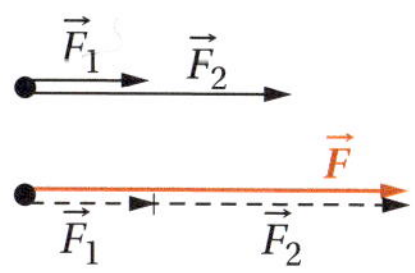	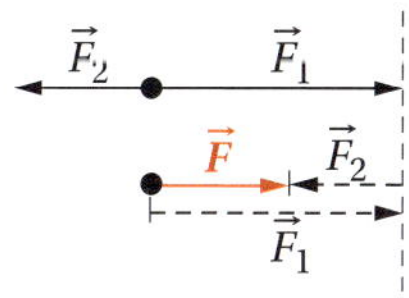	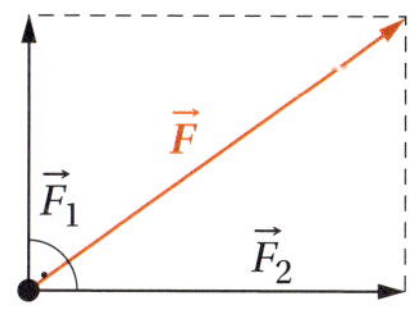	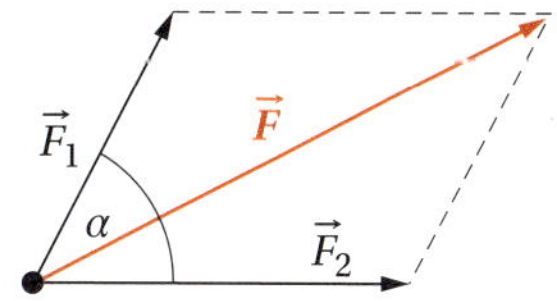
$F = F_1 + F_2$	$F = F_1 - F_2$	$F = \sqrt{F_1^2 + F_2^2}$	$F = \sqrt{F_1^2 + F_2^2 + 2F_1 \cdot F_2 \cdot \cos\alpha}$

Die newtonschen Gesetze

80406B

1. newtonsches Gesetz (Trägheitsgesetz)	Ist die Summe der auf einen Körper wirkenden Kräfte null, dann gilt: $\vec{v}$ = konstant	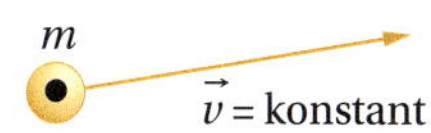
2. newtonsches Gesetz (newtonsches Grundgesetz)	$\vec{F} = m \cdot \vec{a}$ F Kraft auf den Körper m Masse des Körpers a Beschleunigung	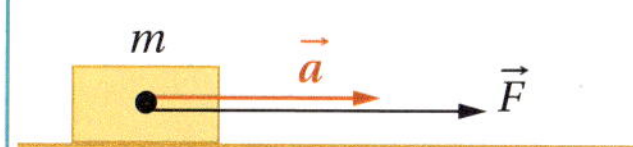 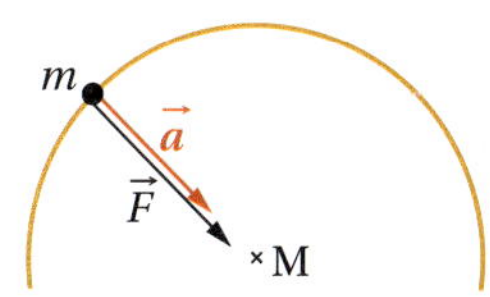
3. newtonsches Gesetz (Wechselwirkungsgesetz)	Wirken zwei Körper aufeinander ein, so wirkt auf jeden Körper eine Kraft. Es gilt: $\vec{F}_1 = -\vec{F}_2$	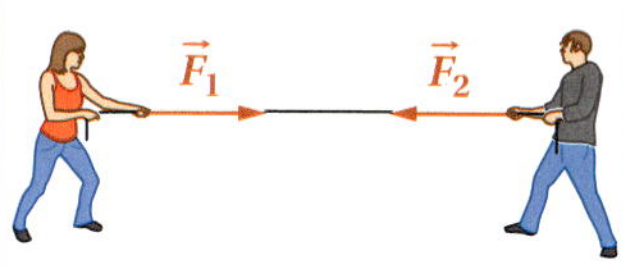

Luftwiderstandszahlen c_W (Luftwiderstandsbeiwerte)

Durchschnittswerte 80403W

Körper	c_W	Körper	c_W
Scheibe →	1,1	Pkw	0,25 ... 0,45
Kugel →	0,45	Omnibus	0,6 ... 0,7
Halbkugel →	0,3 ... 0,4	Lkw	0,6 ... 1,0
Schale →	1,3 ... 1,5	Motorrad	0,6 ... 0,7
Stromlinienkörper →	0,006	Rennwagen	0,15 ... 0,2

Kraftumformende Einrichtungen

80407B

Rollen

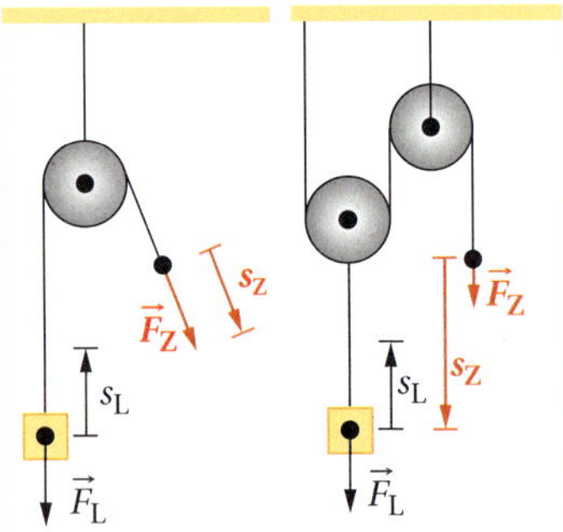

Im Gleichgewicht gilt bei Vernachlässigung der Massen von Seilen und Rollen:

$F_Z = \frac{F_L}{n}$ $\quad$ $s_Z = n \cdot s_L$

n Anzahl der tragenden Seile

Hebel

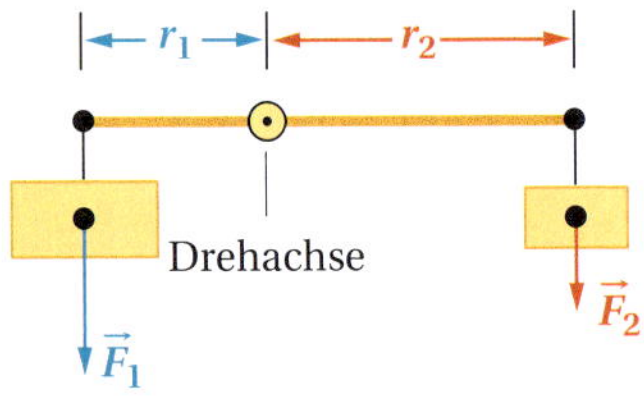

Im Gleichgewicht gilt unter der Bedingung $\vec{r} \perp \vec{F}$ bei Vernachlässigung der Masse des Hebels:

$r_1 \cdot F_1 = r_2 \cdot F_2$ $\quad$ $M_1 = M_2$

M	Drehmoment		
r	Kraftarm	F	Kraft

Geneigte Ebene

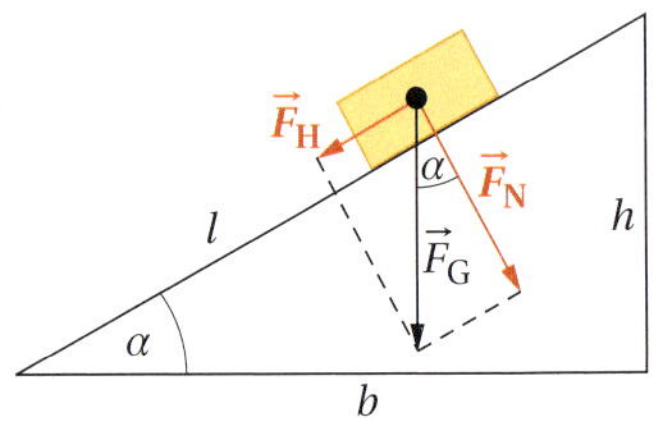

$F_H = F_G \cdot \sin\alpha$ $\quad$ $F_N = F_G \cdot \cos\alpha$

$\frac{F_H}{F_G} = \frac{h}{l}$ $\quad$ $\frac{F_N}{F_G} = \frac{b}{l}$ $\quad$ $\frac{F_H}{F_N} = \frac{h}{b}$

F_G	Gewichtskraft		
F_H	Hangabtriebskraft	l	Länge
		h	Höhe
F_N	Normalkraft	b	Basis

Goldene Regel der Mechanik	Was man an Kraft spart, muss man an Weg zusetzen. $F_1 \cdot s_1 = F_2 \cdot s_2$

Gravitation und Gravitationsfelder

80408B

Gravitationsgesetz	$F = G \cdot \frac{m \cdot M}{r^2}$ $\quad \left(G = 6{,}673 \cdot 10^{-11}\ \frac{\mathrm{m}^3}{\mathrm{kg} \cdot \mathrm{s}^2}\right)$
Gravitationsfeldstärke	$g = \frac{F}{m} = G \cdot \frac{M}{r^2}$
Arbeit im Gravitationsfeld	$W = \Delta E_{pot} = \int_{r_1}^{r_2} F \cdot \mathrm{d}r$ $W = \Delta E_{pot} = G \cdot m \cdot M \cdot \left(\frac{1}{r_1} - \frac{1}{r_2}\right)$ In der Nähe der Erdoberfläche gilt: $W = \Delta E_{pot} = m \cdot g \cdot h$ $\quad \left(g = 9{,}81\ \frac{\mathrm{m}}{\mathrm{s}^2}\right)$
Potenzielle Energie E_{pot} und Potenzial V	$E_{pot} = -G \cdot \frac{m \cdot M}{r}$ $V = \frac{E_{pot}}{m} = -G \cdot \frac{M}{r}$

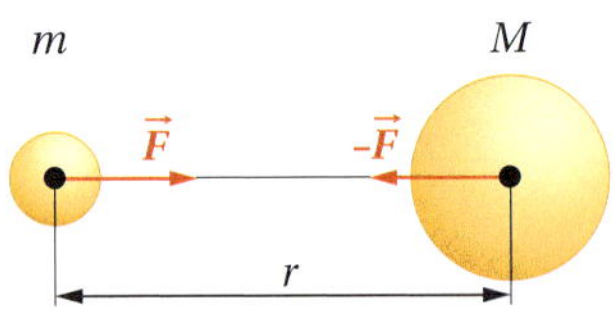

G	Gravitationskonstante
F	Kraft auf einen Körper im Gravitationsfeld
m, M	Massen
g	Fallbeschleunigung
r	Abstand der Massenmittelpunkte
h	Höhe

Mechanische Arbeit und Energie

80409B

Mechanische Arbeit W	$W = \int_{s_1}^{s_2} F(s)\,\mathrm{d}s \qquad W = \Delta E$ Für $\vec{F}$ = konstant gilt: $\sphericalangle(\vec{F}, \vec{s}) = \alpha: \quad W = F \cdot s \cdot \cos\alpha$ $\sphericalangle(\vec{F}, \vec{s}) = 0: \quad W = F \cdot s$	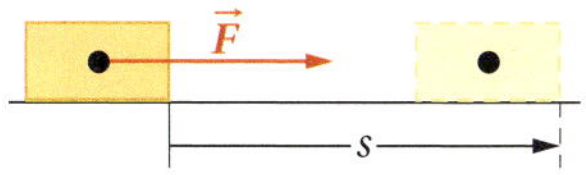 F Kraft s Weg ΔE Änderung der Energie
Hubarbeit	$W = F_G \cdot s = m \cdot g \cdot s$	F_G Gewichtskraft F_B beschleunigende Kraft
Beschleunigungsarbeit	$W = F_B \cdot s = m \cdot a \cdot s$	F_R Reibungskraft
Reibungsarbeit	$W = F_R \cdot s = \mu \cdot F_N \cdot s$	F_E Endkraft (maximale Kraft)
Federspannarbeit	$W = \frac{1}{2} F_E \cdot s = \frac{1}{2} D \cdot s^2$	D Federkonstante
Volumenarbeit (Ausdehnungsarbeit)	$W = -\int_{V_1}^{V_2} p(V)\,\mathrm{d}V$ Für p = konstant gilt: $W = -p \cdot \Delta V$	p Druck V Volumen
Potenzielle Energie E_{pot} (Energie der Lage)	eines Körpers in der Nähe der Erdoberfläche $E_{pot} = F_G \cdot h$ einer gespannten Feder $E_{pot} = \frac{1}{2} D \cdot s^2$	F_G Gewichtskraft, $F_G = m \cdot g$ h Höhe D Federkonstante s Dehnung der Feder
Kinetische Energie E_{kin} (Energie der Bewegung)	der Translation $E_{kin} = \frac{1}{2} m \cdot v^2$	m Masse v Geschwindigkeit
Energieerhaltungssatz der Mechanik	In einem abgeschlossenen mechanischen System gilt: $E_{mech} = E_{pot} + E_{kin}$ = konstant $\qquad \Delta E_{mech} = 0$	

Leistung und Wirkungsgrad

80410B

Mechanische Leistung P	$P = \frac{W}{t} \qquad P = \frac{\Delta E}{t}$ Für v = konstant und F = konstant gilt: $P = \frac{F \cdot s}{t} = F \cdot v$	W verrichtete Arbeit t Zeit F Kraft s Weg v Geschwindigkeit
Wirkungsgrad η	$\eta = \frac{E_{ab}}{E_{zu}} \quad \eta = \frac{W_{ab}}{W_{zu}} \quad \eta = \frac{P_{ab}}{P_{zu}}$	E_{ab}, W_{ab}, P_{ab} abgegebene Energie, Arbeit, Leistung
Gesamtwirkungsgrad η_G	$\eta_G = \eta_1 \cdot \eta_2 \cdot \ldots \cdot \eta_n$	E_{zu}, W_{zu}, P_{zu} zugeführte Energie, Arbeit, Leistung

Impuls und Impulserhaltungssatz

80411B

Impuls p	$\vec{p} = m \cdot \vec{v}$ $\Delta\vec{p} = \vec{F} \cdot \Delta t$ (handschriftlich: In einem abgeschlossenen System ist Summe aller Energien stets konstant. Gesamtenergie bleibt erhalten. Energie kann nur umgewandelt werden.)
Kraftstoß I	$\vec{I} = \vec{F} \cdot \Delta t$ (bei $\vec{F}$ = konstant) $\vec{I} = m \cdot \Delta\vec{v} = \Delta\vec{p}$ (handschriftlich: Energie kann entwertet werden. Sie ist dann nicht mehr nutzbar.)
Impulserhaltungssatz	In einem kräftemäßig abgeschlossenen System gilt: $\vec{p} = \sum_{i=1}^{n} \vec{p}_i$ = konstant

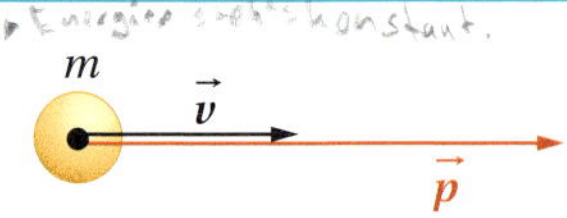

m Masse
v Geschwindigkeit
F Kraft
t Zeit
p_i Impulse der einzelnen Körper bzw. Teilchen

Unelastische und elastische Stöße

80412B

Unelastischer gerader zentraler Stoß	Impuls: $m_1 \cdot \vec{v}_1 + m_2 \cdot \vec{v}_2 = (m_1 + m_2) \cdot \vec{u}$ Verringerung der kinetischen Energie: $\frac{1}{2}(m_1 \cdot v_1^2 + m_2 \cdot v_2^2) - \frac{1}{2}(m_1 + m_2) \cdot u^2$ Geschwindigkeit nach dem Stoß: $u = \frac{m_1 \cdot v_1 + m_2 \cdot v_2}{m_1 + m_2}$
Elastischer gerader zentraler Stoß	Impuls: $m_1 \cdot \vec{v}_1 + m_2 \cdot \vec{v}_2 = m_1 \cdot \vec{u}_1 + m_2 \cdot \vec{u}_2$ Energie: $\frac{1}{2}(m_1 \cdot v_1^2 + m_2 \cdot v_2^2) = \frac{1}{2}(m_1 \cdot u_1^2 + m_2 \cdot u_2^2)$ Geschwindigkeiten nach dem Stoß: $u_1 = \frac{(m_1 - m_2) \cdot v_1 + 2 m_2 \cdot v_2}{m_1 + m_2}$ $u_2 = \frac{(m_2 - m_1) \cdot v_2 + 2 m_1 \cdot v_1}{m_1 + m_2}$

Unelastischer Stoß:

vor dem Stoß

nach dem Stoß

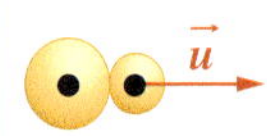

m_1, m_2 Massen der Körper
v_1, v_2 Geschwindigkeiten vor dem Stoß
u, u_1, u_2 Geschwindigkeiten nach dem Stoß

Elastischer Stoß:

vor dem Stoß

nach dem Stoß

Es gilt auch: $v_1 + u_1 = v_2 + u_2$

Drehimpuls und Drehimpulserhaltungssatz

80413B

Drehimpuls L	$\vec{L} = J \cdot \vec{\omega}$ Für $M = \text{konstant}$ gilt: $\Delta \vec{L} = \vec{M} \cdot \Delta t$	J Trägheitsmoment ω Winkelgeschwindigkeit M Drehmoment
Drehimpulserhaltungssatz	Unter der Bedingung, dass auf ein System keine äußeren Drehmomente wirken, gilt: $L = \sum_{i=1}^{n} \vec{L}_i = \text{konstant}$	L Gesamtdrehimpuls L_i Drehimpulse der einzelnen Körper

Rotierende Körper

80414B

Winkelgeschwindigkeit ω	$\omega = \frac{\Delta \varphi}{\Delta t}$ $\omega = \frac{v}{r}$ $\omega = \frac{2\pi}{T}$	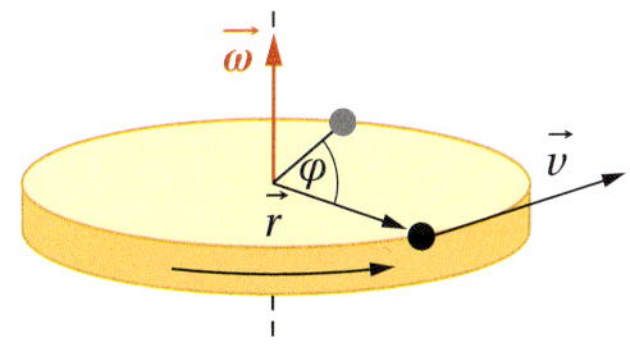
Winkelbeschleunigung α	$\alpha = \frac{\Delta \omega}{\Delta t}$ $\alpha = \frac{a}{r}$	φ Winkel (Drehwinkel) v Geschwindigkeit T Umlaufzeit t Zeit m Masse r Abstand von der Achse F Kraft a Beschleunigung
Trägheitsmoment J	$J = \int r^2 \, dm$	
Drehmoment M	$M = r \cdot F \; (\vec{r} \perp \vec{F})$	
Grundgesetz für die Dynamik der Rotation	$\vec{M} = J \cdot \vec{\alpha}$	
Rotationsenergie E_{kin}	$E_{kin} = \frac{1}{2} J \cdot \omega^2$	

Trägheitsmomente

80404I

Kugel	$J = \frac{2}{5} m \cdot r^2$	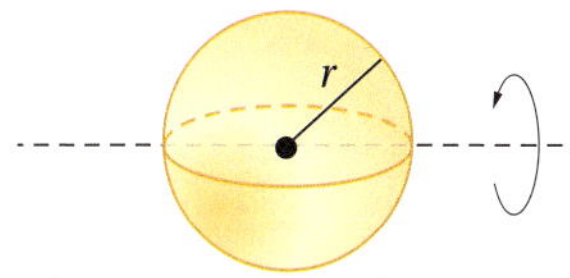
Vollzylinder	$J = \frac{1}{2} m \cdot r^2$	
Hohlzylinder	$J = \frac{1}{2} m \cdot (r_a^2 + r_i^2)$	

Dichte und Druck

80415B

Dichte ϱ	$\varrho = \frac{m}{V}$	
Druck p	$p = \frac{F}{A}$	$(\vec{F} \perp A)$
Schweredruck p	$p = \frac{F_G}{A} = \frac{m \cdot g}{A}$ $p = \varrho \cdot g \cdot h$	$\left(g = 9{,}81 \, \frac{\text{m}}{\text{s}^2}\right)$
Barometrische Höhenformel (Luftdruck)	$p = p_0 \cdot e^{-\left(\frac{\varrho_0 \cdot g}{p_0} \cdot h\right)}$	
Hydraulische und pneumatische Anlagen	$\frac{F_1}{A_1} = \frac{F_2}{A_2}$	

m Masse
V Volumen
F Kraft
A Fläche
h Höhe
g Fallbeschleunigung

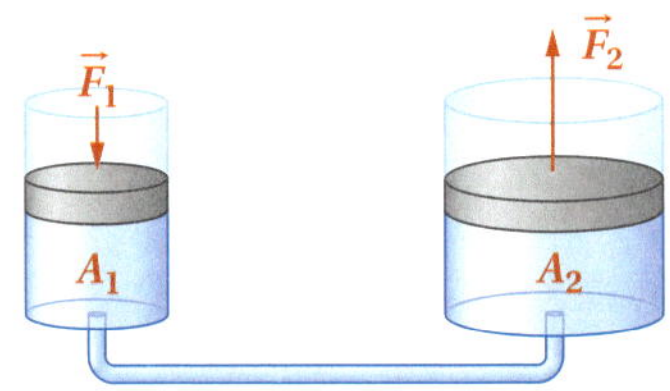

F_1, F_2 Kräfte an den Kolben
A_1, A_2 Flächen der Kolben

Strömende Flüssigkeiten und Gase

80416B

Kontinuitätsgleichung	$A_1 \cdot v_1 = A_2 \cdot v_2$
Bernoullische Gleichung	$p_s + p + p_{St} = \text{konstant}$ $p_s + \varrho \cdot g \cdot h + \frac{1}{2} \varrho \cdot v^2 = \text{konstant}$
Luftwiderstandskraft F_L bei Körpern	$F_L = \frac{1}{2} c_W \cdot A \cdot \varrho \cdot v^2$

A Fläche
v Geschwindigkeit der Strömung

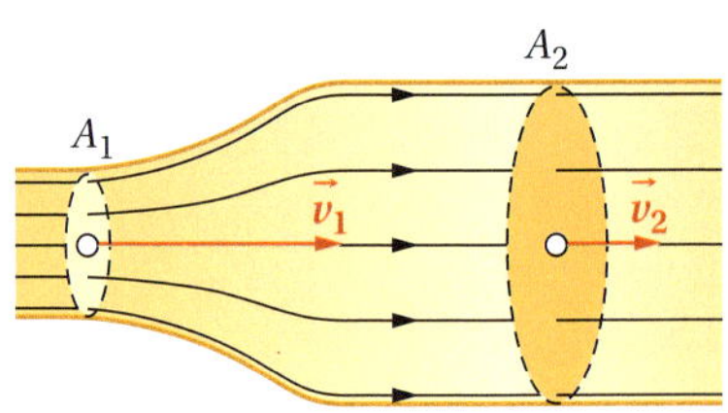

p_s statischer Druck
p Schweredruck
p_{St} Staudruck
ϱ Dichte
g Fallbeschleunigung
h Höhe
v Geschwindigkeit der Strömung bzw. des Körpers
c_W Luftwiderstandszahl
A angeströmte Querschnittsfläche

Dichte ϱ von festen Stoffen bei 20 °C und 101,3 kPa

80405W

Stoff	ϱ in $\frac{g}{cm^3}$	Stoff	ϱ in $\frac{g}{cm^3}$	Stoff	ϱ in $\frac{g}{cm^3}$
Aluminium	2,70	Holz (lufttrocken)	0,1 ... 1,2	Porzellan	2,2 ... 2,5
Anthrazit	1,3 ... 1,5	Birke	0,5 ... 0,8	Sand (trocken)	1,5 ... 1,6
Asphalt	2,0	Eiche	0,7 ... 1,0	Schnee (pulvrig)	0,1
Bergkristall	2,6	Fichte	0,4 ... 0,7	Silber	10,50
Bernstein	1,0 ... 1,1	Iridium	22,56	Silicium	2,33
Beton	1,8 ... 2,4	Konstantan	8,8	Stahl	7,85
Blei	11,35	Kork	0,2 ... 0,3	Steinsalz	2,3 ... 2,4
Bronze	8,7 ... 8,9	Kupfer	8,96	Styropor	0,03
Diamant	3,51	Leder (trocken)	0,9 ... 1,0	Titan	4,50
Elfenbein	1,8 ... 1,9	Marmor	2,6 ... 2,8	Uran	19,16
Eis (bei 0 °C)	0,92	Messing (30 % Zn)	8,5	Sandstein	1,9 ... 2,3
Eisen	7,86	Neusilber	8,7	Wolfram	19,3
Glas (Fensterglas)	2,4 ... 2,7	Papier	0,7 ... 1,2	Zement	3,1 ... 3,2
Gold	19,32	Platin	21,45	Ziegelstein	1,4 ... 1,9
Granit	2,6 ... 3,0	Plexiglas	1,2	Zink	7,13
Gummi	0,9 ... 1,2	Polypropylenfolie	0,91	Zinn	7,29

Dichte ϱ von Flüssigkeiten bei 20 °C und 101,3 kPa

80406W

Stoff	ϱ in $\frac{g}{cm^3}$	Stoff	ϱ in $\frac{g}{cm^3}$	Stoff	ϱ in $\frac{g}{cm^3}$
Aceton (Propanon)	0,79	Quecksilber	13,54	Spiritus (Ethanol 96 %)	0,83
Benzin	0,72 ... 0,78	Salpetersäure 50 %	1,31	Transformatorenöl	0,87
Benzol (Benzen)	0,87	65 %	1,40	Wasser destilliert	1,00
Dieselkraftstoff	0,82 ... 0,85	Salzsäure 40 %	1,20	Meerwasser	1,02
Erdöl	0,73 ... 0,94	Schwefelsäure 50 %	1,40	Wasserstoffperoxid	1,46
Methanol	0,79	schweres Wasser	1,10	Xylol	0,88

Dichte ϱ von Gasen bei 0 °C und 101,3 kPa

80407W

Stoff	ϱ in $\frac{kg}{m^3}$	Stoff	ϱ in $\frac{kg}{m^3}$	Stoff	ϱ in $\frac{kg}{m^3}$
Ammoniak	0,77	Kohlenstoffmonooxid	1,25	Sauerstoff	1,43
Chlor	3,21	Luft (trocken)	1,29	Stickstoff	1,25
Erdgas (trocken)	≈ 0,7	Methan	0,72	Wasserdampf (100 %)	0,77
Helium	0,18	Ozon	2,14	Wasserstoff	0,09
Kohlenstoffdioxid	1,98	Propan	2,02	Xenon	5,90

Mechanische Schwingungen

80417B

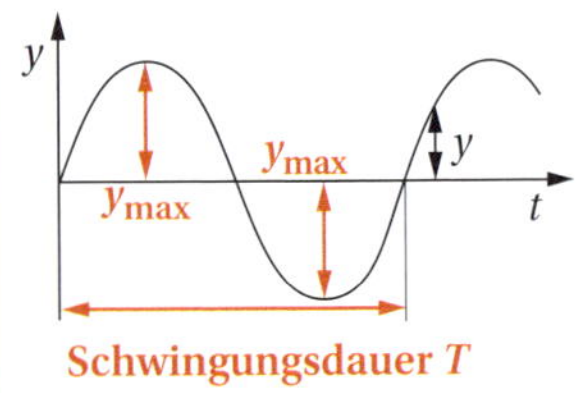

Frequenz *f*	$f = \frac{1}{T}$	
Kreisfrequenz *ω*	$\omega = 2\pi \cdot f$ $\quad \omega = \frac{2\pi}{T}$	
Weg-Zeit-Gesetz einer harmonischen Schwingung	$y = y_{max} \cdot \sin(\omega \cdot t)$	
Geschwindigkeit-Zeit-Gesetz einer harmonischen Schwingung	$v = \frac{dy}{dt} = y_{max} \cdot \omega \cdot \cos(\omega \cdot t)$ $v = v_{max} \cdot \cos(\omega \cdot t)$	y Auslenkung t Zeit v Geschwindigkeit a Beschleunigung
Beschleunigung-Zeit-Gesetz einer harmonischen Schwingung	$a = \frac{dv}{dt} = -y_{max} \cdot \omega^2 \cdot \sin(\omega \cdot t)$ $a = -a_{max} \cdot \sin(\omega \cdot t)$	
Schwingungsdauer *T* eines Fadenpendels	$T = 2\pi\sqrt{\frac{l}{g}}$ (für kleine Auslenkungen)	l Länge g Fallbeschleunigung
Schwingungsdauer *T* eines Federschwingers	$T = 2\pi\sqrt{\frac{m}{D}}$	m Masse D Federkonstante
Kraftgesetz für harmonische Schwingungen	$\vec{F} = -D \cdot \vec{y}$	F Kraft D Richtgröße (Federkonstante) δ Abklingkoeffizient t Zeit
Gedämpfte harmonische Schwingungen	$y = y_{max} \cdot e^{-\delta \cdot t} \cdot \sin(\omega \cdot t)$	
Grundfrequenz *f*		l Länge der Saite bzw. Länge der schwingenden Luftsäule F Spannkraft ϱ Dichte A Querschnittsfläche c Schallgeschwindigkeit
einer schwingenden Saite	$f = \frac{1}{2l} \cdot \sqrt{\frac{F}{\varrho \cdot A}}$	
einer offenen Pfeife	$f = \frac{c}{2l}$	
einer geschlossenen Pfeife	$f = \frac{c}{4l}$	

Frequenzen der Töne der eingestrichenen Oktave

80408W

Gleichmäßig temperierte Stimmung

Oktave: 12 Schritte mit einer Länge von je $\sqrt[12]{2} = 1{,}05946$

Ton	c'	d'	e'	f'	g'	a'	b'	h'	c''
relative Frequenzen	1,00000	1,12246	1,25992	1,33484	1,49831	1,68179	1,78180	1,88775	2,00000
absolute Frequenzen in Hz	261,63	293,67	329,63	349,23	392,00	**440,00** **Kammerton a**	466,16	493,88	523,25

Mechanische Wellen

80418B

Ausbreitungsgeschwindigkeit v von Wellen (Phasengeschwindigkeit)	$v = \lambda \cdot f$	λ Wellenlänge f Frequenz 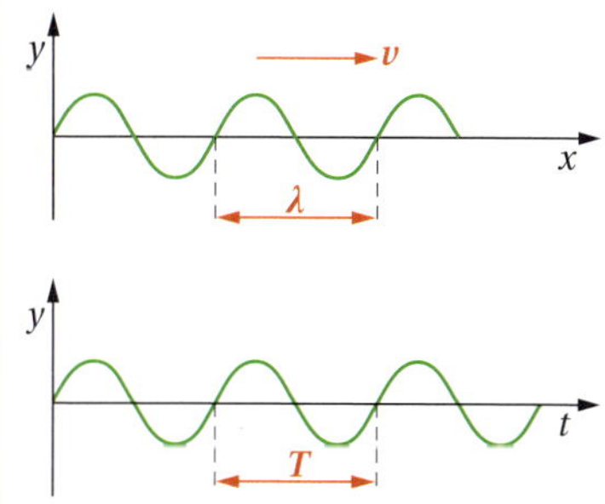
Wellengleichung für harmonische Wellen	$y = y_{max} \cdot \sin 2\pi\left(\frac{t}{T} - \frac{x}{\lambda}\right)$ y Auslenkung y_{max} Amplitude t Zeit T Schwingungsdauer x Ort λ Wellenlänge	
Schallintensität I	$I = \frac{E}{t \cdot A}$ $\quad I = \frac{P}{A}$	E Schallenergie t Zeit A Fläche P Leistung I_0 Schallintensität bei der Hörschwelle ($10^{-12}\,\frac{W}{m^2}$ bei 1 000 Hz) p Schalldruck p_0 Schalldruck bei der Hörschwelle ($2 \cdot 10^{-10}$ bar bei 1 000 Hz)
Lautstärkepegel L_N	$L_N = 10 \cdot \lg\left(\frac{I}{I_0}\right)$	
Schalldruckpegel L_A	$L_A = 20 \cdot \lg\left(\frac{p}{p_0}\right)$	

Schallgeschwindigkeit v in Stoffen

80409W

Feste Stoffe (bei 20 °C)		Flüssigkeiten (bei 20 °C)		Gase (bei 0 °C und 101,3 kPa)	
Stoff	**v in $\frac{m}{s}$**	**Stoff**	**v in $\frac{m}{s}$**	**Stoff**	**v in $\frac{m}{s}$**
Aluminium	5 110	Aceton (Propanon)	1 190	Chlor	206
Beton	3 800	Ethanol	1 190	Helium	981
Eis (bei −4 °C)	3 250	Propantriol (Glyzerin)	1 920	Kohlenstoffdioxid	258
Granit	4 000	Petroleum	1 320	Luft bei −20 °C	320
Holz (Eiche)	3 400	Quecksilber	1 430	bei 0 °C	332
Kupfer	3 800	Schwefelkohlenstoff	1 160	bei +20 °C	344
Kork	500	Wasser bei 0 °C	1 407	Sauerstoff	315
Porzellan	4 880	bei 20 °C	1 484	Stickstoff	334
Stahl	5 100	bei 40 °C	1 529	Wasserstoff	1 280
Ziegelstein	3 600	Xylol	1 357	Xenon	170

Wärmelehre

Temperatur, Wärme, innere Energie

80419B

Temperaturen T und ϑ	$\frac{T}{\mathrm{K}} = \frac{\vartheta}{°\mathrm{C}} + 273{,}15$ $\frac{\vartheta}{°\mathrm{C}} = \frac{T}{\mathrm{K}} - 273{,}15$	T Kelvin-Temperatur ϑ Celsius-Temperatur
Grundgleichung der Wärmelehre	$Q = c \cdot m \cdot \Delta T$	Q Wärme c spezifische Wärmekapazität m Masse ΔT Temperaturdifferenz
Wärme Q und innere Energie (thermische Energie) E_i	$Q = \Delta E_i$	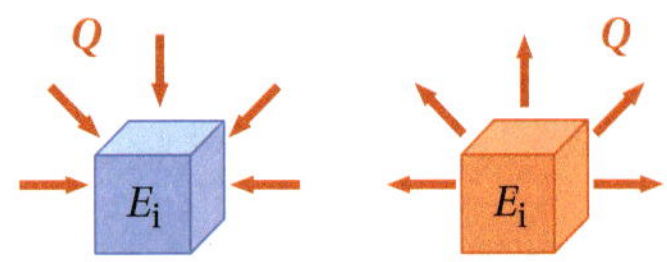 E_i wird größer E_i wird kleiner
Thermische Leistung P einer Wärmequelle	$P = \frac{Q}{t}$	Q abgegebene Wärme t Zeit
Verbrennungswärme Q	$Q = H \cdot m$ $Q = H \cdot V$	H Heizwert m Masse V Volumen

Spezifische Wärmekapazität c von Stoffen

80410W

Feste Stoffe				Flüssigkeiten	
Stoff	c in $\frac{\mathrm{kJ}}{\mathrm{kg \cdot K}}$	Stoff	c in $\frac{\mathrm{kJ}}{\mathrm{kg \cdot K}}$	Stoff	c in $\frac{\mathrm{kJ}}{\mathrm{kg \cdot K}}$
Aluminium	0,90	Messing	0,38	Ethanol	2,43
Beton	0,90	Porzellan	0,73	Olivenöl	1,97
Eis (bei 0 °C)	2,09	Stahl	0,47	Petroleum	2,09
Glas	0,86	Wolfram	0,13	Quecksilber	0,14
Holz (Eiche)	2,39	Ziegelstein	0,86	Wasser	4,19

Heizwert H von Brennstoffen

80411W

Stoff	H in $\frac{\mathrm{MJ}}{\mathrm{kg}}$	Stoff	H in $\frac{\mathrm{MJ}}{\mathrm{kg}}$	Stoff	H in $\frac{\mathrm{MJ}}{\mathrm{kg}}$
Braunkohlenbriketts	20	Benzin	41 $\left(31 \frac{\mathrm{MJ}}{\mathrm{l}}\right)$	Erdgas	42 $\left(31 \frac{\mathrm{MJ}}{\mathrm{m^3}}\right)$
Holz (trocken)	15	Diesel	43 $\left(36 \frac{\mathrm{MJ}}{\mathrm{l}}\right)$	Propan	47 $\left(94 \frac{\mathrm{MJ}}{\mathrm{m^3}}\right)$
Steinkohle	30	Heizöl	43 $\left(36 \frac{\mathrm{MJ}}{\mathrm{l}}\right)$	Stadtgas	28 $\left(17 \frac{\mathrm{MJ}}{\mathrm{m^3}}\right)$

Strahlungsgesetze

80420B

Verschiebungsgesetz von Wien	Für einen schwarzen Körper gilt: $\lambda_{max} \cdot T = b$	λ_{max} Wellenlänge des Maximums der Strahlungsleistung T Temperatur b Wiensche Konstante ($b = 2{,}898 \cdot 10^{-3}\,\text{m} \cdot \text{K}$)
Strahlungsgesetz von Stefan und Boltzmann	Für einen schwarzen Körper gilt: $P = \sigma \cdot A \cdot T^4$	P Strahlungsleistung A strahlende Fläche σ Stefan-Boltzmann-Konstante $\left(\sigma = 5{,}670 \cdot 10^{-8}\,\frac{\text{W}}{\text{m}^2 \cdot \text{K}^4}\right)$ T Temperatur

Längen- und Volumenänderung

80421B

Längenänderung fester Körper Δl	$\Delta l = \alpha \cdot l_0 \cdot \Delta T$	α Längenausdehnungskoeffizient l_0 Ausgangslänge ΔT Temperaturdifferenz γ Volumenausdehnungskoeffizient V_0 Ausgangsvolumen
Volumenänderung von Flüssigkeiten ΔV	$\Delta V = \gamma \cdot V_0 \cdot \Delta T$	

Längenausdehnungskoeffizient α von festen Stoffen

80412W

Stoff	α in $10^{-5}\,\frac{1}{\text{K}}$	Stoff	α in $10^{-5}\,\frac{1}{\text{K}}$	Stoff	α in $10^{-5}\,\frac{1}{\text{K}}$
Aluminium	2,4	Gips	2,5	Silber	2,0
Asphalt	≈ 20	Glas (Fensterglas)	1,0	Silicium	0,8
Beton	1,2	Gold	1,4	Stahl	1,2
Blei	2,9	Konstantan	1,5	Titan	0,8
Cadmium	3,1	Kupfer	1,6	Wolfram	0,4
Eis (bei 0 °C)	5,1	Messing	1,8	Ziegelstein	0,5
Eisen	1,2	Porzellan	0,4	Zinn	2,7

Volumenausdehnungskoeffizient γ von Flüssigkeiten

80413W

Stoff	γ in $10^{-3}\,\frac{1}{\text{K}}$	Stoff	γ in $10^{-3}\,\frac{1}{\text{K}}$	Stoff	γ in $10^{-3}\,\frac{1}{\text{K}}$
Aceton (Propanon)	1,4	Methanol	1,1	Schwefelsäure	0,6
Benzin	1,0	Petroleum	0,9	Toluol (Toluen)	1,1
Ethanol	1,1	Quecksilber	0,18	Wasser	0,21

Aggregatzustandsänderungen

80422B

Schmelzwärme Q_S (Erstarrungswärme)

$Q_S = q_S \cdot m$

q_S spezifische Schmelzwärme
m Masse

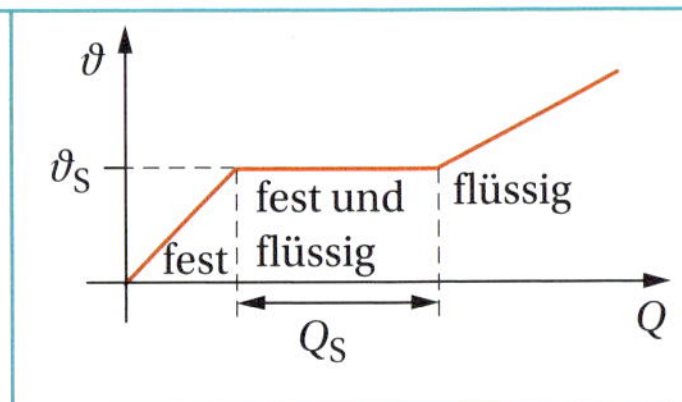

Verdampfungswärme Q_V (Kondensationswärme)

$Q_V = q_V \cdot m$

q_V spezifische Verdampfungswärme
m Masse

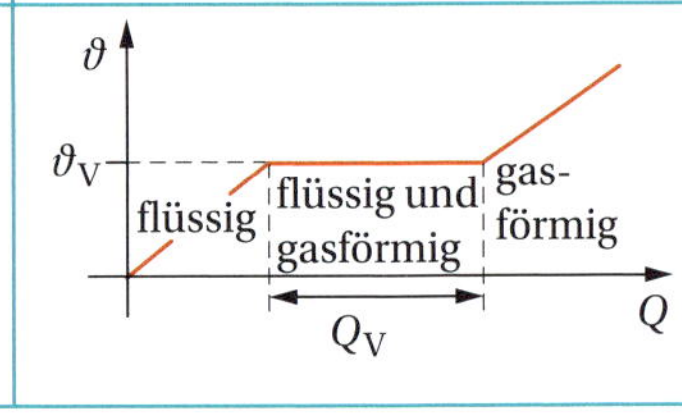

Schmelztemperatur ϑ_S und spezifische Schmelzwärme q_S

80414W

Stoff	ϑ_S in °C	q_S in $\frac{kJ}{kg}$	Stoff	ϑ_S in °C	q_S in $\frac{kJ}{kg}$
Aluminium	660	396	Aceton	-94,7	82
Blei	327	24,8	Ethanol	-114,1	105
Eis	0	334	Methanol	-97,7	69
Eisen	1540	275	Quecksilber	-39	12
Kupfer	1083	205	Ammoniak	-78	339
Silber	961	104	Helium	-270	-
Stahl	1500	270	Sauerstoff	-219	14
Wolfram	3422	192,6	Stickstoff	-210	26
Zinn	232	59	Wasserstoff	-259,1	59

Siedetemperatur ϑ_V und spezifische Verdampfungswärme q_V

80415W

Stoff	ϑ_V in °C	q_V in $\frac{kJ}{kg}$	Stoff	ϑ_V in °C	q_V in $\frac{kJ}{kg}$
Aluminium	2450	10500	Aceton	56	525
Blei	1740	871	Benzol (Benzen)	80	394
Eisen	3000	6322	Ethanol	78	845
Gold	2970	1578	Quecksilber	357	285
Grafit	4830	-	Wasser	100	2256
Kupfer	2600	4650650	Ammoniak	-33	1370
Silber	2210	2357	Kohlenstoffdioxid	-78	574
Wolfram	5500	4190	Stickstoff	-196	198
Zink	906	1802	Wasserstoff	-252,5	455

Hauptsätze der Wärmelehre und Entropie

80423B

1. Hauptsatz der Wärmelehre	$\Delta E_i = Q + W$	E_i innere Energie Q Wärme W Arbeit
Volumenarbeit *W*	$W = -\int_{V_1}^{V_2} p(V)\,\mathrm{d}V$ Für $p = \text{konstant}$ gilt: $W = -p \cdot \Delta V$	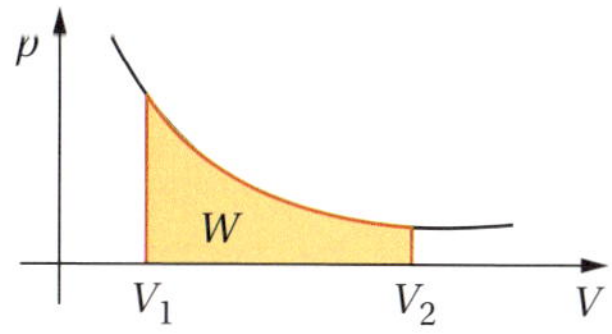
Entropie *S*	$\Delta S = \frac{Q_{rev}}{T}$ $\quad \Delta S = k \cdot \ln W$	p Druck V Volumen Q_{rev} reversibel aufgenommene Wärme k Boltzmann-Konstante $\left(k = 1{,}381 \cdot 10^{-23}\ \frac{\mathrm{J}}{\mathrm{K}}\right)$ W thermodynamische Wahrscheinlichkeit
2. Hauptsatz der Wärmelehre	$\Delta S \geq 0$ Für reversible Prozesse gilt: $\Delta S = 0$ Für irreversible Prozesse gilt: $\Delta S > 0$	
Thermischer Wirkungsgrad *η*	$\eta = \frac{Q_{zu} - Q_{ab}}{Q_{zu}}$ $\quad \eta = 1 - \frac{T_2}{T_1}$	Q Wärme T Temperatur

Thermisches Verhalten des idealen Gases

80424B

Normzustand des idealen Gases	$T_0 = 273{,}15\ \mathrm{K}$ $\quad \vartheta_0 = 0\ °\mathrm{C}$ $p_0 = 1{,}013\,25 \cdot 10^5\ \mathrm{Pa} = 101{,}325\ \mathrm{kPa}$ $V_0 = 2{,}241\,4 \cdot 10^{-2}\ \frac{\mathrm{m}^3}{\mathrm{mol}}$	T_0, ϑ_0 Normtemperatur p_0 Normdruck V_0 molares Normvolumen
Zustandsgleichung des idealen Gases	Für $m = \text{konstant}$ gilt: $\frac{p \cdot V}{T} = \text{konstant}$ $\quad \frac{p_1 \cdot V_1}{T_1} = \frac{p_2 \cdot V_2}{T_2}$	V Volumen p Druck T Temperatur m Masse
Isotherme Zustandsänderung (Gesetz von Boyle und Mariotte)	Für $T = \text{konstant}$ gilt: $p \cdot V = \text{konstant}$ $\quad p_1 \cdot V_1 = p_2 \cdot V_2$	
Isobare Zustandsänderung (Gesetz von Gay-Lussac)	Für $p = \text{konstant}$ gilt: $\frac{V}{T} = \text{konstant}$ $\quad \frac{V_1}{T_1} = \frac{V_2}{T_2}$	
Isochore Zustandsänderung (Gesetz von Amontons)	Für $V = \text{konstant}$ gilt: $\frac{p}{T} = \text{konstant}$ $\quad \frac{p_1}{T_1} = \frac{p_2}{T_2}$	

Kinetische Gastheorie

80425B 80416W

Anzahl der Gasteilchen N	$N = N_A \cdot n$	n Stoffmenge N_A Avogadro-Konstante $\left(N_A = 6{,}022 \cdot 10^{23}\,\frac{1}{\text{mol}}\right)$
Molares Volumen V_m	$V_m = \frac{V}{n}$	V Volumen
Molare Masse M	$M = \frac{m}{n}$	m Masse
Masse eines Teilchens m_T	$m_T = \frac{m}{N}$ $\quad m_T = \frac{M}{N_A}$	
Mittlere Geschwindigkeit $\bar{v}$ der Teilchen	$\bar{v} = \sqrt{\frac{3\,R \cdot T}{M}} = \sqrt{3\,R_s \cdot T}$ $\bar{v} \approx \sqrt{\frac{3\,p}{\varrho}}$	R universelle Gaskonstante $\left(R = 8{,}315\,\frac{\text{J}}{\text{K} \cdot \text{mol}}\right)$ R_s spezifische Gaskonstante T Temperatur v Geschwindigkeit
Wahrscheinlichste Geschwindigkeit v_W der Teilchen	$v_W = \sqrt{2\,R_s \cdot T} = \sqrt{\frac{2\,R \cdot T}{M}}$ $v_W = 0{,}886\,\bar{v}$	k Boltzmann-Konstante $\left(k = 1{,}381 \cdot 10^{-23}\,\frac{\text{J}}{\text{K}}\right)$
Mittlere kinetische Energie $\overline{E_{kin}}$ der Teilchen	$\overline{E_{kin}} = \frac{3}{2}\,k \cdot T$ $\quad k = \frac{R}{N_A}$	
Grundgleichung der kinetischen Gastheorie	$p \cdot V = \frac{1}{3} N \cdot m_T \cdot \overline{v^2}$ $p \cdot V = N \cdot k \cdot T$ $p \cdot V = m \cdot R_s \cdot T$ $p \cdot V = n \cdot R \cdot T$ $p \cdot V = \frac{2}{3} N \cdot \overline{E_{kin}}$ $p = \frac{1}{3} \varrho \cdot \overline{v^2}$	p Druck ϱ Dichte
Innere Energie E_i	$E_i = N \cdot \overline{E_{kin}}$ $E_i = \frac{1}{2} f \cdot n \cdot R \cdot T$	f Anzahl der Freiheitsgrade ($f = 3$ für einatomiges Gas, $f = 5$ für zweiatomiges Gas)
Gaskonstanten	$R_s = \frac{R}{M}$ $R_s = c_p - c_V$ $R = k \cdot N_A$	c_p spezifische Wärmekapazität bei p = konstant c_V spezifische Wärmekapazität bei V = konstant

Elektrizitätslehre

Schaltzeichen und Symbole

	galvanische Spannungsquelle		Stecker Buchse		Fotowiderstand
	Spannungsquelle		Schalter als Schließer Öffner		Kondensator
	Gleichspannung Wechselspannung		Taster als Schließer Öffner		Elektrolytkondensator
L_1 L_2 L_3 N	Drehstromnetz		Glühlampe		Drehkondensator
	Leitung		Glimmlampe		Diode
	Kreuzung von Leitungen ohne Verbindung		Spule		Leuchtdiode (LED)
	Leitungsverzweigung: fest, lösbar		Spule mit Eisenkern		Fotoelement
	Verbindung mit Masse		Transformator		npn-Transistor
	Antenne		Dauermagnet		pnp-Transistor
	Verbindung mit Erde		Widerstand	V	Spannungsmesser
	Schutzerdung		stellbarer Widerstand	A	Stromstärkemesser
	Schutzisolierung	ϑ	NTC-Widerstand (Heißleiter)		Mikrofon
	Sicherung	ϑ	PTC-Widerstand (Kaltleiter)	M	Wechselstrommotor
	Lautsprecher	G	Generator	W	Leistungsmesser
	Klingel	M	Motor		Oszilloskop

Größen und Gesetze im Gleichstromkreis

80426B

Spannung U (Potenzialdifferenz)	$U = \frac{W}{Q}$ $U = I \cdot R$ $U = \frac{P}{I}$
Stromstärke I	$I = \frac{\Delta Q}{\Delta t}$ $I = \frac{Q}{t}$
Ohmsches Gesetz	Für $\vartheta =$ konstant gilt: $I \sim U$ $\frac{U}{I} =$ konstant
Widerstand R	$R = \frac{U}{I}$
Widerstandsgesetz	Für $\vartheta =$ konstant gilt: $R = \varrho \cdot \frac{l}{A}$
Elektrische Energie E	$E = U \cdot I \cdot t$ $E = P \cdot t$
Elektrische Leistung P	$P = U \cdot I$ $P = \frac{E}{t}$

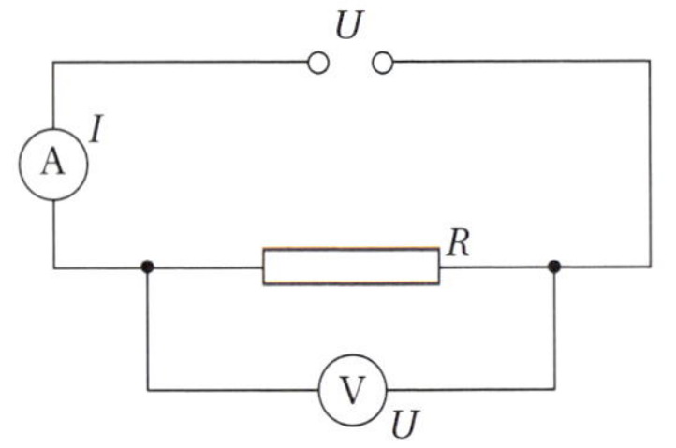

Q elektrische Ladung
t Zeit
ϱ spezifischer elektrischer Widerstand
l Länge des Leiters
A Querschnittsfläche

Spannungsteilerschaltung

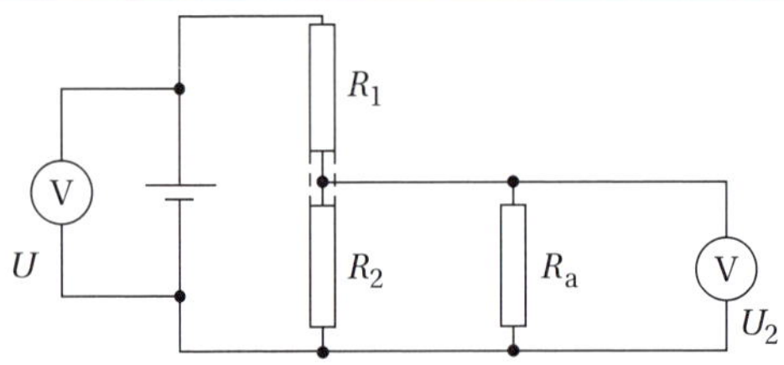

U Gesamtspannung
U_2 Teilspannung
R_1, R_2 Teilwiderstände
R_a Lastwiderstand

$$U_2 = \frac{R_2}{R_1 + R_2 + \frac{R_1 \cdot R_2}{R_a}} \cdot U$$

Brückenschaltung

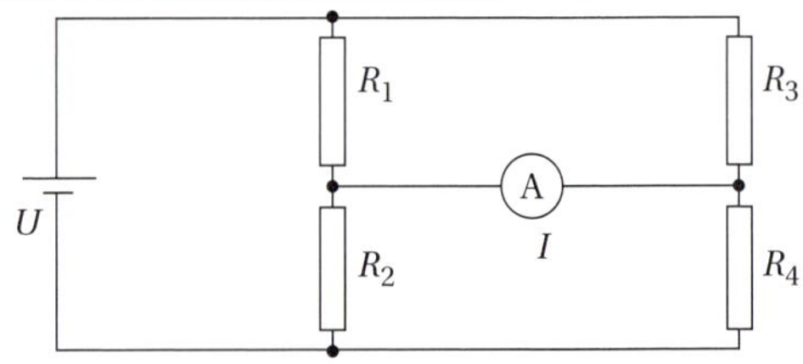

U Gesamtspannung
I Stromstärke der Brücke
R_1, R_2, R_3, R_4 Teilwiderstände

Abgleichbedingung: $I = 0$, wenn $\frac{R_1}{R_2} = \frac{R_3}{R_4}$

Spezifischer elektrischer Widerstand ϱ bei 20 °C

80417W

Leiter	ϱ in $\frac{\Omega \cdot mm^2}{m}$	Isolatoren	ϱ in $\frac{\Omega \cdot mm^2}{m}$	Andere Stoffe	ϱ in $\frac{\Omega \cdot mm^2}{m}$
Aluminium	0,028	Bernstein	$>10^{22}$	Blut	$1{,}6 \cdot 10^6$
Eisen	0,10	Glas	$10^{13} \ldots 10^{17}$	Fettgewebe	$3{,}3 \cdot 10^7$
Gold	0,022	Glimmer	$10^{15} \ldots 10^{17}$	Kochsalzlösung (10 %)	$7{,}9 \cdot 10^4$
Konstantan	0,50	Holz (trocken)	$10^{10} \ldots 10^{15}$	Kupfersulfatlösung (10 %)	$3{,}0 \cdot 10^5$
Kupfer	0,017	Papier	$10^{15} \ldots 10^{16}$	Meerwasser	$5{,}0 \cdot 10^5$
Silber	0,016	Polypropylen	10^{11}	Muskelgewebe	$2{,}0 \cdot 10^6$
Stahl	0,10 … 0,20	Porzellan	10^{18}	Salzsäure (10 %)	$1{,}5 \cdot 10^4$
Wolfram	0,053	Wasser (destilliert)	10^{10}	Schwefelsäure (10 %)	$2{,}5 \cdot 10^4$

Unverzweigter und verzweigter Stromkreis

80427B

Reihenschaltung von Widerständen	Parallelschaltung von Widerständen
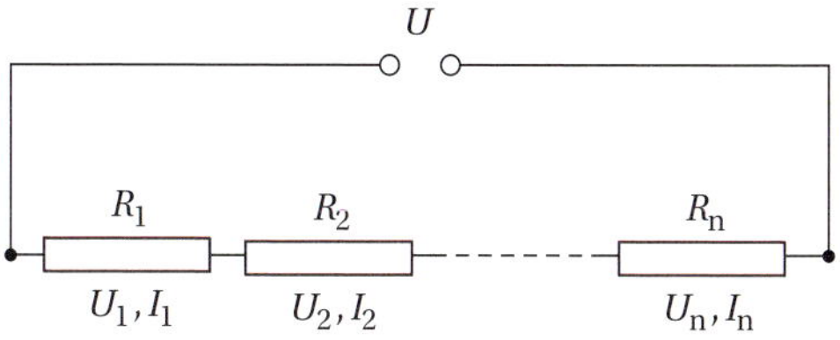	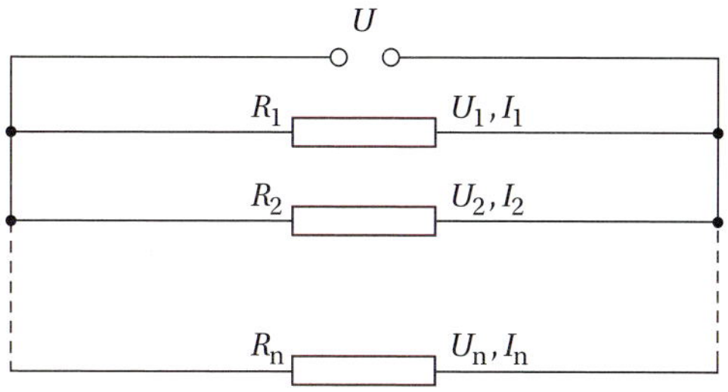
$I = I_1 = I_2 = \ldots = I_n$	$I = I_1 + I_2 + \ldots + I_n$
$U = U_1 + U_2 + \ldots + U_n$	$U = U_1 = U_2 = \ldots = U_n$
$R = R_1 + R_2 + \ldots + R_n$	$\frac{1}{R} = \frac{1}{R_1} + \frac{1}{R_2} + \ldots + \frac{1}{R_n}$
Spannungsteilerregel: $\frac{U_1}{U_2} = \frac{R_1}{R_2}$	Stromteilerregel: $\frac{I_1}{I_2} = \frac{R_2}{R_1}$
Reihenschaltung von Spannungsquellen	**Parallelschaltung von Spannungsquellen**
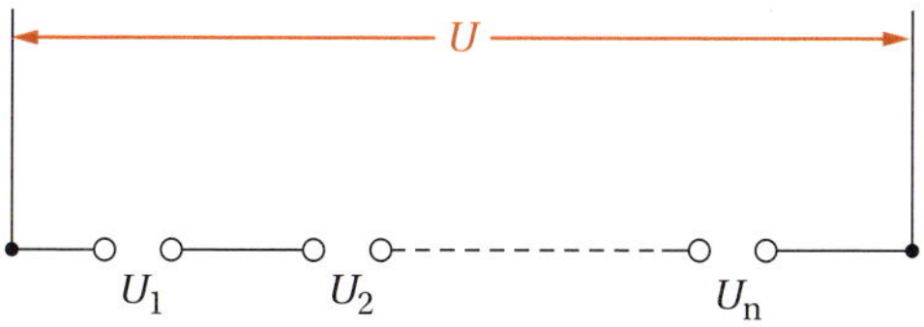	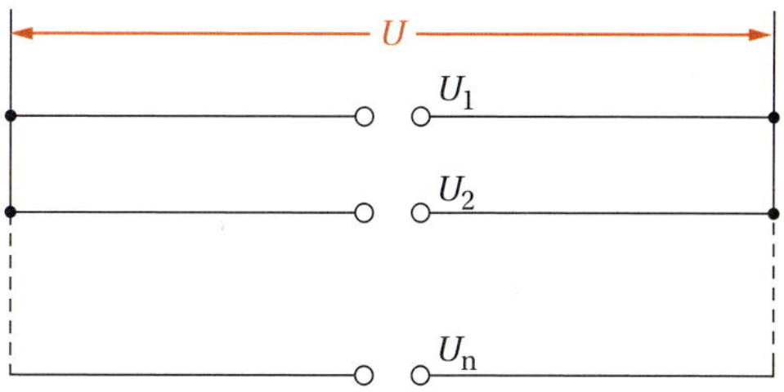
$U = U_1 + U_2 + \ldots + U_n$	$U = U_1 = U_2 = \ldots = U_n$
1. kirchhoffsches Gesetz (Knotenpunktsatz)	**2. kirchhoffsches Gesetz (Maschensatz)**
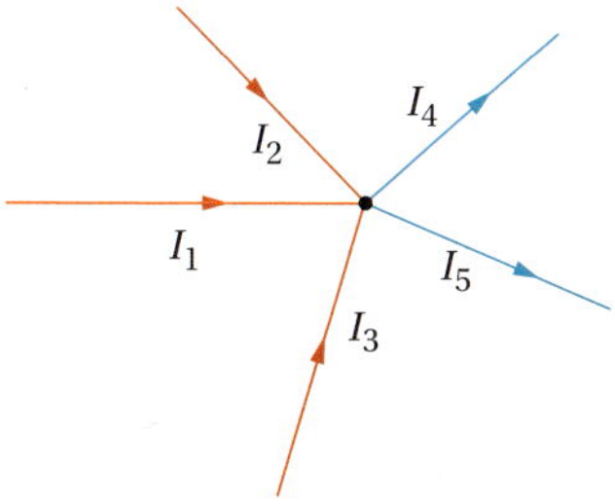	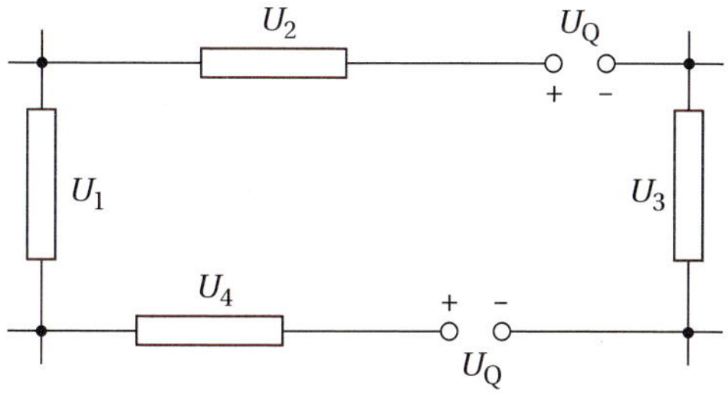
$\Sigma I_{zu} = \Sigma I_{ab}$	$\Sigma U_Q = \Sigma U$

Elektrisches Feld

80428B

Elektrische Ladung *Q*	$Q = N \cdot e$ $Q = \int_{t_1}^{t_2} I(t)\,\mathrm{d}t$ Unter der Bedingung $I = \text{konstant}$ gilt: $Q = I \cdot t$	N Anzahl der Elektronen e Elementarladung ($e = 1{,}602 \cdot 10^{-19}\,\mathrm{C}$) I Stromstärke t Zeit
Coulombsches Gesetz	Unter der Bedingung, dass Punktladungen vorliegen, gilt: $F = \frac{1}{4\pi \cdot \varepsilon_0} \cdot \frac{Q_1 \cdot Q_2}{r^2}$	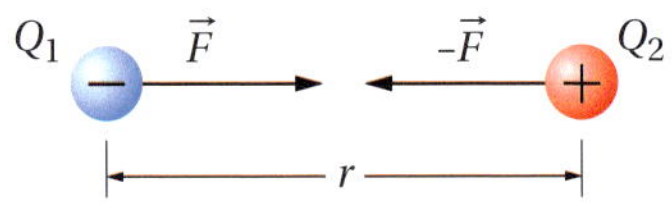 ε_0 elektrische Feldkonstante ($\varepsilon_0 = 8{,}854 \cdot 10^{-12}\,\frac{\mathrm{A \cdot s}}{\mathrm{V \cdot m}}$)
Elektrische Feldstärke *E* (Stärke des elektrischen Felds)	$\vec{E} = \frac{\vec{F}}{Q}$ im Radialfeld einer Punktladung: $E = \frac{1}{4\pi \cdot \varepsilon_0} \cdot \frac{Q}{r^2}$ im homogenen Feld eines Plattenkondensators: $E = \frac{U}{d}$	F Kraft auf Ladung Q Ladung U Spannung zwischen den Platten d Abstand der Platten
Elektrisches Potenzial *φ*	allgemein: $\varphi = \int_{s_0}^{s_1} \vec{E}(s)\,\mathrm{d}\vec{s}$ im Radialfeld: $\varphi = \frac{1}{4\pi \cdot \varepsilon_0} \cdot \frac{Q}{r}$	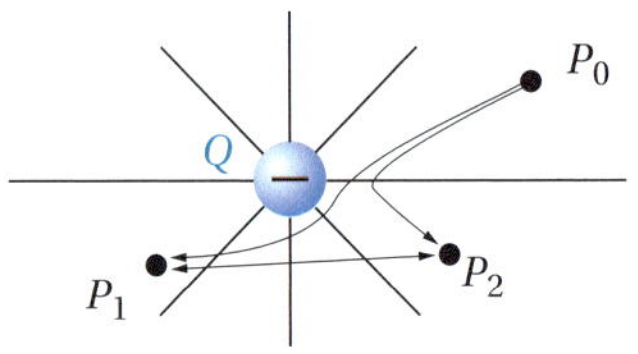
Elektrische Spannung *U*	$U = \Delta\varphi = \varphi_2 - \varphi_1$ $\quad U = \int_{s_1}^{s_2} \vec{E}(s)\,\mathrm{d}\vec{s}$ In einem homogenen Feld gilt: $U = \frac{W}{Q}$ $\quad U = E \cdot s$	φ_1 elektrisches Potenzial im Punkt P_1 φ_2 elektrisches Potenzial im Punkt P_2 s Weg W Arbeit im elektrischen Feld Q Ladung
Geladene Teilchen im homogenen Feld	$F = E \cdot Q$ $Q \cdot U = \frac{1}{2} m \cdot v^2$	U Beschleunigungsspannung m Masse des Teilchens v Geschwindigkeit des Teilchens

Kondensatoren

80429B

Kapazität C eines Kondensators	$C = \frac{Q}{U}$	Q Ladung U Spannung
Kapazität C eines Plattenkondensators	$C = \varepsilon_0 \cdot \varepsilon_r \cdot \frac{A}{d}$ ε_0 elektrische Feldkonstante $\left(\varepsilon_0 = 8{,}854 \cdot 10^{-12}\,\frac{\text{A}\cdot\text{s}}{\text{V}\cdot\text{m}}\right)$ ε_r Permittivitätszahl	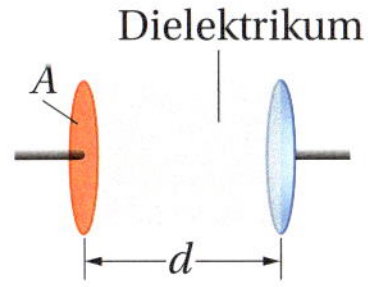
Energie E des elektrischen Felds eines Kondensators	$E = \frac{1}{2} C \cdot U^2$	C Kapazität des Kondensators U Spannung
Aufladen eines Kondensators	$U_C = U \cdot \left(1 - e^{-\left(\frac{t}{R \cdot C}\right)}\right)$ $I = I_0 \cdot e^{-\left(\frac{t}{R \cdot C}\right)}$	U_C Spannung am Kondensator R Widerstand t Zeit I Stromstärke I_0 Anfangsstromstärke
Entladen eines Kondensators	$U_C = U \cdot e^{-\left(\frac{t}{R \cdot C}\right)}$ $I = -I_0 \cdot e^{-\left(\frac{t}{R \cdot C}\right)}$	

Reihenschaltung von Kondensatoren

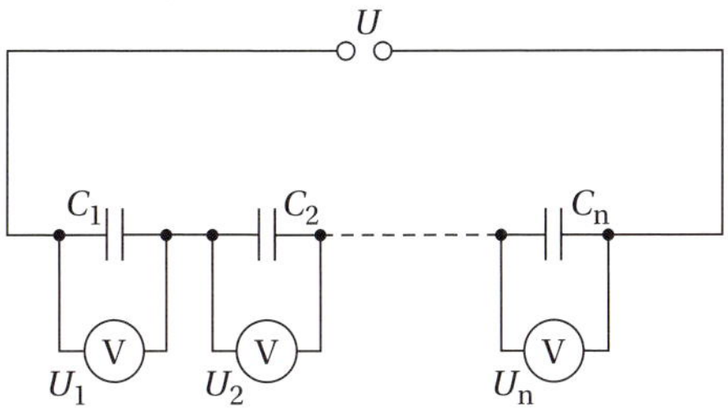

Parallelschaltung von Kondensatoren

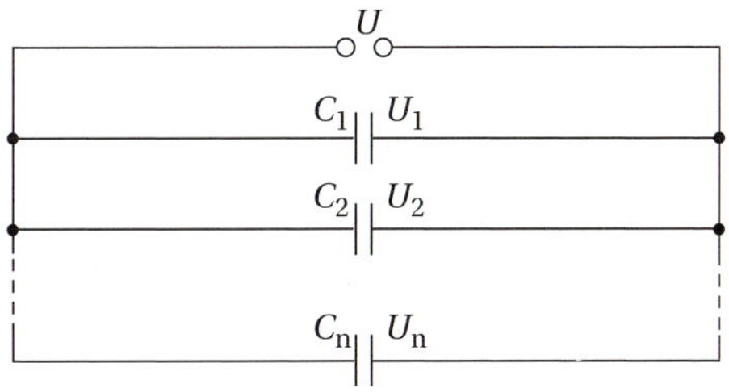

Reihenschaltung von Kondensatoren	Parallelschaltung von Kondensatoren
$\frac{1}{C} = \frac{1}{C_1} + \frac{1}{C_2} + \ldots + \frac{1}{C_n}$	$C = C_1 + C_2 + \ldots + C_n$
$U = U_1 + U_2 + \ldots + U_n$	$U = U_1 = U_2 = \ldots = U_n$
$Q = Q_1 = Q_2 = \ldots = Q_n$	$Q = Q_1 + Q_2 + \ldots + Q_n$

Permittivitätszahl (relative Permittivität) ε_r

80418W

Stoff	ε_r	Stoff	ε_r	Stoff	ε_r
Bernstein	2,8	Luft	1,0006	Porzellan	5 … 6,5
Glas	5 … 16	Methanol	34	Transformatorenöl	2,2 … 2,5
Glimmer	5 … 9	Papier	1,2 … 3,0	Vakuum	1,000
Holz	3 … 10	Paraffin	2,0	Wasser	81
keramische Werkstoffe	10 … 50 000	Polypropylenfolie	2,2	Wasserstoff	1,0003

Magnetisches Feld

80430B

Magnetische Flussdichte *B* (Stärke des magnetischen Felds)	Um einen geraden Leiter: $B = \mu_0 \cdot \frac{I}{2\pi \cdot r}$ 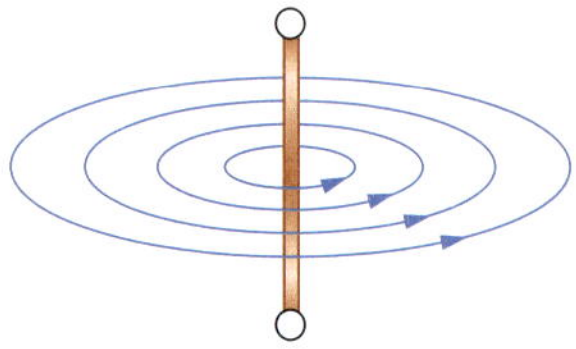 μ_0 magnetische Feldkonstante $\left(\mu_0 = 1{,}257 \cdot 10^{-6} \frac{\mathrm{V \cdot s}}{\mathrm{A \cdot m}}\right)$ I Stromstärke r Abstand vom Leiter	Im Innern einer langen Spule: $B = \mu_0 \cdot \mu_r \cdot \frac{I \cdot N}{l}$ 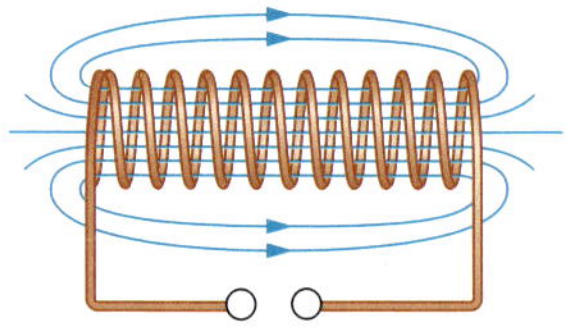 μ_r Permeabilitätszahl I Stromstärke N Windungszahl l Länge der Spule
Kraft F_L auf einen bewegten Ladungsträger (Lorentzkraft)	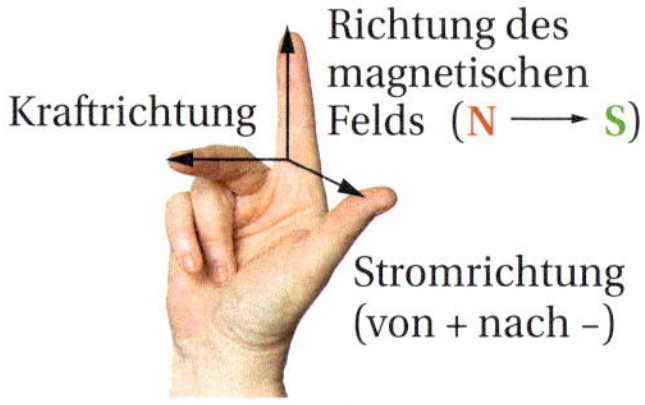 Für $\vec{v} \perp \vec{B}$ gilt: $F_L = Q \cdot v \cdot B$	Q Ladung v Geschwindigkeit B magnetische Flussdichte
Kraft *F* auf einen stromdurchflossenen Leiter	Für $\vec{I} \perp \vec{B}$ gilt: $F = l \cdot I \cdot B$	l Länge des Leiters I Stromstärke B magnetische Flussdichte
Energie *E* des magnetischen Felds einer stromdurchflossenen Spule	$E = \frac{1}{2} L \cdot I^2$	L Induktivität I Stromstärke

Permeabilitätszahl (relative Permeabilität) μ_r bei 20 °C

80419W

Diamagnetische Stoffe		Paramagnetische Stoffe		Ferromagnetische Stoffe	
Stoff	μ_r	**Stoff**	μ_r	**Stoff**	μ_r
Antimon	0,999 884	Aluminium	1,000 02	Cobalt	80 ... 200
Gold	0,999 971	Chromium	1,000 28	Dynamoblech	200 ... 3 000
Quecksilber	0,999 966	Eisen(III)-chlorid	1,003 756	Eisen	250 ... 680
Wasser	0,999 991	Luft	1,000 000 37	Nickel	280 ... 2 500
Zink	0,999 986	Platin	1,000 2	Sonderlegierungen	bis 900 000

Elektromagnetische Induktion

80431B

Magnetischer Fluss Φ	$\Phi = B \cdot A \qquad (\vec{B} \perp A)$	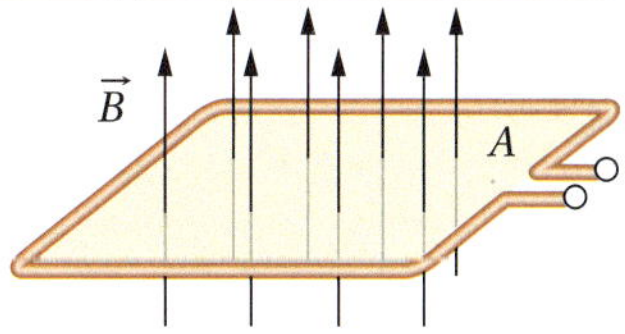
Induktionsgesetz für eine Spule	$U_i = -N \cdot \frac{d\Phi}{dt}$ $U_i = -N \cdot \frac{\Delta(B \cdot A)}{\Delta t}$	
Induktionsspannung U_i bei einem Leiter	$U_i = -B \cdot l \cdot v \qquad (\vec{v} \perp \vec{B})$	B magnetische Flussdichte A Fläche N Windungszahl t Zeit 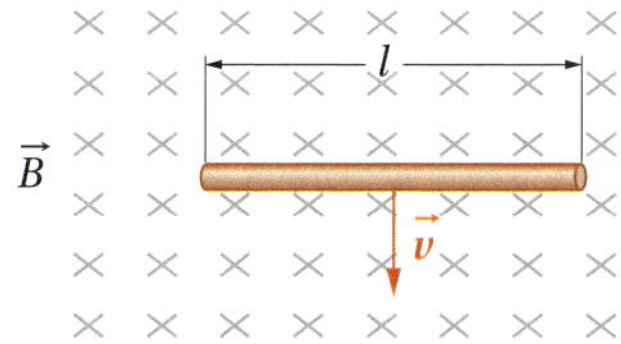
Selbstinduktionsspannung U_i in einer Spule	$U_i = -L \cdot \frac{dI}{dt}$ $U_i = -L \cdot \frac{\Delta I}{\Delta t}$	
Induktivität L einer langen Spule	$L = \frac{\mu_0 \cdot \mu_r \cdot N^2 \cdot A}{l}$	μ_0 magnetische Feldkonstante $\left(\mu_0 = 1{,}257 \cdot 10^{-6}\,\frac{V \cdot s}{A \cdot m}\right)$ μ_r Permeabilitätszahl l Länge der Spule
Spannungsübersetzung für einen idealen Transformator	Für den Leerlauf gilt: $\frac{U_1}{U_2} = \frac{N_1}{N_2}$	U Spannung N Windungszahl I Stromstärke
Stromstärkeübersetzung für einen idealen Transformator	Für den Kurzschluss gilt: $\frac{I_1}{I_2} = \frac{N_2}{N_1}$	
Sinusförmige Spannung	$U = U_{max} \cdot \sin(\omega \cdot t)$ Effektivwert: $U = \frac{1}{\sqrt{2}} \cdot U_{max}$	U Spannung U_{max} maximale Spannung ω Kreisfrequenz
Sinusförmige Stromstärke	$I = I_{max} \cdot \sin(\omega \cdot t)$ Effektivwert: $I = \frac{1}{\sqrt{2}} \cdot I_{max}$	I Stromstärke I_{max} maximale Stromstärke

Widerstände im Wechselstromkreis

80432B

Ohmscher Widerstand R	Induktiver Widerstand R_L	Kapazitiver Widerstand R_C
$R = \frac{U}{I}$	$R_L = \frac{U}{I}$	$R_C = \frac{U}{I}$
Für einen metallischen Leiter gilt: $R = \varrho \cdot \frac{l}{A}$	Für eine Spule gilt: $R_L = \omega \cdot L$	Für einen Kondensator gilt: $R_C = \frac{1}{\omega \cdot C}$

Elektromagnetische Schwingungen

80433B

Thomsonsche Schwingungsgleichung	Bei Vernachlässigung des ohmschen Widerstands $(R=0)$ gilt: $T=2\pi\cdot\sqrt{L\cdot C}$	T Schwingungsdauer L Induktivität C Kapazität R ohmscher Widerstand
Eigenfrequenz *f* eines elektrischen Schwingkreises (ungedämpft)	Bei Vernachlässigung des ohmschen Widerstands $(R=0)$ gilt: $f=\frac{1}{2\pi\cdot\sqrt{L\cdot C}}$	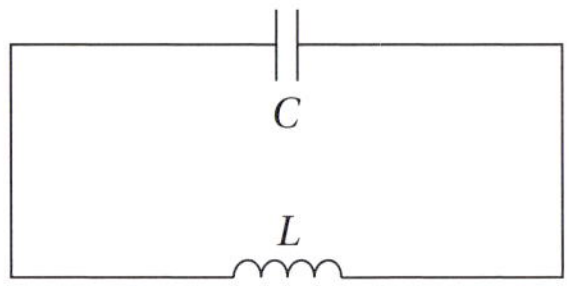
Eigenfrequenz *f* eines elektrischen Schwingkreises (gedämpft)	Unter der Bedingung einer freien Schwingung gilt: $f=\frac{1}{2\pi}\cdot\sqrt{\frac{1}{L\cdot C}-\frac{R^2}{4L^2}}$	L Induktivität C Kapazität R ohmscher Widerstand

Leitungsvorgänge in Festkörpern und Flüssigkeiten

80434B

Hall-Spannung U_H	$U_H=v\cdot B\cdot b$ v Geschwindigkeit der Ladungsträger $U_H=R_H\cdot\frac{I\cdot B}{d}$ R_H Hall-Konstante	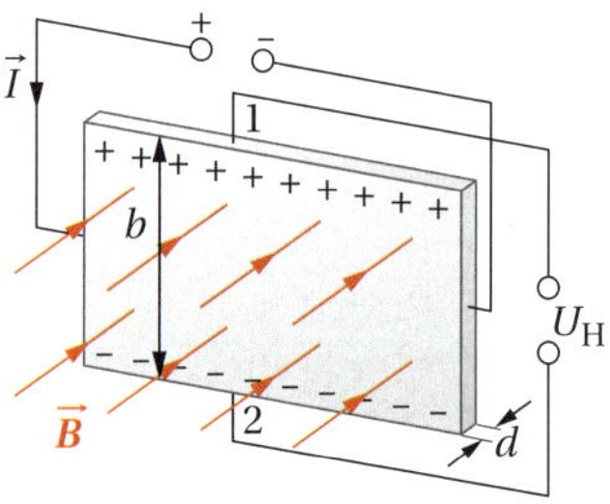
1. faradaysches Gesetz	Für Elektrolyte gilt: $m=c\cdot Q$	m Masse des abgeschiedenen Stoffs c elektrochemisches Äquivalent Q Ladung
2. faradaysches Gesetz	Für Elektrolyte gilt: $Q=n\cdot z\cdot F$ $\left(F=9{,}649\cdot 10^4\,\frac{\text{A}\cdot\text{s}}{\text{mol}}\right)$	n Stoffmenge z Wertigkeit des Stoffs F Faraday-Konstante

Hall-Konstante R_H

80420W

Stoff	R_H in $10^{-11}\,\frac{\text{m}^3}{\text{C}}$	Stoff	R_H in $10^{-11}\,\frac{\text{m}^3}{\text{C}}$
Aluminium	−3,5	Palladium	− 8,6
Cadmium	+5,9	Platin	−2,0
Gold	−7,2	Silber	− 8,9
Kupfer	−5,2	Zink	+6,4

Elektromagnetische Wellen

80435B

Ausbreitungsgeschwindigkeit *c* elektromagnetischer Wellen	$c = \lambda \cdot f$ $\quad c = \sqrt{\frac{1}{\varepsilon_r \cdot \varepsilon_0 \cdot \mu_r \cdot \mu_0}}$ Für das Vakuum gilt: $c = \frac{1}{\sqrt{\varepsilon_0 \cdot \mu_0}}$	λ Wellenlänge f Frequenz ε_0 elektrische Feldkonstante $\left(\varepsilon_0 = 8{,}854 \cdot 10^{-12}\, \frac{A \cdot s}{V \cdot m}\right)$
Eigenfrequenz *f* eines Dipols	Für die Grundschwingung eines Dipols gilt: $f = \frac{c}{2l}$	ε_r Permittivitätszahl (↗ S. 109) μ_0 magnetische Feldkonstante $\left(\mu_0 = 1{,}257 \cdot 10^{-6}\, \frac{V \cdot s}{A \cdot m}\right)$
Länge *l* eines Dipols	Für den optimalen Empfang eines Senders gilt: $l = k \cdot \frac{\lambda}{2}$ $\quad (k = 1, 2, 3, \ldots)$	μ_r Permeabilitätszahl (↗ S. 110)

Spektrum elektromagnetischer Wellen

80421W

Bezeichnung	Frequenz f in Hz	Wellenlänge λ in m
Wechselstrom	bis $3 \cdot 10^4$	bis 10^4
Hertzsche Wellen		
Langwelle (LF)	$3 \cdot 10^4 \ldots 3 \cdot 10^5$	$10^4 \ldots 10^3$
Mittelwelle (MF)	$3 \cdot 10^5 \ldots 3 \cdot 10^6$	$10^3 \ldots 10^2$
Kurzwelle (HF)	$3 \cdot 10^6 \ldots 3 \cdot 10^7$	$10^2 \ldots 10$
Ultrakurzwellen (UKW, VHF, UHF)	$3 \cdot 10^7 \ldots 3 \cdot 10^9$	$10 \ldots 0{,}1$
Mikrowellen	$3 \cdot 10^9 \ldots 10^{12}$	$0{,}1 \ldots 3 \cdot 10^{-4}$
Infrarotes Licht	$10^{12} \ldots 3{,}8 \cdot 10^{14}$	$3 \cdot 10^{-4} \ldots 7{,}8 \cdot 10^{-7}$
Sichtbares Licht 	**$3{,}8 \ldots 7{,}7 \cdot 10^{14}$**	**780 – 390 nm**
Rotes Licht	$3{,}8 \ldots 4{,}8 \cdot 10^{14}$	$780 \ldots 620 \cdot 10^{-9}$
Oranges Licht	$4{,}8 \ldots 5{,}0 \cdot 10^{14}$	$620 \ldots 600 \cdot 10^{-9}$
Gelbes Licht	$5{,}0 \ldots 5{,}3 \cdot 10^{14}$	$600 \ldots 570 \cdot 10^{-9}$
Grünes Licht	$5{,}3 \ldots 6{,}1 \cdot 10^{14}$	$570 \ldots 490 \cdot 10^{-9}$
Blaues Licht	$6{,}1 \ldots 7{,}0 \cdot 10^{14}$	$490 \ldots 430 \cdot 10^{-9}$
Violettes Licht	$7{,}0 \ldots 7{,}7 \cdot 10^{14}$	$430 \ldots 390 \cdot 10^{-9}$
Ultraviolettes Licht	$7{,}7 \cdot 10^{14} \ldots 3 \cdot 10^{16}$	$3{,}9 \cdot 10^{-7} \ldots 10^{-8}$
Röntgenstrahlung	$3 \cdot 10^{16} \ldots 5 \cdot 10^{21}$	$10^{-8} \ldots 6 \cdot 10^{-14}$
Gammastrahlung **Kosmische Strahlung**	größer als $3 \cdot 10^{18}$	kleiner als 10^{-10}

Optik

Reflexion und Brechung von Licht

80436B

Reflexionsgesetz	Wird Licht an einer Fläche reflektiert, so ist der Einfallswinkel gleich dem Reflexionswinkel. $\alpha = \alpha'$ α Einfallswinkel α' Reflexionswinkel	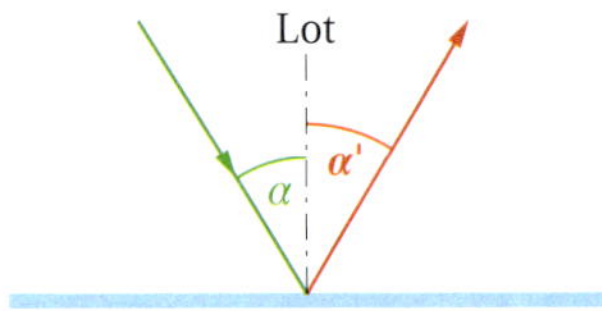
Brechungsgesetz	Trifft Licht schräg auf die Grenzfläche zwischen zwei optisch verschiedenen Stoffen, so wird es gebrochen. $\frac{\sin\alpha}{\sin\beta} = \frac{c_1}{c_2}$ $\frac{c_1}{c_2} = n$ α Einfallswinkel β Brechungswinkel c_1, c_2 Lichtgeschwindigkeiten n Brechzahl	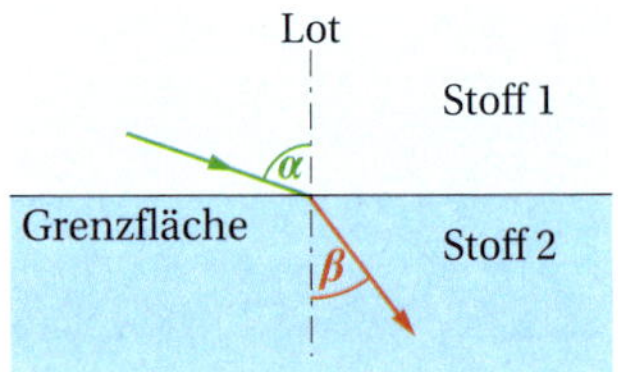
Grenzwinkel der Totalreflexion *α*	$\sin\alpha_G = \frac{c_1}{c_2}$ α Einfallswinkel c_1, c_2 Lichtgeschwindigkeiten	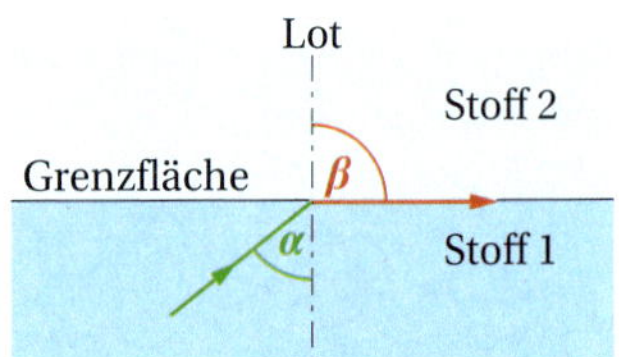
Brewstersches Gesetz	Polarisation durch Reflexion tritt auf bei: $\tan\alpha_P = n$ α_P Polarisationswinkel n Brechzahl	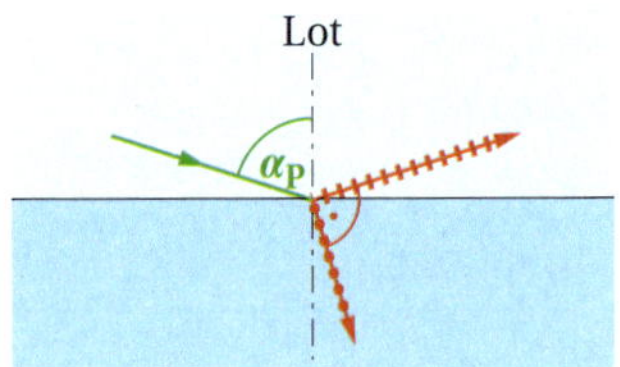

Lichtgeschwindigkeit *c* und Brechzahl *n*

Mittelwerte bei 20 °C

80422W

Stoff		Lichtgeschwindigkeit *c* in $\frac{km}{s}$	Brechzahl *n*
Diamant		124 000	2,42
Eis		229 000	1,31
Flintglas	leicht	186 000	1,61
	schwer	171 000	1,75
Kronglas	leicht	199 000	1,51
	schwer	186 000	1,61
Luft		299 711 ≈ 300 000	1,00
Plexiglas		201 000	1,49
Wasser		225 000	1,33

Spiegel und Linsen

80437B

Ebene Spiegel	Gegenstand und Bild sind symmetrisch zueinander: $G = B$ $g = b$ G Gegenstandsgröße B Bildgröße g Gegenstandsweite b Bildweite	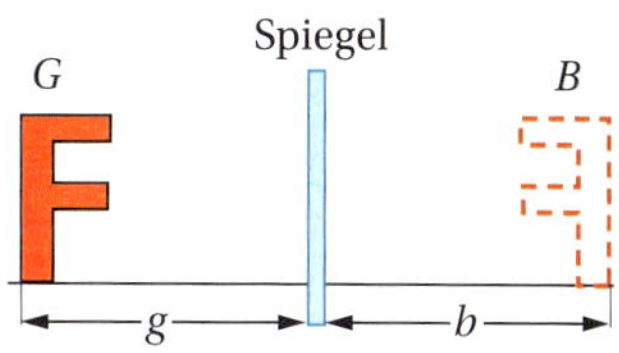
Kugelförmige Hohlspiegel	$\overline{MS} = r$ $\overline{MF} = \overline{FS} = \frac{r}{2} = f$ $\frac{1}{f} = \frac{1}{g} + \frac{1}{b}$	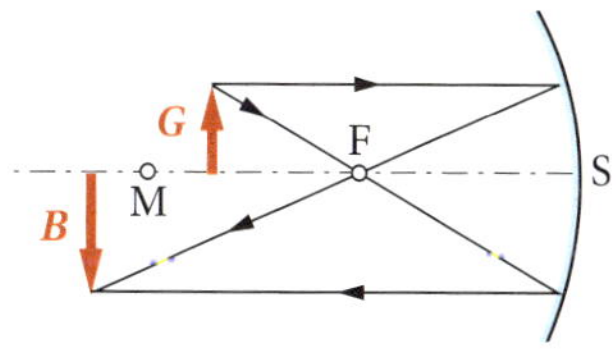
Parabolspiegel	Parallel einfallendes Licht verläuft nach der Reflexion durch den Brennpunkt. Vom Brennpunkt ausgehendes Licht verläuft nach der Reflexion parallel.	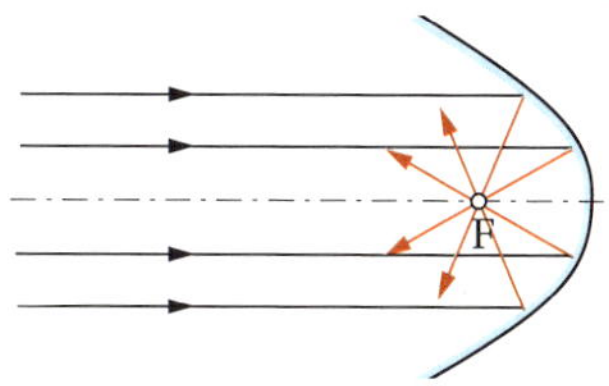
Abbildungsgleichung	$\frac{1}{f} = \frac{1}{g} + \frac{1}{b}$ $f = \frac{g \cdot b}{g + b}$	f Brennweite g Gegenstandsweite b Bildweite 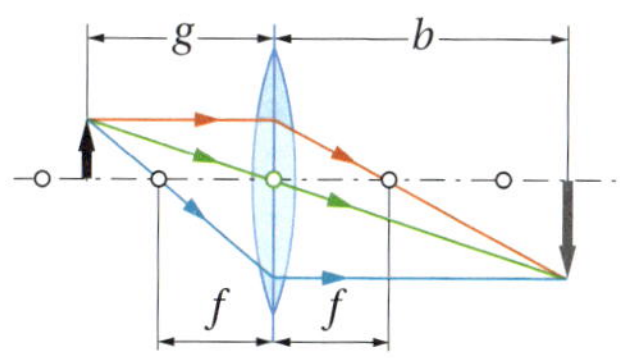
Abbildungsmaßstab *A*	$A = \frac{B}{G}$ $\frac{B}{G} = \frac{b}{g}$	B Bildgröße G Gegenstandsgröße b Bildweite g Gegenstandsweite 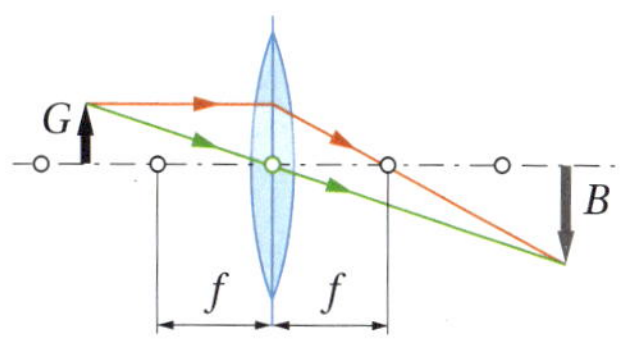
Brechwert *D* von Linsen (Brechkraft)	$D = \frac{1}{f}$ (f in m)	
Vergrößerung *V* optischer Geräte	$V = \frac{\tan \alpha_2}{\tan \alpha_1}$ α_1 Sehwinkel ohne optisches Gerät α_2 Sehwinkel mit optischem Gerät	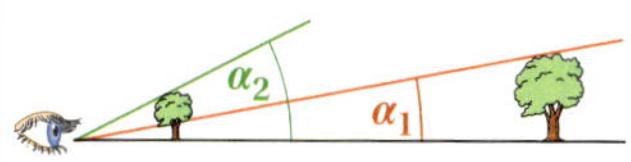
Auflösungsvermögen optischer Geräte	Damit man zwei Punkte getrennt wahrnehmen kann, muss gelten: $\alpha \geq 1{,}22 \cdot \frac{\lambda}{d}$ λ Wellenlänge des Lichts	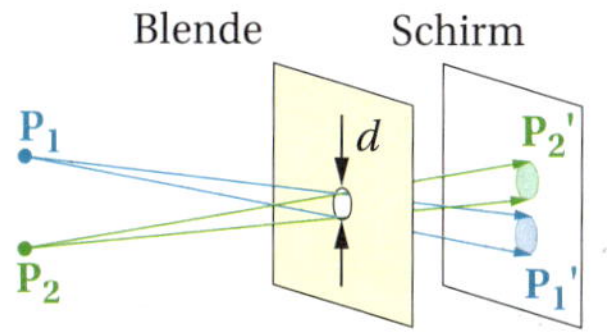

Wellenoptik

80438B

Konstruktive und destruktive Interferenz	Konstruktive Interferenz (Interferenzmaxima): $\Delta s = k \cdot \lambda \quad (k = 0, 1, 2, \ldots)$ Destruktive Interferenz (Interferenzminima): $\Delta s = (2k-1) \cdot \frac{\lambda}{2} \quad (k = 1, 2, \ldots)$	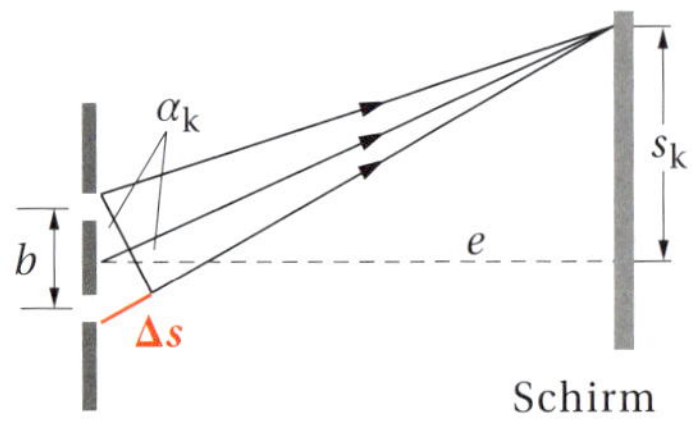
Interferenz am Doppelspalt und am Gitter	Für Maxima gilt: $\sin \alpha_k = \frac{\Delta s}{b} = \frac{k \cdot \lambda}{b}$ Für $s_k << e$ gilt: $\frac{k \cdot \lambda}{b} = \frac{s_k}{e} \quad (k = 0, 1, 2, \ldots)$	b Gitterkonstante λ Wellenlänge e Abstand Gitter - Schirm s_k Abstand zwischen Maximum 0-ter und k-ter Ordnung
Interferenz am Einzelspalt	Für Minima gilt: $\sin \alpha_K = \frac{\Delta s}{d} = \frac{k \cdot \lambda}{d}$ Für $s_k << e$ gilt: $\frac{k \cdot \lambda}{d} = \frac{s_k}{e} \quad (k = 1, 2, \ldots)$	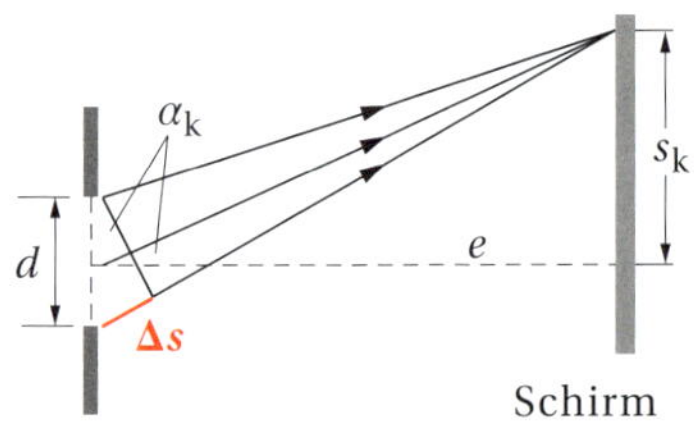
Lichtgeschwindigkeit c_{ST} in einem Stoff	$c_{ST} = \lambda_{ST} \cdot f \qquad c_{ST} = \frac{c}{n}$	c Vakuumlichtgeschwindigkeit n Brechzahl des Stoffs

Wellenlänge einiger Spektrallinien

80423W

Element	λ in nm	Element	λ in nm
Argon	404,44 420,01 425,94 434,81	Neon	540,06 588,19 638,30
Barium	455,40 493,41 553,55	Quecksilber	404,66 435,83 491,61 546,07 578,97 579,01
Helium	447,15 471,32 501,57 667,82 706,52	Wasserstoff (Balmer-Serie)	410,17 (H_δ) 434,05 (H_γ) 486,13 (H_β) 656,28 (H_α)
Natrium	588,995 (D_2) 589,592 (D_1)	Zink	468,01 472,22

Spezielle Relativitätstheorie

80439B

Galilei-Transformation ($v << c$)	S → S': $x' = x - v \cdot t$; $y' = y$; $z' = z$; $t' = t$ S' → S: $x = x' + v \cdot t'$; $y = y'$; $z = z'$; $t = t'$	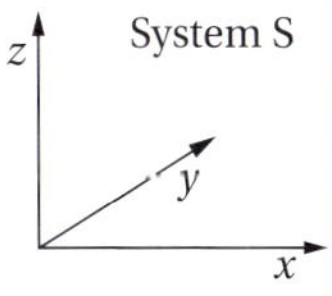 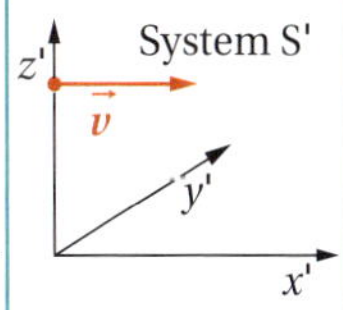
Lorentz-Transformation	S → S': $x' = \frac{x - v \cdot t}{\sqrt{1 - \frac{v^2}{c^2}}} = k(x - v \cdot t)$ $y' = y$ $z' = z$ $t' = \frac{t - \frac{v}{c^2} \cdot x}{\sqrt{1 - \frac{v^2}{c^2}}} = k(t - \frac{v}{c^2} \cdot x)$	S' → S: $x = \frac{x' + v \cdot t'}{\sqrt{1 - \frac{v^2}{c^2}}} = k(x' + v \cdot t')$ $y = y'$ $z = z'$ $t = \frac{t' + \frac{v}{c^2} \cdot x'}{\sqrt{1 - \frac{v^2}{c^2}}} = k(t' + \frac{v}{c^2} \cdot x')$
Lorentzfaktor *k*	$k = \frac{1}{\sqrt{1 - \frac{v^2}{c^2}}}$	v Geschwindigkeit c Vakuumlichtgeschwindigkeit
Addition von zwei gleich gerichteten Geschwindigkeiten	$u = \frac{u' + v}{1 + \frac{u' \cdot v}{c^2}}$	u Geschwindigkeit in S u' Geschwindigkeit in S' v Relativgeschwindigkeit von S und S'
Zeitdilatation	$\Delta t = \frac{\Delta t'}{\sqrt{1 - \frac{v^2}{c^2}}} = k \cdot \Delta t'$	t Zeit S t' Zeit S'
Längenkontraktion	$l = l' \cdot \sqrt{1 - \frac{v^2}{c^2}} = \frac{l'}{k}$	l Länge S l' Länge S'
Masse *m* eines bewegten Körpers	$m = \frac{m_0}{\sqrt{1 - \frac{v^2}{c^2}}} = k \cdot m_0$	m_0 Ruhemasse E_0 Ruheenergie
Äquivalenz von Energie und Masse	$E = m \cdot c^2$ $\Delta E = \Delta m \cdot c^2$	

Lorentzfaktor *k*

$\frac{v}{c}$	0,01	0,1	0,2	0,4	0,6	0,8	0,9	0,99
k	1,000 05	1,005	1,021	1,091	1,25	1,667	2,294	7,089

Quantenphysik

80440B 80450B

Austrittsarbeit W_A von Elektronen aus Oberflächen	$W_A = h \cdot f_G$
Energie E eines Lichtquants (Photons)	$E = h \cdot f$ $E = h \cdot \frac{c}{\lambda}$
Einstein-Gleichung für den Fotoeffekt	$E = W_A + E_{kin}$ $h \cdot f = W_A + \frac{1}{2} m_e \cdot v^2$
Masse m eines Lichtquants (Photons)	$m = \frac{E}{c^2} = \frac{h \cdot f}{c^2} = \frac{h}{c \cdot \lambda}$
Impuls p eines Lichtquants (Photons)	$p = \frac{E}{c} = \frac{h \cdot f}{c} = \frac{h}{\lambda}$
De-Broglie-Wellenlänge	$\lambda = \frac{h}{m \cdot v} = \frac{h}{p}$
Heisenbergsche Unbestimmtheitsrelation	$\Delta x \cdot \Delta p \geq \frac{h}{4\pi}$
Compton-Effekt	$\Delta \lambda = \lambda_C (1 - \cos \vartheta)$ $\lambda_C = \frac{h}{m \cdot c}$
Röntgenbremsstrahlung (Grenzfrequenz f_G)	$h \cdot f_G = e \cdot U$

- h Plancksches Wirkungsquantum ($h = 6{,}626 \cdot 10^{-34}$ J·s)
- f_G Grenzfrequenz
- f Frequenz
- c Lichtgeschwindigkeit
- λ Wellenlänge
- m_e Ruhemasse eines Elektrons ($m_e = 9{,}109 \cdot 10^{-31}$ kg)
- v Geschwindigkeit

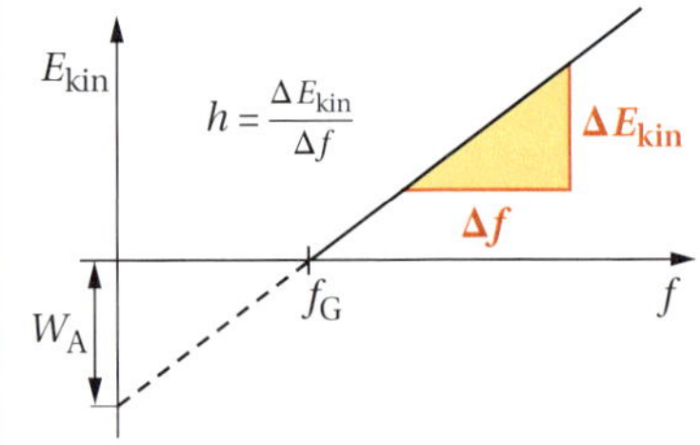

- m Masse
- Δx Ortsunschärfe
- Δp Impulsunschärfe
- $\Delta \lambda$ Wellenlängenzunahme
- λ_C Compton-Wellenlänge ($\lambda_C = 2{,}426 \cdot 10^{-12}$ m)
- ϑ Streuwinkel
- e Elementarladung
- U Beschleunigungsspannung

Austrittsarbeit W_A von Elektronen aus Metallen

80424W

Stoff	W_A in eV	Stoff	W_A in eV	Stoff	W_A in eV
Aluminium	4,20	Cadmium	4,04	Platin	5,36
Barium	2,52	Caesium	1,94	Wolfram	4,54
Barium auf Wolframoxid	1,3	Caesium auf Wolfram	1,4	Zink	4,27

Energie von Photonen im sichtbaren Bereich (in eV)

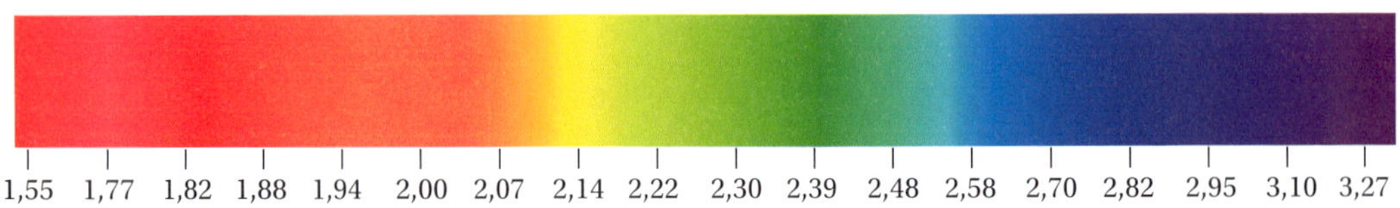

Atom- und Kernphysik

Atomhülle

80441B 80425W

Nukleonenzahl *A* (Massenzahl)	$A = Z + N$	Z Protonenzahl (Kernladungszahl, Ordnungszahl im PSE) A Massenzahl N Neutronenzahl
Symbolschreibweise	${}^{A}_{Z}$ Symbol des Elements ${}^{238}_{92}\mathrm{U}$	
Energie von Photonen	$E = E_{n_2} - E_{n_1} = h \cdot f$	E_n Energieniveaus der Atomhülle h Plancksches Wirkungsquantum ($h = 6{,}626 \cdot 10^{-34}\ \mathrm{J \cdot s}$) f Frequenz
Energien E_n von Elektronen im linearen Potenzialtopf	$E_n = \frac{h^2}{8 m_e \cdot l^2} \cdot n^2$ m_e Masse des Elektrons $n = 1, 2, 3, \ldots$ l Breite des Potenzialtopfs	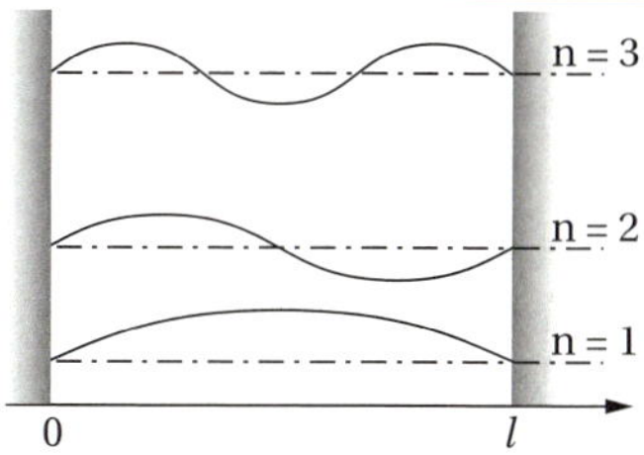
Spektrallinien des Wasserstoffatoms	$E_n = -\frac{m_e \cdot e^4}{8 \varepsilon_0^2 \cdot h^2} \cdot \frac{1}{n^2}$ $E_n = -13{,}6\ \mathrm{eV} \cdot \frac{1}{n^2}$ $E_n = -R_H \cdot h \cdot c \cdot \frac{1}{n^2}$ $f = R_y \cdot \left(\frac{1}{n^2} - \frac{1}{m^2}\right)$ $(n = 1, 2, 3, \ldots)$ $(m = 2, 3, 4, \ldots)$	m_e Masse des Elektrons e Elementarladung ε_0 elektrische Feldkonstante h Plancksches Wirkungsquantum ($h = 6{,}626 \cdot 10^{-34}\ \mathrm{J \cdot s}$) R_H Rydberg-Konstante ($R_H = 1{,}097 \cdot 10^7\ \frac{1}{\mathrm{m}}$) R_y Rydberg-Frequenz ($R_y = 3{,}290 \cdot 10^{15}\ \mathrm{Hz}$)

Atomkern

80442B

Massendefekt Δm	$\Delta m = (Z \cdot m_p + N \cdot m_n) - m_K$ $\Delta m = (Z \cdot m_e + Z \cdot m_p + N \cdot m_n) - m_a$	m_p Masse eines Protons ($m_p = 1{,}007\,276\ u$) m_n Masse eines Neutrons ($m_n = 1{,}008\,665\ u$) m_e Masse eines Elektrons ($m_e = 5{,}485\,8 \cdot 10^{-4}\ u$) m_K Kernmasse m_a Atommasse c Lichtgeschwindigkeit A Nukleonenzahl
Kernbindungsenergie E_B	$E_B = \Delta m \cdot c^2$	
Kernbindungsenergie je Nukleon	$\frac{E_B}{A} = \frac{\Delta m \cdot c^2}{A}$	

Nuklidkarte (Ausschnitt)

92									**U** 238,029		**U 222** 1 µs α	**U 223** 18 µs α: 8,78	**U 224** 0,7 ms α: 8,47	**U 225** 95 ms α: 7,88	**U 226** 0,2 s α: 7,57
91		**Pa** 231,036	**Pa 213** 5,3 ms α: 8,24	**Pa 214** 17 ms α: 8,12	**Pa 215** 14 s α: 8,09	**Pa 216** 0,2 s α: 7,87	**Pa 217** 4,9 ms α: 8,33	**Pa 218** 0,12 ms α: 9,61	**Pa 219** 53 ns α: 9,90	**Pa 220** 0,78 µs α: 9,65	**Pa 221** 5,9 µs α: 9,08	**Pa 222** 4,3 ms α: 8,21	**Pa 223** 6,5 ms α: 8,01	**Pa 224** 0,95 s α: 7,555	**Pa 225** 1,8 s α: 7,25
90	**Th** 232,038	**Th 211** 37 ms α: 7,79	**Th 212** 30 ms α: 7,80	**Th 213** 0,14 s α: 7,69	**Th 214** 0,10 s α: 7,68	**Th 215** 1,2 s α: 7,39	**Th 216** 28 ms α: 7,92	**Th 217** 252 µs α: 9,25	**Th 218** 0,1 µs α: 9,67	**Th 219** 1,05 µs α: 9,34	**Th 220** 9,7 µs α: 8,79	**Th 221** 1,68 ms α: 8,15	**Th 222** 2,2 ms α: 7,98	**Th 223** 0,66 s γ: 0,140 α: 7,324	**Th 224** 1,04 s γ: 0,177 α: 7,17
89	**Ac 209** 90 ms α: 7,59	**Ac 210** 0,35 s α: 7,46	**Ac 211** 0,25 s α: 7,481	**Ac 212** 0,93 s α: 7,38	**Ac 213** 0,80 s α: 7,36	**Ac 214** 8,2 s α: 7,214	**Ac 215** 0,17 s α: 7,604	**Ac 216** 0,33 ms α: 9,028	**Ac 217** 0,069 µs α: 9,65	**Ac 218** 1,1 µs α: 9,205	**Ac 219** 11,8 µs α: 8,664	**Ac 220** 26 ms γ: 0,134 α: 7,85	**Ac 221** 52 ms α: 7,65	**Ac 222** 5,0 s α: 7,009	**Ac 223** 2,10 min α: 6,647
88	**Ra 208** 1,3 s α: 7,133	**Ra 209** 4,6 s α: 7,010	**Ra 210** 3,7 s α: 7,019	**Ra 211** 13 s α: 6,911	**Ra 212** 13 s α: 6,9006	**Ra 213** 2,74 min ε, γ: 0,110 α: 6,624	**Ra 214** 2,46 s ε α: 7,136	**Ra 215** 1,6 ms α: 8,699	**Ra 216** 0,18 µs α: 9,349	**Ra 217** 1,6 µs α: 8,99	**Ra 218** 25,6 µs α: 8,39	**Ra 219** 10 ms γ: 0,316 α: 7,679	**Ra 220** 23 ms γ: 0,465 α: 7,46	**Ra 221** 28 s γ: 0,149 α: 6,613	**Ra 222** 38 s γ: 0,324 α: 6,559
87	**Fr 207** 14,8 s ε α: 6,767	**Fr 208** 58,6 s γ: 0,636 α: 6,636	**Fr 209** 50,0 s ε α: 6,648	**Fr 210** 3,18 min ε, γ: 0,644 α: 6,543	**Fr 211** 3,10 min ε, γ: 0,540 α: 6,535	**Fr 212** 20,0 min ε, γ: 1,274 α: 6,262	**Fr 213** 34,6 s ε α: 6,775	**Fr 214** 5,0 ms α: 8,426	**Fr 215** 0,09 µs α: 9,36	**Fr 216** 0,70 µs α: 9,01	**Fr 217** 16 µs α: 8,315	**Fr 218** 22 ms α: 7,615	**Fr 219** 21 ms α: 7,312	**Fr 220** 27,4 s γ: 0,045 α: 6,68	**Fr 221** 4,9 min γ: 0,218 α: 6,341
86	**Rn 206** 5,67 min ε, γ: 0,498 α: 6,260	**Rn 207** 9,3 min ε, γ: 0,345 α: 6,133	**Rn 208** 24,4 min ε, γ: 0,427 α: 6,138	**Rn 209** 28,5 min ε, γ: 0,408 α: 6,039	**Rn 210** 2,4 h ε, γ: 0,458 α: 6,040	**Rn 211** 14,6 h ε, γ: 0,674 α: 5,783	**Rn 212** 24 min γ α: 6,264	**Rn 213** 25 ms γ α: 8,09	**Rn 214** 0,27 µs α: 9,037	**Rn 215** 2,3 µs α: 8,67	**Rn 216** 45 µs α: 8,05	**Rn 217** 0,54 ms α: 7,740	**Rn 218** 35 ms γ α: 7,133	**Rn 219** 3,96 s γ: 0,271 α: 6,819	**Rn 220** 55,6 s γ α: 6,288
85	**At 205** 26,2 min ε, γ: 0,719 α: 5,092	**At 206** 29,4 min ε, γ: 0,701 β^+: 3,1	**At 207** 1,8 h ε, γ: 0,815 β^+	**At 208** 1,63 h ε, γ: 0,686 α: 5,640	**At 209** 5,4 h ε, γ: 0,545 α: 5,647	**At 210** 8,3 h ε, γ: 1,181 α: 5,524	**At 211** 7,22 h ε α: 5,867	**At 212** 314 ms γ: 0,063 α: 7,68	**At 213** 0,11 µs α: 9,08	**At 214** 0,76 µs γ α: 8,782	**At 215** 0,1 ms γ α: 8,026	**At 216** 0,3 ms γ α: 7,804	**At 217** 32,3 ms β^-, γ α: 7,069	**At 218** 2 ms β^-, γ α: 6,694	**At 219** 0,9 min β^- α: 6,27
84	**Po 204** 3,53 h ε, γ: 0,884 α: 5,377	**Po 205** 1,66 h ε, γ: 0,872 α: 5,22	**Po 206** 8,8 d ε, γ: 1,032 α: 5,2233	**Po 207** 5,84 h ε, γ: 0,992 α: 5,116	**Po 208** 2,898 a ε α: 5,1152	**Po 209** 102 a ε α: 4,881	**Po 210** 138,38 d γ α: 5,3044	**Po 211** 25,2 s γ: 0,570 α: 7,275	**Po 212** 45,1 s γ: 2,615 α: 11,65	**Po 213** 4,2 µs α: 8,376	**Po 214** 164 µs α: 7,6869	**Po 215** 1,78 ms β^- α: 7,3862	**Po 216** 0,15 s α: 6,7783	**Po 217** <10 s β^- α: 6,539	**Po 218** 3,05 min β^-, γ α: 6,0024
83	**Bi 203** 11,7 h ε, γ: 0,820 β^+: 1,4	**Bi 204** 11,22 h ε, γ: 0,899 α: 0,899	**Bi 205** 15,31 d ε, γ: 1,764 β^+	**Bi 206** 6,24 h β^+	**Bi 207** 31,55 a ε, γ: 0,570 β^+	**Bi 208** $3{,}68 \cdot 10^5$ a ε γ: 2,615	**Bi 209** 100	**Bi 210** 5,013 d γ β^-: 1,2	**Bi 211** 2,17 min γ: 0,351 α: 6,623	**Bi 212** 25 min β^-, γ α: 6,34	**Bi 213** 45,59 min γ: 0,440 β^-: 1,4	**Bi 214** 19,9 min γ: 0,609 β^-: 1,3	**Bi 215** 7,6 min γ: 0,294 β^-	**Bi 216** 3,6 min γ: 0,550 β^-	134
82	**Pb 202** $5{,}25 \cdot 10^4$ a ε	**Pb 203** 51,9 h ε γ: 0,279	**Pb 204** 1,4	**Pb 205** $1{,}5 \cdot 10^7$ a ε	**Pb 206** 24,1	**Pb 207** 22,1	**Pb 208** 52,4	**Pb 209** 3,253 h β^-: 0,6	**Pb 210** 22,3 a γ: 0,047 β^-: 0,02	**Pb 211** 36,1 min γ: 0,405 β^-: 1,4	**Pb 212** 10,64 h γ: 0,239 β^-: 0,6	**Pb 213** 10,2 min β^-: 2,0	**Pb 214** 26,8 min γ: 0,352 β^-: 1,0	133	
81	**Tl 201** 73,1 h ε γ: 0,167	**Tl 202** 12,23 d ε γ: 0,440	**Tl 203** 29,524	**Tl 204** 3,78 a ε β^-: 0,8	**Tl 205** 70,476	**Tl 206** 4,2 min β^-: 1,5	**Tl 207** 4,77 min β^-: 1,4	**Tl 208** 3,05 min γ: 0,2615 β^-: 1,8	**Tl 209** 2,16 min γ: 1,567 β^-: 1,8	**Tl 210** 1,30 min γ: 0,800 β^-: 1,9	130	131	132		
80	**Hg 200** 23,10	**Hg 201** 13,81	**Hg 202** 29,86	**Hg 203** 46,59 d γ: 0,279 β^-: 0,2	**Hg 204** 6,87	**Hg 205** 5,2 min γ: 0,204 β^-: 1,5	**Hg 206** 8,15 min γ: 0,305 β^-: 1,3	**Hg 207** 2,9 min γ: 0,351 β^-: 1,8	**Hg 208** 42 min γ: 0,474 β^-	129					
79	**Au 199** 3,139 d γ: 0,158 β^-: 0,3	**Au 200** 48,4 min γ: 0,368 β^-: 2,3	**Au 201** 26,4 min γ: 0,543 β^-: 1,3	**Au 202** 28 s γ: 0,440 β^-: 3,5	**Au 203** 60 s γ: 0,218 β^-: 2,0	**Au 204** 39,8 s γ: 0,437 β^-	**Au 205** 31 s γ: 0,379 β^-	127	128						
	120	121	122	123	124	125	126								

Element

Pa 231,036 — Symbol; Atommasse in *u*

stabiles Nuklid

H 1 99,985 — Symbol, Nukleonenzahl; Häufigkeit im natürlichen Isotopengemisch in %

instabiles Nuklid

Fr 224 3,3 min, γ: 0,216, β^-: 2,6 — Symbol, Nukleonenzahl; Halbwertszeit $T_{1/2}$; Energie der Strahlung in MeV (nur häufigste Werte)

Häufigkeit der Zerfallsart

U 229 58 min, ε, γ: 0,123, α: 6,362 — α-Zerfall öfter als 50 % (gelb), ε-Elektroneneinfang weniger als 50 % (grün)

Nuklid

Th 232 100, $1{,}41 \cdot 10^{10}$ a — mit der Erde entstandenes radioaktives Nuklid

Farben und Zerfallsarten

stabil	β^+-Zerfall ε Elektroneneinfang durch den Kern	β^--Zerfall	α-Zerfall

Kern kann spontan in leichtere Kerne zerfallen

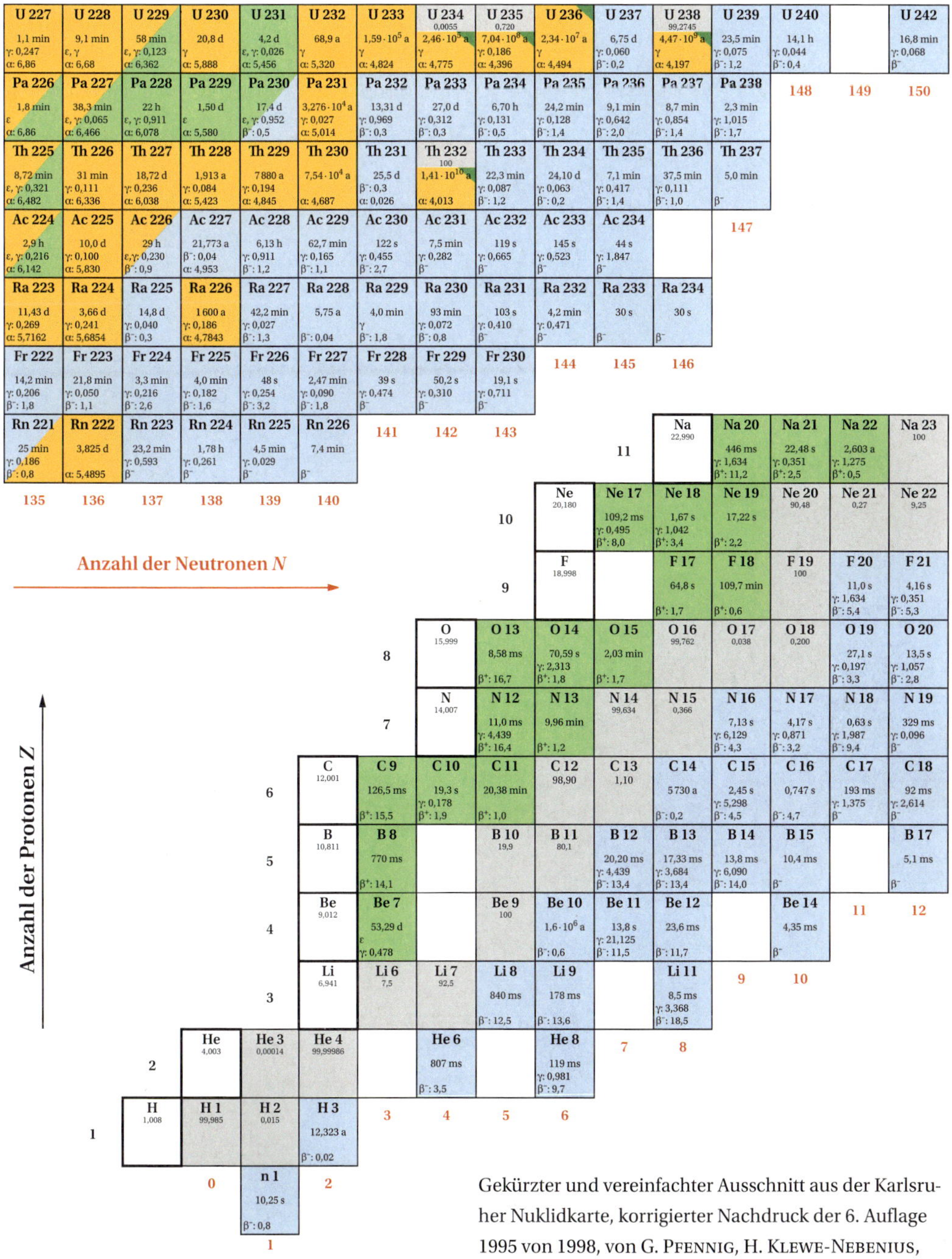

Gekürzter und vereinfachter Ausschnitt aus der Karlsruher Nuklidkarte, korrigierter Nachdruck der 6. Auflage 1995 von 1998, von G. PFENNIG, H. KLEWE-NEBENIUS, W. SEELMANN-EGGEBERT †

Natürliche Zerfallsreihen

Thorium-Reihe

$T_{1/2} = 1{,}40 \cdot 10^{10}$ a

Nuklid	Halbwertszeit	α	β	γ
$^{232}_{90}Th$	$1{,}4 \cdot 10^{10}$ a	4,0	–	0,06
$^{228}_{88}Ra$	5,75 d	–	0,04	0,01
$^{228}_{89}Ac$	6,13 h	–	2,1	0,97
$^{228}_{90}Th$	1,9 a	5,4	–	0,22
$^{224}_{88}Ra$	3,66 d	5,69	–	0,24
$^{220}_{86}Rn$	55,6 s	6,3	–	0,55
$^{216}_{84}Po$	0,15 s	6,8	–	0,81
$^{212}_{82}Pb$	10,6 h	–	0,6	0,30
$^{212}_{83}Bi$	61 min	6,1	2,3	0,73
$^{212}_{84}Po$	0,30 µs	8,8	–	–
$^{208}_{81}Tl$	3,05 min	–	2,4	2,6
$^{208}_{82}Pb$	stabil	–	–	–

Uran-Radium-Reihe

$T_{1/2} = 4{,}51 \cdot 10^{9}$ a

Nuklid	Halbwertszeit	α	β	γ
$^{238}_{92}U$	$4{,}5 \cdot 10^{9}$ a	4,5	0,05	–
$^{234}_{90}Th$	24,1 d	–	0,2	0,05
$^{234}_{91}Pa$	6,7 h	–	0,5	0,88
$^{234}_{92}U$	$2{,}5 \cdot 10^{5}$ a	4,8	–	0,12
$^{230}_{90}Th$	$7{,}5 \cdot 10^{4}$ a	4,7	–	0,14
$^{226}_{88}Ra$	1600 a	4,8	–	0,19
$^{222}_{86}Rn$	3,8 d	5,5	–	0,51
$^{218}_{84}Po$	3,05 min	6,0	–	–
$^{218}_{85}At$	2 s	6,7	–	–
$^{214}_{82}Pb$	26,8 min	–	0,7	0,35
$^{214}_{83}Bi$	19,9 min	5,5	3,3	1,7
$^{214}_{84}Po$	164 µs	7,7	–	0,8
$^{210}_{81}Tl$	1,3 min	–	2,3	0,8
$^{210}_{82}Pb$	22,3 a	–	0,06	0,05
$^{210}_{83}Bi$	5,0 d	1,2	4,7	0,3
$^{210}_{84}Po$	138,4 d	5,3	–	0,8
$^{206}_{81}Tl$	4,2 min	–	1,5	0,8
$^{206}_{82}Pb$	stabil	–	–	–

Uran-Actinium-Reihe

$T_{1/2} = 7{,}13 \cdot 10^{8}$ a

Nuklid	Halbwertszeit	α	β	γ
$^{235}_{92}U$	$7{,}0 \cdot 10^{8}$ a	4,4	–	0,19
$^{231}_{90}Th$	25,5 h	–	0,2	0,05
$^{231}_{91}Pa$	$3{,}3 \cdot 10^{4}$ a	5,0	–	0,3
$^{227}_{89}Ac$	21,8 a	4,96	0,04	0,1
$^{227}_{90}Th$	18,7 d	6,0	–	0,26
$^{223}_{87}Fr$	21,8 min	5,34	1,1	0,24
$^{223}_{88}Ra$	11,4 d	6,0	–	0,27
$^{219}_{85}At$	0,9 min	6,27	–	–
$^{219}_{86}Rn$	3,96 s	6,8	–	0,40
$^{215}_{83}Bi$	7,6 min	–	–	0,52
$^{215}_{84}Po$	1,78 ms	7,4	–	0,44
$^{215}_{85}At$	0,1 ms	8,03	–	0,41
$^{211}_{82}Pb$	36,1 min	–	1,4	0,83
$^{211}_{83}Bi$	2,17 min	6,4	–	0,35
$^{211}_{84}Po$	0,52 s	7,45	–	0,90
$^{207}_{81}Tl$	4,8 min	–	1,4	0,90
$^{207}_{82}Pb$	stabil	–	–	–

Neptunium-Reihe

$T_{1/2} = 2{,}40 \cdot 10^{6}$ a

Nuklid	Halbwertszeit	α	β	γ
$^{241}_{94}Pu$	14,35 a	4,9	0,02	0,15
$^{241}_{95}Am$	432 a	5,5	–	0,06
$^{237}_{93}Np$	$2{,}1 \cdot 10^{6}$ a	4,8	–	0,087
$^{233}_{91}Pa$	27,0 d	–	0,6	0,34
$^{233}_{92}U$	$1{,}6 \cdot 10^{5}$ a	4,8	–	0,097
$^{229}_{90}Th$	7780 a	4,8	–	0,21
$^{225}_{88}Ra$	14,8 d	–	0,4	0,04
$^{225}_{89}Ac$	10,0 d	5,8	–	0,19
$^{221}_{87}Fr$	3,1 min	6,5	–	0,92
$^{217}_{85}At$	32,3 min	7,01	–	0,60
$^{213}_{83}Bi$	45,6 min	5,87	1,4	1,1
$^{213}_{84}Po$	4,2 µs	8,4	–	0,78
$^{209}_{81}Tl$	2,16 min	–	1,8	1,6
$^{209}_{82}Pb$	3,25 h	–	–0,6	–
$^{209}_{83}Bi$	stabil	–	–	–

α-Zerfall | β-Zerfall | α-Zerfall und β-Zerfall | stabil

Massenzahl, Kernladungszahl, Element, Halbwertszeit, Maximale Energie in MeV ($^{210}_{84}Po$: 138,4 d; α: 5,3; β: –; γ: 0,8)

Ionisierende Strahlung

80443B

Energiedosis *D*	$D = \frac{E}{m}$	E Energie m Masse Q Qualitätsfaktor
Äquivalentdosis *H*	$H = D \cdot Q$	
Aktivität *A* einer radioaktiven Substanz	$A = \frac{\Delta N}{\Delta t}$ $A = A_0 \cdot e^{-\lambda \cdot t}$	ΔN Anzahl der zerfallenen Atomkerne Δt Zeitintervall A_0 Anfangsaktivität λ Zerfallskonstante t Zeit N_0 Anzahl der zum Zeitpunkt $t = 0$ vorhandenen, nicht zerfallenen Atomkerne N Anzahl der nicht zerfallenen Atomkerne
Zerfallsgesetz	$N = N_0 \cdot e^{-\lambda \cdot t}$ $N = N_0 \cdot \left(\frac{1}{2}\right)^{\frac{t}{T_{1/2}}}$	
Halbwertszeit $T_{1/2}$	$T_{1/2} = \frac{\ln 2}{\lambda}$	

Qualitätsfaktor *Q*

Strahlungsart	β-Strahlung γ-Strahlung Röntgenstrahlung	Thermische Neutronen	Schnelle Neutronen	α-Strahlung	Schwere Ionen
Qualitätsfaktor *Q*	1	2,3	10	20	20

Halbwertszeit $T_{1/2}$ und Art der Strahlung einiger Nuklide

80426W

Nuklid	Halbwertszeit $T_{1/2}$	Art der Strahlung
Americium-241	433 a	α, γ
Blei-209	3,25 h	β^-
Blei-210	22,2 a	β^-
Caesium-137	30,17 a	β^-
Cobalt-60	5,27 a	β^-, γ
Iod-131	8,04 d	β^-
Kohlenstoff-14	5730 a	β^-
Krypton-85	10,76 a	β^-, γ
Plutonium-238	87,74 a	α, γ
Radium-226	1600 a	α, γ
Radon-220	55,6 s	α
Uran-235	$7{,}1 \cdot 10^8$ a	α
Uran-238	$4{,}5 \cdot 10^9$ a	α

Elementare Bausteine der Materie

Teilchenfamilien

Leptonen

Elektron e^- — Elektron-Neutrino ν_E
Myon μ^- — Myon-Neutrino ν_μ
Tauon τ — Tauon-Neutrino ν_τ

Hadronen

Mesonen

Pi-Meson π^+
K-Meson K^0

Baryonen

Proton p
Neutron n
Sigma-Hyperon Σ^+
Xi-Hyperon Ξ^0

Alle Hadronen bestehen aus Quarks.

Tabelle über Leptonen

Name	Symbol	Ladung in e	Masse in $\frac{MeV}{c^2}$	Antiteilchen
Elektron	e^-	-1	0,511	Positron
Elektron-Neutrino	ν_E	0	$< 10^{-5}$	Anti-Elektron-Neutrino
Myon	μ^-	-1	106	Anti-Myon
Myon-Neutrino	ν_μ	0	< 0,2	Anti-Myon-Neutrino
Tauon	τ	-1	1 777	Anti-Tauon
Tauon-Neutrino	ν_τ	0	< 20	Anti-Tauon-Neutrino

Tabelle über Quarks

Quark	u	d	s	c	b	t
Bezeichnung	up	down	strange	charm	bottom	top
Ladung	$+\frac{2}{3}e$	$-\frac{1}{3}e$	$-\frac{1}{3}e$	$+\frac{2}{3}e$	$-\frac{1}{3}e$	$+\frac{2}{3}e$
Masse in $\frac{GeV}{c^2}$	0,003	0,06	0,1	1,3	4,3	175
Antiteilchen	$\bar{u}$	$\bar{d}$	$\bar{s}$	$\bar{c}$	$\bar{b}$	$\bar{t}$
Ladung	$-\frac{2}{3}e$	$+\frac{1}{3}e$	$+\frac{1}{3}e$	$-\frac{2}{3}e$	$+\frac{1}{3}e$	$-\frac{2}{3}e$
Masse in $\frac{GeV}{c^2}$	0,003	0,06	0,1	1,3	4,3	175

Eigenschaften ausgewählter Teilchen

Elektron		Ruhemasse Ruheenergie Ladung	$9{,}10939 \cdot 10^{-31}$ kg = $5{,}4858 \cdot 10^{-4}$ u 511 keV –1e
Proton		Ruhemasse Ruheenergie Ladung Quarkzusammensetzung	$1{,}67262 \cdot 10^{-27}$ kg = 1,007 276 u 938,28 MeV +1e uud
Neutron		Ruhemasse Ruheenergie Ladung Quarkzusammensetzung	$1{,}67493 \cdot 10^{-27}$ kg = 1,008 665 u 939,57 MeV 0 udd
α-Teilchen	He-Kern aus 2 Protonen und 2 Neutronen	Ruhemasse Ruheenergie Ladung	$6{,}64466 \cdot 10^{-27}$ kg = 4,001 506 u 3,727 38 GeV +2e

Fundamentale Wechselwirkungen (Standardmodell)

Kräfte (Wechselwirkungen) / Kennzeichen	Elektromagnetische Kraft	Starke Kraft	Schwache Kraft	Gravitationskraft
wirkt auf die Eigenschaft	elektrische Ladung	Farbladung	schwache Ladung	Masse
wirkt auf	elektrisch geladene Teilchen	Quarks, also auch auf Kernteilchen	alle Teilchen	alle Teilchen
Austauschteilchen	Photon	Gluon	W- und Z-Boson	Graviton (hypothetisch)
Reichweite	nimmt mit $\frac{1}{r^2}$ ab	10^{-15} m	10^{-17} m	nimmt mit $\frac{1}{r^2}$ ab
Relative Stärke	10^{-2}	1	10^{-13}	10^{-40}
Beispiele	Zusammenhalt von Atomkern und Atomhülle	Zusammenhalt eines Protons oder Neutrons, Stabilität von Atomkernen	Beta-Zerfall	Zusammenhalt des Planetensystems

Astrophysik

Astronomische Konstanten

Größe	Formelzeichen	Wert
Hubble-Konstante	H	$74\,\frac{\text{km}}{\text{s}\cdot\text{Mpc}}$
Solarkonstante	S	$1{,}367\,\frac{\text{kW}}{\text{m}^2}$
Vakuumlichtgeschwindigkeit	c	$299\,792{,}458\,\frac{\text{km}}{\text{s}}$

Einheiten für Länge und Zeit

Größe	Einheit		Beziehungen zwischen den Einheiten	
Länge	Astronomische Einheit (mittlere Entfernung Erde – Sonne)	AE	1 AE	= 149,6 Mio. km $= 1{,}496 \cdot 10^{11}$ m
	Lichtjahr	ly	1 ly	$= 9{,}461 \cdot 10^{15}$ m $= 6{,}324 \cdot 10^{4}$ AE = 0,307 pc
	Parsec	pc	1 pc	$= 3{,}086 \cdot 10^{16}$ m
Zeit	mittlerer Sonnentag	d	1d	= 86 400 s = 24 h
	Sterntag		1 Sterntag	= 23 h 56 min 4,098 s = 0,997 27 d = 86 164 s
	siderischer Tag		1 sid. Tag	= 1 Sterntag + 0,008 4 s
	siderischer Monat		1 sid. Monat	= 27 d 7 h 43 min 12 s
	synodischer Monat		1 syn. Monat	= 29 d 12 h 44 min 3 s
	tropisches Jahr	a	1 a	= 365,242 2 d $= 3{,}155\,69 \cdot 10^{7}$ s
	siderisches Jahr		1 sid. Jahr	$= 365{,}256\text{ d} = 3{,}156 \cdot 10^{7}$ s
	Kalenderjahr		1 Kalenderjahr	= 365 d oder 366 d

Scheinbare Anhebung der Gestirne über dem Horizont

bei 10 °C und 101,3 kPa

Höhe	Refraktion	Höhe	Refraktion	Höhe	Refraktion
0°	0,59°	6°	0,14°	20°	0,04°
1°	0,41°	8°	0,11°	30°	0,03°
2°	0,31°	10°	0,09°	60°	0,01°
4°	0,20°	15°	0,06°	90°	0,00°

Sonne, Erde, Mond

80427W

Größe	Sonne	Erde	Mond
Mittlerer Radius	696 000 km	6 371 km	1 738 km
Masse	$1{,}99 \cdot 10^{30}$ kg	$5{,}97 \cdot 10^{24}$ kg	$7{,}35 \cdot 10^{22}$ kg
Mittlere Dichte	$1{,}41\ \frac{g}{cm^3}$	$5{,}52\ \frac{g}{cm^3}$	$3{,}35\ \frac{g}{cm^3}$
Fallbeschleunigung an der Oberfläche	$274\ \frac{m}{s^2}$	$9{,}81\ \frac{m}{s^2}$	$1{,}62\ \frac{m}{s^2}$
Oberflächentemperatur	≈ 5 780 K	–88 °C … 60 °C	–160 °C … 130 °C
Mittlere Entfernung Erde – Sonne (eine astronomische Einheit)			149,6 Mio. km
Mittlere Entfernung Erde – Mond			384 400 km

Planeten des Sonnensystems

80428W

Planet	Mittlere Entfernung von der Sonne in Mio. km	Umlaufzeit um die Sonne in Jahren	Mittlere Bahngeschwindigkeit in $\frac{km}{s}$	Radius in km	Masse in 10^{24} kg	Mittlere Dichte in $\frac{g}{cm^3}$
Merkur	57,9	0,24	47,9	2 440	0,34	5,43
Venus	108,2	0,62	35,0	6 200	4,87	5,24
Erde	149,6	1,00	29,8	6 371	5,97	5,52
Mars	227,9	1,88	24,1	3 400	0,64	3,93
Jupiter	778,3	11,86	13,1	71 400	1 900	1,33
Saturn	1 427	29,46	9,6	60 400	569	0,69
Uranus	2 870	84,02	6,8	25 600	87	1,24
Neptun	4 496	164,79	5,4	24 800	103	1,65

Einige Daten der Galaxis (des Milchstraßensystems)

Gesamtmasse	$\approx 2 \cdot 10^{12}$ Sonnenmassen
Mittlere Dichte der Galaxis	$10^{-23}\ \frac{g}{cm^3}$
Anzahl der Sterne	$\approx 2 \cdot 10^{11}$
Anzahl der mit bloßem Auge sichtbaren Sterne	≈ 5 000 (bei optimalen Bedingungen)

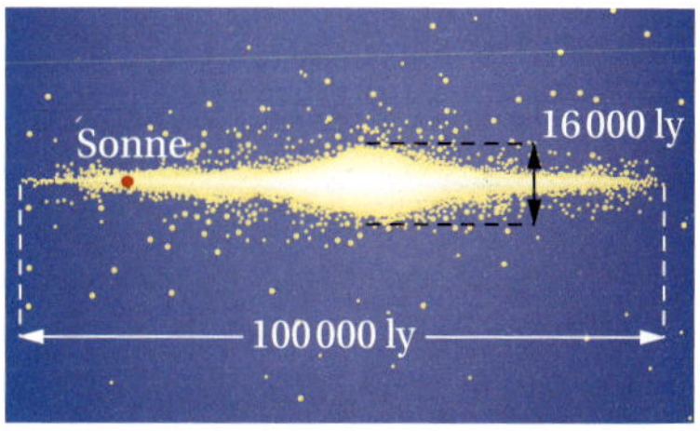

Keplersche Gesetze und Gravitation

80444B

1. keplersches Gesetz	Alle Planeten bewegen sich auf elliptischen Bahnen. In einem der Brennpunkte steht die Sonne.	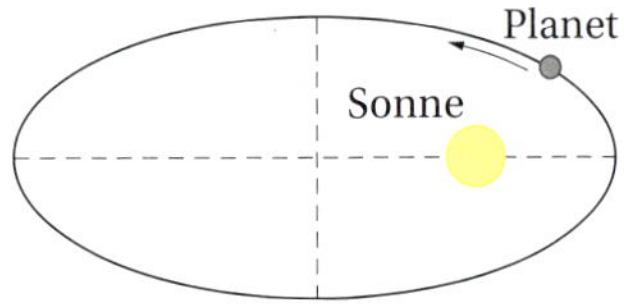
2. keplersches Gesetz	Die Verbindungslinie Sonne – Planet überstreicht in gleichen Zeiten gleiche Flächen. $\frac{A_1}{t} = \frac{A_2}{t}$ A_1, A_2 Flächen t Zeit	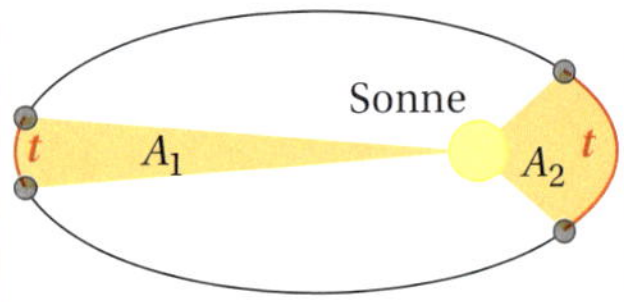
3. keplersches Gesetz	Die Quadrate der Umlaufzeiten zweier Planeten verhalten sich wie die dritten Potenzen der großen Halbachsen ihrer Bahnen. $\frac{T_1^2}{T_2^2} = \frac{a_1^3}{a_2^3}$ T Umlaufzeit a große Halbachse	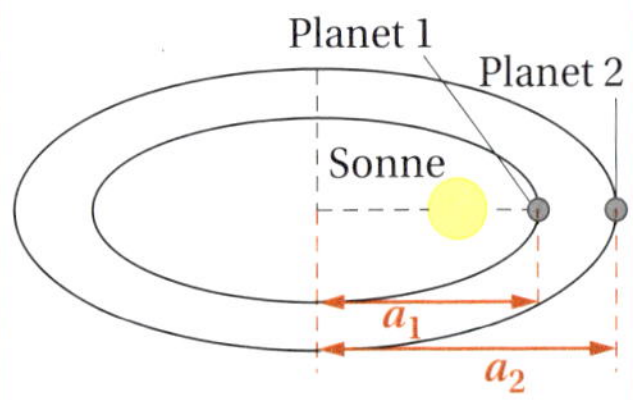
Gravitationsgesetz	$F = G \cdot \frac{m \cdot M}{r^2}$ G Gravitationskonstante $\left(G = 6{,}673 \cdot 10^{-11}\ \frac{\mathrm{m}^3}{\mathrm{kg} \cdot \mathrm{s}^2}\right)$	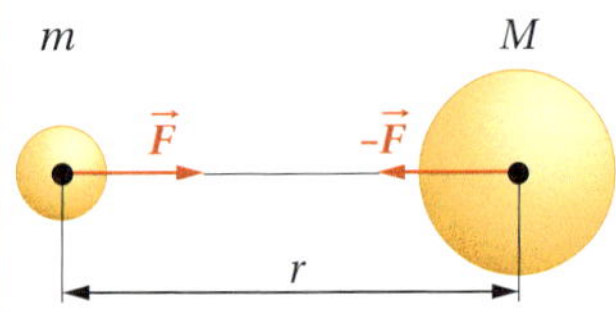
1. kosmische Geschwindigkeit v_K (minimale Kreisbahngeschwindigkeit)	$v_K = \sqrt{\frac{G \cdot M}{R}}$	M Masse des Himmelskörpers (z. B. der Erde) R Radius des Himmelskörpers (z. B. der Erde)
2. kosmische Geschwindigkeit v_F (Fluchtgeschwindigkeit)	$v_F = \sqrt{\frac{2\,G \cdot M}{R}}$	

Kosmische Geschwindigkeiten

Himmelskörper	1. kosmische Geschwindigkeit	2. kosmische Geschwindigkeit
Erde	$7{,}9\ \frac{\mathrm{km}}{\mathrm{s}}$	$11{,}2\ \frac{\mathrm{km}}{\mathrm{s}}$
Mond	$1{,}67\ \frac{\mathrm{km}}{\mathrm{s}}$	$2{,}38\ \frac{\mathrm{km}}{\mathrm{s}}$
Sonne	$435\ \frac{\mathrm{km}}{\mathrm{s}}$	$618\ \frac{\mathrm{km}}{\mathrm{s}}$
Mars	$3{,}5\ \frac{\mathrm{km}}{\mathrm{s}}$	$5{,}0\ \frac{\mathrm{km}}{\mathrm{s}}$

Astrophysikalische Gesetze und Zusammenhänge

80445 B

Radius R eines Himmelskörpers	$R = r \cdot \sin(0{,}5\,d')$	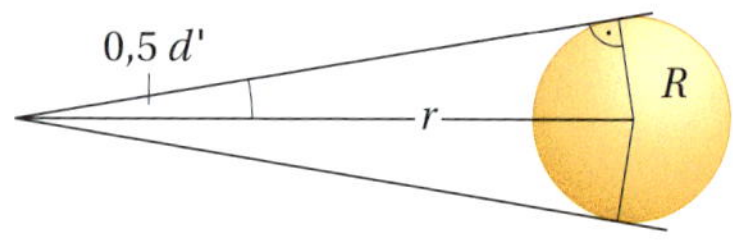 r Entfernung Beobachter-Himmelskörper d' Winkeldurchmesser
Mittlere Dichte $\bar{\varrho}$ eines kugelförmigen Himmelskörpers	$\bar{\varrho} = \frac{m}{V} = \frac{6\,m}{\pi \cdot D^3} = \frac{3\,m}{4\pi \cdot R^3}$	m Masse V Volumen D Durchmesser
Leuchtkraft $L_\odot$ der Sonne	$L_\odot = 4\pi \cdot r^2 \cdot S$	r Entfernung Sonne-Erde S Solarkonstante $\left(S = 1{,}367\,\frac{\text{kW}}{\text{m}^2}\right)$
Leuchtkraft L eines Sterns	$L = \frac{E}{t}$	E ausgestrahlte Energie t Zeit A Fläche
Intensität I der Strahlung eines Sterns	$I = \frac{E}{A \cdot t}$	
Scheinbare Helligkeit m_1 eines Sterns	$m_1 - m_2 = -2{,}5 \cdot \lg \frac{I_1}{I_2}$	m_2 Bezugshelligkeit
Entfernungsmodul	$m - M = 5 \cdot \lg r - 5$	M absolute Helligkeit m scheinbare Helligkeit r Entfernung eines Sterns p Parallaxe in Bogensekunden
Entfernung r eines Sterns (in Parsec)	$r = \frac{1}{p}$	
Gesetz von Hubble	$v = H \cdot r$	v Fluchtgeschwindigkeit H Hubble-Konstante $\left(H = 74\,\frac{\text{km}}{\text{s} \cdot \text{Mpc}}\right)$
Temperatur T eines Sterns	$T = \sqrt[4]{\frac{L}{\sigma \cdot \pi \cdot D^2}}$	L Leuchtkraft des Sterns D Durchmesser des Sterns σ Stefan-Boltzmann-Konstante $\left(\sigma = 5{,}670 \cdot 10^{-8}\,\frac{\text{W}}{\text{m}^2 \cdot \text{K}^4}\right)$
Masse-Leuchtkraft-Beziehung für Hauptreihensterne	$\frac{L}{L_\odot} \approx \left(\frac{m}{m_\odot}\right)^3$	L Leuchtkraft des Sterns m Masse des Sterns $L_\odot$ Leuchtkraft der Sonne $m_\odot$ Masse der Sonne

Chemie

Eigenschaften von Stoffen

Ausgewählte Elemente und Elementsubstanzen

80601W

Name	Symbol	Ordnungszahl	Atommasse in u	Häufigste Oxidationszahlen	Formel	Dichte ◆ ϱ in $g \cdot cm^{-3}$ bei 25 °C	Schmelztemperatur • ϑ_S in °C	Siedetemperatur • ϑ_V in °C	Standardentropie S^0 in $J \cdot mol^{-1} \cdot K^{-1}$
Aluminium	Al	13	26,98	+III		2,70	660	2 447	28
Antimon	Sb	51	121,75	+V; +III; –III		6,68	631	1 380	46
Argon ◆	Ar	18	39,95	±0		1,784 $g \cdot l^{-1}$	–189	–186	
Arsen (grau)	As	33	74,92	+V; +III; –III		5,72	817 p	613 subl.	35
Astat	At	85	[210]	–I			302	335	
Barium	Ba	56	137,33	+II		3,50	714	1 640	63
Beryllium	Be	4	9,01	+II		1,85	1 280	2 480	9
Bismut	Bi	83	208,98	+III		9,8	271	1 560	57
Blei	Pb	82	207,2	+II; +IV		11,35	327	1 740	65
Bor	B	5	10,81	+III		2,34	(2 030)	3 900	6
Brom	Br	35	79,90	+V; +III; +I; –I	Br_2	3,12	–7	58	152
Cadmium	Cd	48	112,41	+II		8,65	321	765	52
Cäsium	Cs	55	132,91	+I		1,87	29	690	83
Calcium	Ca	20	40,08	+II		1,55	838	1 490	41
Chlor ◆	Cl	17	35,45	+VII; +V; +III; +I; –I	Cl_2	3,21 $g \cdot l^{-1}$	–101	–35	223
Chromium	Cr	24	51,996	+VI; +III		7,19	1 900	2 642	24
Cobalt	Co	27	58,93	+III; +II		8,90	1 490	2 900	30
Eisen	Fe	26	55,85	+III; +II		7,86	1 540	3 000	27
Fluor ◆	F	9	18,998	–I	F_2	1,695 $g \cdot l^{-1}$	–220	–188	203
Francium	Fr	87	[223]	+I			(27)	(680)	
Gallium	Ga	31	69,72	+III		5,91	30	2 400	41
Germanium	Ge	32	72,59	+IV; +II; –IV		5,32	937	2 830	31
Gold	Au	79	196,97	+III		19,32	1 063	2 970	
Hafnium	Hf	72	178,49	+IV		13,1	2 000	5 400	
Helium ◆	He	2	4,00	±0		0,18 $g \cdot l^{-1}$	–270	–269	
Indium	In	49	114,82	+III		7,31	156	2 000	58
Iod	I	53	126,90	+VII; +V; +III; +I; –I	I_2	4,94	114	183	116
Iridium	Ir	77	192,22	+IV; +III		22,56	2 450	4 500	

Name	Symbol	Ordnungszahl	Atommasse in u	Häufigste Oxidationszahlen	Formel	Dichte ◆ ϱ in $g \cdot cm^{-3}$ bei 25 °C	Schmelztemperatur• ϑ_S in °C	Siedetemperatur• ϑ_V in °C	Standardentropie S^0 in $J \cdot mol^{-1} \cdot K^{-1}$
Kalium	K	19	39,10	+I		0,86	64	760	64
Kohlenstoff	C	6	12,01	+IV; –IV					
(Grafit)						2,26	3730	4830	6
(Diamant)						3,51	> 3550		2
Krypton ◆	Kr	36	83,80	+II		3,74 $g \cdot l^{-1}$	–157	–152	164
Kupfer	Cu	29	63,55	+II; +I		8,96	1083	2600	33
Lanthan	La	57	138,91	+III		6,17	920	3470	
Lithium	Li	3	6,94	+I		0,53	180	1330	138
Magnesium	Mg	12	24,31	+II		1,74	650	1110	33
Mangan	Mn	25	54,94	+VII; +VI; +IV; +II		7,43	1250	2100	32
Molybdän	Mo	42	95,94	+VI; +IV		10,2	2610	5560	29
Natrium	Na	11	22,99	+I		0,97	98	892	51
Neon ◆	Ne	10	20,18	±0		0,899 $g \cdot l^{-1}$	–249	–246	
Nickel	Ni	28	58,70	+II		8,90	1450	2730	30
Niobium	Nb	41	92,91	+V		8,55	2420	4900	
Osmium	Os	76	190,2	+IV		22,4	3000	5500	
Palladium	Pd	46	106,4	+IV; +II		12,0	1550	3125	
Phoshor (weiß)	P	15	30,97	+V; +III; –III		1,82	44	280	41
Platin	Pt	78	195,09	+IV; +II		21,45	1770	3825	
Plutonium	Pu	94	[244]	+IV		19,8	640	3230	
Polonium	Po	84	[209]	+IV; +II; –II		9,4	254	962	
Quecksilber	Hg	80	200,59	+II; +I		13,54	–38,9	356,6	76
Radium	Ra	88	[226]	+II		5,0	700	1530	
Radon ◆	Rn	86	[222]	(+II); ±0		9,37 $g \cdot l^{-1}$	–71	–62	
Rhenium	Re	75	186,21	+IV		21,00	3180	5630	
Rhodium	Rh	45	102,91	+III		12,4	1970	3730	
Rubidium	Rb	37	85,47	+I		1,53	39	688	77
Ruthenium	Ru	44	101,07	+IV; +III		12,2	2300	3900	
Sauerstoff ◆	O	8	15,999	–II					
(Disauerstoff)					O_2	1,43 $g \cdot l^{-1}$	–218,4	–183	205
(Ozon)					O_3	2,14 $g \cdot l^{-1}$	–192,7	–110,5	238,93
Scandium	Sc	21	44,96	+III		3,0	1540	2730	35
Schwefel	S	16	32,06	+VI; +IV; +II; –II					
(rhombisch)						2,07	113		22
(monoklin)						1,96	119	445	33
Selen (grau)	Se	34	78,96	+VI; +IV; +II; –II		4,80	217	685	42
Silber	Ag	47	107,87	+I		10,5	961	2210	43
Silicium	Si	14	28,09	+IV; –IV		2,33	1410	2680	19
Stickstoff ◆	N	7	14,007	+V; +III; –III	N_2	1,251 $g \cdot l^{-1}$	–210	–195,8	192
Strontium	Sr	38	87,62	+II		2,6	770	1380	52
Tantal	Ta	73	180,95	+V		16,6	3000	5430	
Technetium	Tc	43	[97]	+VII; +IV		11,5	2140	(4600)	
Tellur	Te	52	127,60	+VI; +IV; +II; –II		6,24	450	1390	50

Name	Symbol	Ordnungszahl	Atommasse in u	Häufigste Oxidationszahlen	Formel	Dichte ◆ ϱ in $g \cdot cm^{-3}$ bei 25 °C	Schmelztemperatur • ϑ_S in °C	Siedetemperatur • ϑ_V in °C	Standardentropie S^0 in $J \cdot mol^{-1} \cdot K^{-1}$
Thallium	Tl	81	204,37	+III; +I		11,85	303	1 460	64
Titanium	Ti	22	47,90	+IV		4,50	1 670	3 260	31
Uranium	U	92	238,03	+VI		19,16	1 130	3 820	50
Vanadium	V	23	50,94	+V		5,8	1 900	3 450	29
Wasserstoff ◆	H	1	1,008	+I; –I	H_2	0,089 $g \cdot l^{-1}$	–259,1	–252,5	131
Wolfram	W	74	183,85	+VI; +IV		19,3	3 410	5 500	33
Xenon ◆	Xe	54	131,30	+II; +IV; +VI		5,9 $g \cdot l^{-1}$	–112	–108	170
Yttrium	Y	39	88,91	+III		4,5	1 500	2 930	
Zink	Zn	30	65,38	+II		7,13	419	906	42
Zinn	Sn	50	118,69	+IV; +II; –II		7,29	232	2 270	52
Zirconium	Zr	40	91,22	+IV		6,49	1 850	3 580	39

[ ] Die umklammerten Werte für die Atommasse geben die Massenzahl des Isotops mit der höchsten Halbwertszeit an.

◆ Dichte gasförmiger Stoffe bei 0 °C

• Schmelz- und Siedetemperatur bei 101,3 kPa

Anorganische Verbindungen

80602I

Name	Aggregatzustand bei 25 °C	Formel	Dichte ◆ ϱ in $\frac{g}{cm^3}$ bei 25 °C	Molare Masse M in $\frac{g}{mol}$	Schmelztemperatur • ϑ_S in °C	Siedetemperatur • ϑ_V in °C	Standardbildungsenthalpie $\Delta_f H^0$ in $\frac{kJ}{mol}$	Standardentropie S^0 in $\frac{J}{mol \cdot K}$	Freie Standardbildungsenthalpie $\Delta_f G^0$ in $\frac{kJ}{mol}$
Aluminiumbromid	s	$AlBr_3$	2,6	266,7	97,4	257	–516	163	–488
Aluminiumcarbid	s	Al_4C_3	2,4	144	2 100 z	–	–209	89	–196
Aluminiumchlorid	s	$AlCl_3$	2,4	133,3	192,5 p	180 subl.	–704	111	–629
Aluminiumhydroxid	s	$Al(OH)_3$	2,4	78	> 170		–1 277		
Aluminiumoxid	s	Al_2O_3	4,0	101,9	2 045	≈ 3 000	–1 676	50,9	–1582
Aluminiumsulfat	s	$Al_2(SO_4)_3$	2,7	342,1	605 z	–	–3 442	239	–3 100
Ammoniak ◆	g	NH_3	0,77 $g \cdot l^{-1}$	17,0	–78	–33,5	–46,1	192,2	–16
Ammoniumcarbonat	s	$(NH_4)_2CO_3$		96,1	z	–	–942	170	–687
Ammoniumchlorid	s	NH_4Cl	1,5	53,5	–	335 subl.	–314,6	94,6	–203
Ammoniumhydrogencarbonat	s	NH_4HCO_3	1,6	79,1	36 z	–	–849	121	–666
Ammoniumnitrat	s	NH_4NO_3	1,7	80,0	169	200 z	–366	151	–184
Ammoniumsulfat	s	$(NH_4)_2SO_4$	1,8	132,1	280 z	–	–1 180	220	–902
Arsentrioxid	s	As_2O_3	3,7	197,8	309	459	–657	107	–578
Bariumcarbonat	s	$BaCO_3$	4,4	197,4	1 350		–1 216	112	–1 138
Bariumchlorid	s	$BaCl_2$	3,9	208,2	963	1 562	–859,8	124	–811
Bariumhydroxid	s	$Ba(OH)_2$	4,5	171,4	408	> 600 z	–945		
Bariumoxid	s	BaO	5,7	153,3	1 920	(2 000)	–554	70	–525
Bariumsulfat	s	$BaSO_4$	4,5	233,4	1 350		–1473	132	–1362

Name	Aggregatzustand bei 25 °C	Formel	Dichte ◆ ϱ in $\frac{g}{cm^3}$ bei 25 °C	Molare Masse M in $\frac{g}{mol}$	Schmelztemperatur• ϑ_S in °C	Siedetemperatur• ϑ_V in °C	Standardbildungsenthalpie $\Delta_f H^0$ in $\frac{kJ}{mol}$	Standardentropie S^0 in $\frac{J}{mol \cdot K}$	Freie Standardbildungsenthalpie $\Delta_f G^0$ in $\frac{kJ}{mol}$
Blei(II)-chlorid	s	$PbCl_2$	5,8	278,1	498	954	-359	136	-314
Blei(II)-nitrat	s	$Pb(NO_3)_2$	4,5	331,2	470 z	–	-456		
Blei(II)-oxid	s	PbO	9,5	223,2	890	1470	-217	69	-188
Blei(II, IV)-oxid (Mennige)	s	Pb_3O_4	9,1	685,6	500 z	–	-718	211	-601
Blei(IV)-oxid	s	PbO_2	9,4	239,2	290 z	–	-277	69	-217
Blei(II)-sulfat	s	$PbSO_4$	6,2	303,3	1170		-920	149	-813
Blei(II)-sulfid	s	PbS	7,5	239,3	1114		-100	91	-99
Borsäure	s	H_3BO_3	1,4	61,8	185 z	–	-1094	88,7	-969
Bromwasserstoff ◆	g	HBr	3,644 $g \cdot l^{-1}$	80,9	-87	-67	-36	199	-53
Calciumbromid	s	$CaBr_2$	3,3	199,9	730	810	-683	130	-664
Calciumcarbid	s	CaC_2	2,2	64,1	2300		-60	70	-65
Calciumcarbonat	s	$CaCO_3$	2,7	100,1	900 z	–	-1207	93	-1129
Calciumchlorid	s	$CaCl_2$	2,1	111,0	772	> 1600	-796	105	-748
Calciumfluorid	s	CaF_2	3,2	78,1	1392	(2500)	-1220	69	-1167
Calciumhydroxid	s	$Ca(OH)_2$	2,3	74,1	580,0 z	–	-986	83	-899
Calciumiodid	s	CaI_2	4,0	293,9	740,0 z	1100	-533	142	-529
Calciumnitrat	s	$Ca(NO_3)_2$	2,5	164,1	561		-938	193	-743
Calciumoxid	s	CaO	3,3	56,1	2570	2850	-635	40	-604
Calciumphosphat	s	$Ca_3(PO_4)_2$	3,1	310,2	1670		-4120	236	-3885
Calciumsulfat	s	$CaSO_4$	3,0	136,1	1450		-1434	107	-1322
Chlorwasserstoff ◆	g	HCl	1,639 $g \cdot l^{-1}$	36,5	-114	-85	-92	187	-95
Chromium(II)-chlorid	s	$CrCl_2$	2,9	122,9	815		-395	115	-356
Chromium(III)-oxid	s	Cr_2O_3	5,2	152,0	2437	(3000)	-1140	81	-1058
Cobaltchlorid	s	$CoCl_2$	3,4	129,8	727	1050	-313	109	-270
Cyanwasserstoff	l	HCN	0,7	27	-14	26	109	113	125
Eisen(III)-chlorid	s	$FeCl_3$	2,8	162,2	306	315	-399	142	-334
Eisendisulfid (Pyrit)	s	FeS_2	5,0	120,0	1171	z	-178	53	-167
Eisen(III)-hydroxid	s	$Fe(OH)_3$	3,9	106,9	500,0 z	–	-823	107	-697
Eisen(II)-oxid	s	FeO	5,7	71,8	1380		-272	61	-251
Eisen(II, III)-oxid	s	Fe_3O_4	5,2	231,5	1538,0 z	–	-1118	146	-1015
Eisen(III)-oxid	s	Fe_2O_3	5,2	159,7	1560 z	–	-824	87	-742
Eisen(II)-sulfat	s	$FeSO_4$	2,84	151,9	z	–	-928	108	-821
Eisen(II)-sulfid	s	FeS	4,8	87,9	1195	z	-100	60	-100
Fluorwasserstoff ◆	g	HF	0,987 (l)	20	-83	19	-271	174,7	-243
Iodwasserstoff ◆	g	HI	5,79 $g \cdot l^{-1}$	127,9	-51	-35	25,9	206,3	62

Name	Aggregatzustand bei 25 °C	Formel	Dichte ◆ ϱ in $\frac{g}{cm^3}$ bei 25 °C	Molare Masse M in $\frac{g}{mol}$	Schmelztemperatur• ϑ_S in °C	Siedetemperatur• ϑ_V in °C	Standardbildungsenthalpie $\Delta_f H^0$ in $\frac{kJ}{mol}$	Standardentropie S^0 in $\frac{J}{mol \cdot K}$	Freie Standardbildungsenthalpie $\Delta_f G^0$ in $\frac{kJ}{mol}$
Kaliumaluminiumsulfat	s	$KAl(SO_4)_2$		258,2			–2465	205	–2236
Kaliumbromid	s	KBr	2,7	119	734	1380	–392	97	–379
Kaliumcarbonat	s	K_2CO_3	2,3	138,2	897	z	–1146	156	–1061
Kaliumchlorat	s	$KClO_3$	2,3	122,6	368	400 z	–391	143	–290
Kaliumchlorid	s	KCl	2,0	74,6	770	1407	–436	83	–408
Kaliumchromat	s	K_2CrO_4	2,7	194,2	975	z	–1383		
Kaliumcyanid	s	KCN	1,5	65,1	623		–113	128	–102
Kaliumdichromat	s	$K_2Cr_2O_7$	2,7	294,2	398	500 z	–2033		
Kaliumfluorid	l	KF	2,5	58,1	857	1500 z	–563	67	–533
Kaliumhydroxid	s	KOH	2,0	56,1	360	1327	–425	79	–379
Kaliumiodat	s	KIO_3	3,9	214,0	560	z	–508	152	–426
Kaliumiodid	s	KI	3,1	166,0	681	1324	–328	104	–322
Kaliumnitrat	s	KNO_3	2,1	101,1	338	400 z	–493	133	–393
Kaliumpermanganat	s	$KMnO_4$	2,7	158,0	240 z	–	–813	172	–714
Kaliumphosphat	s	K_3PO_4	2,6	212,3	1340				
Kaliumsulfat	s	K_2SO_4	2,7	174,3	1074	1689	–1434	176	–1316
Kaliumoxid	s	K_2O	2,3	94,2	350 z	–	–361	98	–322
Kohlenstoffdioxid ◆	g	CO_2	1,98 $g \cdot l^{-1}$	44	–56,6 p	–78,4 subl.	–393	214	–394
Kohlenstoffdisulfid	l	CS_2	1,3	76,1	–111	46	90	151	65
Kohlenstoffmonooxid ◆	g	CO	1,25 $g \cdot l^{-1}$	28	–205	–190	–110,5	198	–137
Kupfer(I)-chlorid	s	CuCl	3,5	99,0	430	1490	–137	86	–120
Kupfer(II)-chlorid	s	$CuCl_2$	3,4	134,4	498	993 z	–220	108	–176
Kupfer(II)-nitrat	s	$Cu(NO_3)_2$		187,6	256	subl.	–303		
Kupfer(I)-oxid	s	Cu_2O	6,0	143,1	1230	1800 z	–169	93	–146
Kupfer(II)-oxid	s	CuO	6,4	79,5	1026 z	–	–157	43	–130
Kupfer(II)-sulfat	s	$CuSO_4$	3,6	159,6	650 z	–	–771	109	–662
Lithiumchlorid	s	LiCl	2,1	42,4	610	1350	–402	59	–377
Magnesiumbromid	s	$MgBr_2$	3,7	184,1	700		–524	117	–504
Magnesiumcarbonat	s	$MgCO_3$	3,1	84,3	350 z	–	–1096	66	–1012
Magnesiumchlorid	s	$MgCl_2$	2,3	95,2	712	1418	–642	90	–592
Magnesiumhydroxid	s	$Mg(OH)_2$	2,4	58,3	350 z	–	–924	63	–834
Magnesiumnitrat	s	$Mg(NO_3)_2$		148,3	z	–	–791	164	–590
Magnesiumoxid	s	MgO	3,6	40,3	2800	3600	–601,2	27	–570
Magnesiumsulfat	s	$MgSO_4$	2,7	120,4	1124 z	–	–1288	92	–1171
Manganchlorid	s	$MnCl_2$	3,0	125,9	650	1190	–481	118	–441

Name (Aggregatzustand bei 25 °C)	Formel	Dichte ◆ ϱ in $\frac{g}{cm^3}$ bei 25 °C	Molare Masse M in $\frac{g}{mol}$	Schmelztemperatur• ϑ_S in °C	Siedetemperatur• ϑ_V in °C	Standardbildungsenthalpie $\Delta_f H^0$ in $\frac{kJ}{mol}$	Standardentropie S^0 in $\frac{J}{mol \cdot K}$	Freie Standardbildungsenthalpie $\Delta_f G^0$ in $\frac{kJ}{mol}$
Mangan(IV)-oxid (Braunstein) s	MnO_2	5,0	86,9	535 z	–	-520	53	-465
Mangansulfat s	$MnSO_4$	3,2	151,0	700	850 z	-1065	112	-957
Natriumbromid s	$NaBr$	3,2	102,9	747	1390	-360	84	-347
Natriumcarbonat s	Na_2CO_3	2,5	106,0	854	z	-1131	136	-1048
Natriumchlorid s	$NaCl$	2,2	58,5	801	1465	-411	72	-384
Natriumhydrogencarbonat s	$NaHCO_3$	2,2	84,0	270 z	–	-948	102	-852
Natriumhydroxid s	$NaOH$	2,1	40	322 p	1378	-427	64	-381
Natriumnitrat s	$NaNO_3$	2,3	85	310	z	-467	116	-366
Natriumnitrit s	$NaNO_2$	2,2	69,0	271	320 z	-359		
Natriumphosphat s	Na_3PO_4	2,5	163,9	1340		-1925		
Natriumsulfat s	Na_2SO_4	2,7	142,0	884		-1384	149	-1267
Natriumthiosulfat s	$Na_2S_2O_3$	1,7	158,1	z	–	-1117		
phosphorige Säure s	H_3PO_3	1,6	82	74	200 z	-964		
Diphosphorpentaoxid s	P_4O_{10}	2,4	284	580	300 subl.	-3008	228	-2724
Phosphorpentachlorid g	PCl_5	1,6	208,3	148 p	164 subl.	-375	113	-305
Phosphorsäure s	H_3PO_4	1,8	98,0	42	213 z	-1286	110	-1126
Phosphortrichlorid g	PCl_3	1,6	137,3	-91	74	-287	72	-268
Quecksilber(II)-chlorid s	$HgCl_2$	5,4	271,5	277	304	-224	146	-179
Quecksilber(II)-oxid s	HgO	11,1	216,6	500 z	–	-91	70	-59
Salpetersäure l	HNO_3	1,5	63	-47	86	-174	156	-81
Schwefeldioxid ◆ g	SO_2	2,926 $g \cdot l^{-1}$	64,1	-73	-10	-297	248	-300
Schwefelsäure l	H_2SO_4	1,8	98,1	10	338 z	-814	157	-690
Schwefeltrioxid (ß)	SO_3	1,97	80,1	32,5	45	-396	257	-371
Schwefelwasserstoff◆ g	H_2S	1,529 $g \cdot l^{-1}$	34,1	-86	-62	-20,7	205,5	-34
Silberbromid s	$AgBr$	6,5	187,8	430	700 z	-100	107	-97
Silberchlorid s	$AgCl$	5,6	143,3	455	1564	-127	96	-110
Silberiodid s	AgI	5,7	234,8	557	1506	-62	115	-66
Silbernitrat s	$AgNO_3$	4,4	169,9	209	444 z	-124	141	-33
Siliciumdioxid s	SiO_2	2,6	60,1	1700	2230	-911	42	-858
Distickstoffpentoxid s	N_2O_5	1,6	108,0	41 p	32 subl.	11	356	115
Distickstofftrioxid g	N_2O_3	1,4 (l)	76,0	-102		84	312	139
Stickstoffdioxid ◆ g	NO_2	1,49 (l)	46,0	-11	21	33	240	51

Aggregatzustand bei 25 °C / Name	Formel	Dichte ◆ ϱ in $\frac{g}{cm^3}$ bei 25 °C	Molare Masse M in $\frac{g}{mol}$	Schmelztemperatur• ϑ_S in °C	Siedetemperatur• ϑ_V in °C	Standardbildungsenthalpie $\Delta_f H^0$ in $\frac{kJ}{mol}$	Standardentropie S^0 in $\frac{J}{mol \cdot K}$	Freie Standardbildungsenthalpie $\Delta_f G^0$ in $\frac{kJ}{mol}$
Stickstoffmonooxid ◆ g	NO	1,340 $g \cdot l^{-1}$	30	−164	−152	90	211	87
Wasser l	H_2O	0,997▪	18,0	0	100	−285	70	−237
Wasser g	H_2O	–	–	–	–	−242	189	−229
Wasserstoffperoxid l	H_2O_2	1,4	34,0	−0,4	158	−188	109	−120
Zinkchlorid s	$ZnCl_2$	2,9	136,3	283	732	−415	111	−369
Zinkoxid s	ZnO	5,5	81,4	1970	subl.	−348	44	−318
Zinksulfid s	ZnS	4,1	97,4	1020 p	subl.	−206	58	−201

s (solid) – fest; p – unter Druck; l (liquid) – flüssig; subl. – sublimiert; g (gaseous) – gasförmig; z – zersetzlich

- ◆ Dichte gasförmiger Stoffe bei 0 °C
- • Schmelz- und Siedetemperatur bei 101,3 kPa
- ▪ Dichte von Wasser: bei 0 °C 0,999 84 $g \cdot cm^{-3}$; bei 4 °C 0,999 97 $g \cdot cm^{-3}$; bei 100 °C 0,958 35 $g \cdot cm^{-3}$

Organische Verbindungen

806021

Aggregatzustand bei 25 °C / Name	Formel	Dichte ◆ ϱ in $\frac{g}{cm^3}$ bei 25 °C	Molare Masse M in $\frac{g}{mol}$	Schmelztemperatur• ϑ_S in °C	Siedetemperatur• ϑ_V in °C	Standardbildungsenthalpie $\Delta_f H^0$ in $\frac{kJ}{mol}$	Standardentropie S^0 in $\frac{J}{mol \cdot K}$	Freie Standardbildungsenthalpie $\Delta_f G^0$ in $\frac{kJ}{mol}$
Acrylnitril l	C_2H_3CN	0,806	53,1	−82	77	140	178,91	
2-Amino-Ethansäure (Glycin) s	NH_2CH_2COOH	0,828 (17 °C)	75,1	262 z	–	−528,8	108,78	−369
Aminobenzol (Anilin) l	$C_6H_5NH_2$	1,02	93,1	−6,3	184,1	35,14	191,62	167 (g)
Anthracen s	$C_{14}H_{10}$	1,28	178,2	216	340	231	207,15	
Benzaldehyd l	C_6H_5CHO	1,042 (15 °C)	106,1	−26	178,1	−82,0	221,2	
Benzoesäure s	C_6H_5COOH	1,266 (15 °C)	122,1	122,4	249	−380,74	170,7	−210 (g)
Benzol (Benzen) l	C_6H_6	0,87	78,1	5,5	80,1	83 (g)	269 (g)	130 (g)
Blei(II)-acetat s	$(CH_3COO)_2Pb$	3,2	325,3	280	z	−964		
Bromethan l	C_2H_5Br	1,451	109	−118,6	38,4	−92	288 (g)	−27 (g)
Brommethan g	CH_3Br	1,662 (l)	94,9	−93,6	3,6	−38	246	−28
2-Brompropan l	C_3H_7Br	1,306	123,0	−89	59,4	−97	316	−27 (g)
Buta-1,3-dien g	C_4H_6	0,650 (−6 °C)	54,1	−108,9	−4,4	110	279	151
Butan ◆ g	C_4H_{10}	2,703 $g \cdot l^{-1}$	58,1	−138,4	−0,5	−124,51	310,45	−17
Butandisäure (Bernsteinsäure) s	$C_2H_4(COOH)_2$	1,572	118,1	188	235 z	−941	176	−747
Butan-1-ol l	C_4H_9OH	0,806	74,1	−89,3	117,7	−274	363	−151
Butan-2-ol l	C_4H_9OH	0,802	74,1	−114,7	99,5	−292	359	−167

Name	Aggregatzustand bei 25 °C	Formel	Dichte ◆ ϱ in $\frac{g}{cm^3}$ bei 25 °C	Molare Masse M in $\frac{g}{mol}$	Schmelztemperatur• ϑ_S in °C	Siedetemperatur• ϑ_V in °C	Standardbildungsenthalpie $\Delta_f H^0$ in $\frac{kJ}{mol}$	Standardentropie S^0 in $\frac{J}{mol \cdot K}$	Freie Standardbildungsenthalpie $\Delta_f G^0$ in $\frac{kJ}{mol}$
Butansäure (Buttersäure)	l	C_3H_7COOH	0,952	88,1	-5,2	163,3	-533,8	225,9	-378
Butansäureethylester	l	$C_3H_7COOC_2H_5$	0,879 (20 °C)	116,15	-93,3	120	-528,4		
But-1-en	g	C_4H_8	0,589 (l)	56,1	-185,4	-6,3	-0,1	306	71
But-1-in	l	C_4H_6	0,65	54,1	-125,7	8,1	165	191	202
But-2-in	l	C_4H_6	0,686	54,1	-32,0	27,0	146 (g)	283 (g)	185 (g)
Chlorbenzol	l	C_6H_5Cl	1,106	112,6	-45	132	11	196,22	99 (g)
1-Chlorbutan	l	C_4H_9Cl	0,881	92,6	-123,1	78,4	-147 (g)	358 (g)	-39 (g)
Chlorethan	g	C_2H_5Cl	0,917 (6 °C)	64,5	-136,4	12,3	-112	276	-73
Chlorethansäure	s	$ClCH_2COOH$	1,404 (40 °C)	94,5	63	187,9	-513		
Chlorethen (Vinylchlorid)	g	C_2H_3Cl	0,901 (l)	62,5	-153,8	-13,4	35	264	52
Chlormethan ◆	g	CH_3Cl	2,307 $g \cdot l^{-1}$	50,5	-97,7	-24,2	-86	235	-63
1-Chlorpentan	l	$C_5H_{11}Cl$	0,877	106,6	-99,0	107,8	-175 (g)	397 (g)	-37 (g)
Chlorpropan	l	C_3H_7Cl	0,885	78,5	-122,8	46,6	-130 (g)	319 (g)	-51 (g)
Citronensäure	s	$C_6H_8O_7$	1,542	192,12	153		-1543,8	252,1	
Cyclobutan	g	C_4H_8	0,689 (l)	56,1	-90,7	12,5	27 (g)	265 (g)	110 (g)
Cyclohexan	l	C_6H_{12}	0,774	84,2	6,6	80,7	-157	205	32 (g)
Cyclohexanol	s	$C_6H_{11}OH$	0,962	100,2	25,2	161	-295	328	-118
Cyclohexen	l	C_6H_{10}	0,806	82,1	-103,5	83,0	-5 (g)	311 (g)	107 (g)
Cyclopentan	l	C_5H_{10}	0,74	70,1	-93,9	49,3	-77 (g)	293 (g)	39 (g)
Decan	l	$C_{10}H_{22}$	0,726	142,3	-29,7	174,1	-250 (g)	545 (g)	-33 (g)
1,2-Dibromethan	l	$C_2H_4Br_2$	2,169	187,9	9,8	131,4	-81	330 (g)	-11 (g)
Dibrommethan	l	CH_2Br_2	2,484	173,9	-52,6	97,0	-4 (g)	293 (g)	-6 (g)
1,2-Dichlorbenzol	l	$C_6H_4Cl_2$	1,305	147,0	-17	179	-18	342 (g)	83 (g)
1,3-Dichlorbenzol	l	$C_6H_4Cl_2$	1,288	147,0	-25	172	-22	343 (g)	79 (g)
1,4-Dichlorbenzol	s	$C_6H_4Cl_2$	1,533	147,0	53	174	-42	337 (g)	77 (g)
1,2-Dichlorethan	l	$C_2H_4Cl_2$	1,246	99,0	-35,7	83,5	-165	308 (g)	-74 (g)
Dichlorethansäure	l	$Cl_2CHCOOH$	1,563 (20 °C)	128,9	13,5	194	-501		
Dichlormethan	l	CH_2Cl_2	1,316	84,9	-95,1	39,8	-124	2 707 (g)	-69 (g)
Diethylether	l	$C_2H_5OC_2H_5$	0,714	74,1	-116,2	34,51	-279	343	-122 (g)
1,2-Dihydroxybenzol (Brenzcatechin)	s	$C_6H_4(OH)_2$	1,344	110,1	104,5	245	353		
1,3-Dihydroxybenzol (Resorcin)	s	$C_6H_4(OH)_2$	1,271 (15 °C)	110,1	109,8	276,5	-357,73	146,44	-172 (g)

Name / Aggregatzustand bei 25 °C	Formel	Dichte ◆ ϱ in $\frac{g}{cm^3}$ bei 25 °C	Molare Masse M in $\frac{g}{mol}$	Schmelztemperatur• ϑ_S in °C	Siedetemperatur• ϑ_V in °C	Standardbildungsenthalpie Δ_fH^0 in $\frac{kJ}{mol}$	Standardentropie S^0 in $\frac{J}{mol \cdot K}$	Freie Standardbildungsenthalpie Δ_fG^0 in $\frac{kJ}{mol}$
1,4-Dihydroxybenzol (Hydrochinon) s	$C_6H_4(OH)_2$	1,33	110,1	171,5	285	366	294	-175 (g)
1,2-Dimethylbenzol (o-Xylol) l	$C_6H_4(CH_3)_2$	0,876	106,2	-25,2	144,4	-24	353	122 (g)
1,3-Dimethylbenzol (m-Xylol) l	$C_6H_4(CH_3)_2$	0,860	106,2	-47,9	139,1	-26	358	119 (g)
1,4-Dimethylbenzol (p-Xylol) l	$C_6H_4(CH_3)_2$	0,875	106,2	13,3	138,4	-24	352	121 (g)
Dimethylether g	CH_3OCH_3	1,62	46,1	-138,5	-23	-184	267	-113
Dodecan l	$C_{12}H_{26}$	0,745	170,3	-9,6	216,3	-291 (g)	623 (g)	50 (g)
Eicosan s	$C_{20}H_{42}$	0,785	282,5	36,4	343,8	-456 (g)	934 (g)	117 (g)
Ethan ◆ g	C_2H_6	1,356 $g \cdot l^{-1}$	30,1	-183,3	-88,6	-84,47	228,45	-33
Ethanal g	CH_3CHO	0,788 (13 °C)	44,1	-123	20,1	-166	264,0	-133
Ethan-1,2-diol (Ethylenglycol) l	$C_2H_4(OH)_2$	1,109	62,1	-15,6	197,8	-451,87	166,94	-305 (g)
Ethandisäure (Oxalsäure) s	$(COOH)_2$	1,90 (17 °C)	90,0		157 subl.	-830	120	-701
Ethanol l	C_2H_5OH	0,785	46,1	-114,1	78,3	-278,31	158,99	-168 (g)
Ethansäure l	CH_3COOH	1,044	60,1	16,7	117,9	-486,18	158,99	-377 (g)
Ethansäureethylester l	$CH_3COOC_2H_5$	0,9	88,1	-83,6	77,1	-443 (g)	363 (g)	-327 (g)
Ethansäuremethylester l	CH_3COOCH_3	0,933	74,1	-98,1	57,0	-442		
Ethen ◆ g	C_2H_4	1,260 $g \cdot l^{-1}$	28,1	-169,2	-103,7	52,55	219,53	68
Ethin ◆ g	C_2H_2	1,170 $g \cdot l^{-1}$	26,0	- 80,8	-84,0 subl.	225,51	200,95	209
Ethylbenzol l	$C_6H_5C_2H_5$	0,863	106,2	-95	136,2	-12	361	131 (g)
Glucose (α-D-Glucose) s	$C_6H_{12}O_6$	1,54	180,0	146	200 z	-1268	209,19	-911
Harnstoff s	$CO(NH_2)_2$	1,33	60,1	132,7	z	-330,95	104,6	-154 (g)
Heptan l	C_7H_{16}	0,68	100	-90	98	-188	428	8
Heptan-1-ol l	$C_7H_{15}OH$	0,819	116,2	-34,0	176,2	-335	480	-124
Hept-1-en l	C_7H_{14}	0,693	98,2	-119,0	93,6	-62 (g)	424 (g)	-96 (g)
Hexadecan l	$C_{16}H_{34}$	0,770	226,4	18,2	286,8	-373 (g)	778 (g)	84 (g)
Hexadecansäure (Palmitinsäure) s	$C_{15}H_{31}COOH$	0,85 (62 °C)	256,4	62,2	219 p	-917,3	475,72	
Hexan l	C_6H_{14}	0,655	86,2	-95,3	68,7	-211,29	297,9	-0,3(g)
Hexan-1-ol l	$C_6H_{13}OH$	0,816	102,2	-44,6	157,1	-320	442	-138

Name	Aggregatzustand bei 25 °C	Formel	Dichte ◆ ϱ in $\frac{g}{cm^3}$ bei 25 °C	Molare Masse M in $\frac{g}{mol}$	Schmelztemperatur• ϑ_S in °C	Siedetemperatur• ϑ_V in °C	Standardbildungsenthalpie $\Delta_f H^0$ in $\frac{kJ}{mol}$	Standardentropie S^0 in $\frac{J}{mol \cdot K}$	Freie Standardbildungsenthalpie $\Delta_f G^0$ in $\frac{kJ}{mol}$
Hexansäure	l	$C_5H_{11}COOH$	0,923	116,2	-3	205,7	-586 (l)		
Hex-1-en	l	C_6H_{12}	0,668	84,2	-139,8	63,5	-73	385	87 (g)
Hex-1-in	l	C_6H_{10}	0,71	82,1	-131,9	71,3	124	369	219
Hydrazin	l	N_2H_4	1,0	32	1	114	95	238	159
2-Hydroxybenzoesäure (Salicylsäure)	s	$C_6H_4OHCOOH$	1,443 (20 °C)	138,1	159	z	-585 (s)	178 (s)	-418 (s)
2-Hydroxypropansäure (Milchsäure)	s	$C_2H_4OHCOOH$	1,206	90,08	17	122 z		143	
Methan ◆	g	CH_4	0,72 g·l^{-1}	16,0	-182,5	-161,5	-74,67	186,02	-51
Methanal	g	HCHO	0,82 (-20 °C)	30,0	-117	-19,2	-118,40	217,56	-110
Methanol	l	CH_3OH	0,79	32,0	-97,7	64,5	-238,48	126,77	-163 (g)
Methansäure	l	HCOOH	1,214	46,0	8,4	101	-416,43	138,07	-351 (g)
Methansäuremethylester	l	$HCOOCH_3$	0,974 (20 °C)	60,1	-99,0	31,5	-350 (g)	301 (g)	-297 (g)
Methylbenzol (Toluol)	l	$C_6H_5CH_3$	0,862	92,1	-95	110,6	15,1	217,71	122 (g)
2-Methylbutan	g	C_5H_{12}	0,615	72,1	-159,9	27,9	-155 (g)	344 (g)	-15 (g)
2-Methylpropan	g	C_4H_{10}	0,551 (l)	58,1	-159,6	-11,7	-135 (g)	295 (g)	-21 (g)
Naphthalin	s	$C_{10}H_8$	1,18	128,2	80,3	218,0	151 (g)	336 (g)	224 (g)
Natriumacetat	s	CH_3COONa	1,5	82,0	324	z	-710		
Nitrobenzol	l	$C_6H_5NO_2$	1,198	123,1	5,7	210,8	17,99	221,75	146
Nonan	l	C_9H_{20}	0,714	128,3	-53,5	150,8	-229 (g)	506 (g)	25 (g)
Octadecansäure (Stearinsäure)	s	$C_{17}H_{35}COOH$	0,84 (80 °C)	284,5	69,4	291 p	-954,37	435,6 (1 bar)	
Octadec-9-ensäure (Ölsäure)	l	$C_{17}H_{33}COOH$	0,89	282,5	14	205	-764,8		
Octan	l	C_8H_{18}	0,698	114,2	-56,8	125,7	-250	467	16 (g)
Pentan	l	C_5H_{12}	0,621	72,1	-129,7	36,1	-168,19	259,40	-8 (g)
Pentan-1-ol	l	$C_5H_{11}OH$	0,811	88,2	-78,2	138	-302	403	-150
Pentansäure	l	C_4H_9COOH	0,935	102,1	-34	185,5	-490 (g)	440 (g)	-357 (g)
Pent-1-en	l	C_5H_{10}	0,635	70,1	-165,2	30,0	-21	346	79
Pent-1-in	l	C_5H_8	0,689	68,1	-105,7	40,2	144 (g)	330 (g)	210 (g)
Pent-2-in	l	C_5H_8	0,706	68,1	-109,3	56,1	129 (g)	332 (g)	194 (g)
Phenol	s	C_6H_5OH	1,132	94,1	41,0	181,8	-155,22	142,25	33 (g)
Phosgen	g	$COCl_2$	1,4	98,9	-104	8	-219	283	-205
Phthalsäure	s	$C_6H_4(COOH)_2$	1,593	166,1	210–211	7	-782	208	-592

Aggregatzustand bei 25 °C / Name	Formel	Dichte ◆ ϱ in $\frac{g}{cm^3}$ bei 25 °C	Molare Masse M in $\frac{g}{mol}$	Schmelztemperatur• ϑ_S in °C	Siedetemperatur• ϑ_V in °C	Standardbildungsenthalpie $\Delta_f H^0$ in $\frac{kJ}{mol}$	Standardentropie S^0 in $\frac{J}{mol \cdot K}$	Freie Standardbildungsenthalpie $\Delta_f G^0$ in $\frac{kJ}{mol}$
Propan ◆ g	C_3H_8	2,02 $g \cdot l^{-1}$	44,1	-187,7	-42,1	-103,63	270,70	-24
Propan-1-ol l	C_3H_7OH	0,799	60,1	-126,2	97,2	-302,5	192,46	-163 (g)
Propan-2-ol l	C_3H_7OH	0,781	60,1	-88,5	82,3	-272	310	-173 (g)
Propanon (Aceton) l	CH_3COCH_3	0,79	58,1	-94,7	56,1	-235,14	199,99	-153 (g)
Propansäure l	C_2H_5COOH	0,988	74,1	-20,7	140,8	-511	191,0	
Propan-1,2,3-triol (Glycerin) l	$C_3H_5(OH)_3$	1,26	92,1	17,9	290	-659,8	204,59	
Propen g	C_3H_6	0,505 (l)	42,1	-185,3	-47,7	20	267	62
Propin g	C_3H_4	0,6711 (l)	40,1	-102,7	-23,2	185	248	194
Saccharose s	$C_{12}H_{22}O_{11}$	1,588	342,3	185 z	–	-2221	360	-1544
Silberacetat s	CH_3COOAg	3,3	166,9	z	–	-399	150	-308
Tetrachlormethan l	CCl_4	1,584	153,8	-23,0	76,5	-141,4	217,56	-58 (g)
Tribrommethan l	$CHBr_3$	2,876	252,8	8,1	149,6	25 (g)	331 (g)	16 (g)
Trichlormethan (Chloroform) l	$CHCl_3$	1,480	119,4	-63,5	61,7	-132	296 (g)	-69 (g)
Trichlorethansäure s	Cl_3CCOOH	1,62	163,4	58	197,6	-501 (l)		
Triiodmethan (Iodoform) s	CHI_3	4,178	393,8	119	218	211	356	178
Triethylamin l	$(C_2H_5)_3N$	0,737 (20°C)	101,19	-114,8	89,4	-100	405	110
Undecan l	$C_{11}H_{24}$	0,737	156,3	-25,6	195,9	-270 (g)	584 (g)	42 (g)
Vinylbenzol (Styrol) l	$C_6H_5C_2H_3$	0,91	104,14	-31	145	103,4	237,6	

s (solid) – fest; p – unter Druck; l (liquid) – flüssig; subl. – sublimiert; g (gaseous) – gasförmig; z – zersetzlich

◆ Dichte gasförmiger Stoffe bei 0 °C
• Schmelz- und Siedetemperatur bei 101,3 kPa

Molare Standardgrößen ausgewählter hydratisierter Ionen in wässriger Lösung

Ionen	Formel	Standardbildungsenthalpie $\Delta_f H^0$ in $kJ \cdot mol^{-1}$	Standardentropie S^0 in $J \cdot mol^{-1} \cdot K^{-1}$	Freie Standardbildungsenthalpie $\Delta_f G^0$ in in $kJ \cdot mol^{-1}$
Acetat-Ionen	CH_3COO^-	-486	86	-368
Aluminium-Ionen	Al^{3+}	-531	-322	-485
Ammonium-Ionen	NH_4^+	-132	113	-79
Barium-Ionen	Ba^{2+}	-538	10	-561
Blei(II)-Ionen	Pb^{2+}	-2	10	-24

Ionen	Formel	Standardbildungsenthalpie $\Delta_f H^0$ in kJ · mol^{-1}	Standardentropie S^0 in J·mol^{-1} · K^{-1}	Freie Standardbildungsenthalpie $\Delta_f G^0$ in in kJ · mol^{-1}
Bromid-Ionen	Br^-	-121	83	-104
Calcium-Ionen	Ca^{2+}	-543	-53	-554
Carbonat-Ionen	CO_3^{2-}	-677	-57	-582
Chlorid-Ionen	Cl^-	-167	57	-131
Chromat-Ionen	CrO_4^{2-}	-881	50	-728
Cobalt(II)-Ionen	Co^{2+}	-58	-113	-54
Cobalt(III)-Ionen	Co^{3+}	92	-305	-134
Cyanid-Ionen	CN^-	151	94	172
Dichromat-Ionen	$Cr_2O_7^{2-}$	-1490	262	-1301
Eisen(II)-Ionen	Fe^{2+}	-89	-138	-79
Eisen(III)-Ionen	Fe^{3+}	-49	-316	-5
Fluorid-Ionen	F^-	-333	-14	-279
Formiat-Ionen	$HCOO^-$	-426	92	-351
Hydrogencarbonat-Ionen	HCO_3^-	-692	91	-587
Hydronium-Ionen	H_3O^+	-286	70	-237
Hydroxid-Ionen	OH^-	-230	-11	-157
Iodid-Ionen	I^-	-57	107	-52
Kalium-Ionen	K^+	-251	103	-282
Kupfer(I)-Ionen	Cu^+	72	41	50
Kupfer(II)-Ionen	Cu^{2+}	65	-100	66
Magnesium-Ionen	Mg^{2+}	-467	-138	-455
Mangan(II)-Ionen	Mn^{2+}	-221	-74	-228
Natrium-Ionen	Na^+	-240	59	-262
Nitrat-Ionen	NO_3^-	-207	146	-111
Perchlorat-Ionen	ClO_4^-	-129	182	-9
Permanganat-Ionen	MnO_4^-	-541	191	-447
Phosphat-Ionen	PO_4^{3-}	-1290	-222	-1032
Silber-Ionen	Ag^+	106	73	77
Sulfat-Ionen	SO_4^{2-}	-909	20	-745
Sulfid-Ionen	S^{2-}	33	-15	86
Sulfit-Ionen	SO_3^{2-}	-635	-29	-487
Thiosulfat-Ionen	$S_2O_3^{2-}$	-652	121	
Wasserstoff-Ionen	H^+	0	0	0
Zink-Ionen	Zn^{2+}	-154	-112	-147

Ausgewählte Lebensmittelzusatzstoffe mit E-Nummern

806031

Stoffgruppe	E-Nummer und Stoff	Beispiele für die Verwendung
Lebensmittelfarbstoffe dienen zum Färben von Lebensmitteln und lassen diese besser aussehen.	E 101: Riboflavin (Vitamin B_2 – gelber Farbstoff)	Vanillepudding, Getränkepulver, Nudeln, Speiseeis
	E 124: Cochenillerot A (roter Farbstoff)	Lachsersatz, Käseüberzüge, Füllungen von Schaumwaffeln
	E 150: Zuckerkulör (brauner Farbstoff)	Cola-Getränke, dunkle Brotsorten, Süßwaren
	E 160: Beta-Carotin (Provitamin A – gelber Farbstoff)	Butter, Margarine, Limonade, Süßwaren
Konservierungsmittel vermindern den Befall durch Bakterien und Schimmelpilze.	E 220: Schwefeldioxid	Trockenfrüchte, Chips; Einsatz bei Grundnahrungsmitteln untersagt
	E 250: Natriumnitrit	Bestandteil des Nitritpökelsalzes (max. 0,5%): Wurstwaren, Speck
Säuerungsmittel wirken meist auch konservierend und geben den Lebensmitteln einen säuerlichen Geschmack.	E 260: Essigsäure (Ethansäure)	saure Gemüsekonserven, Gewürzsoßen, Fertigsalate
	E 262: Natriumacetat (ein Salz der Essigsäure)	Wurstwaren, Obst- und Gemüsekonserven, Brot, Feinkostsalate
	E 270: Milchsäure	Mayonnaisen, Dressings, Sauerteig, Milchprodukte
	E 290: Kohlenstoffdioxid, Kohlensäure	Sprudelgetränke
Antioxidanzien schützen vor Oxidationen. Oxidationen bewirken Farbveränderungen bzw. das Ranzigwerden von Fett.	E 300: Ascorbinsäure (Vitamin C)	Fruchtmarmeladen, Fruchtgetränke, Kartoffelerzeugnisse
	E 306: Tocopherol (Vitamin E)	Back- und Speisefette, Kaugummi, Säuglingsanfangsnahrung
	E 330: Citronensäure	Brausepulver und -tabletten, Eistee, Süßwaren, Käse, Marmelade
	E 338: Phosphorsäure, Phosphate	Cola-Getränke, Schmelzkäse, Eierprodukte, Sahneerzeugnisse
Emulgatoren stabilisieren Gemische aus Wasser und Fetten bzw. Ölen.	E 440a: Pektin	Speiseeis, Mayonnaise, Milchprodukte
	E 471: Monoglyceride und Diglyceride von Speisefettsäuren	Margarine, Puddings
Schutzgase und Treibgase sichern den Luftabschluss der verpackten Ware.	E 941: Stickstoff	Schutzgas bei verpackter Wurst
	E 942: Distickstoffmonooxid (Lachgas)	Treibgas für Sprühsahne

Ausgewählte Kunststoffe

806041

Kunststoff	Kurzzeichen	Name des Monomers	Vereinfachte Strukturformel des Monomers	Schmelzbereich in °C	Dichte ϱ in $\frac{g}{cm^3}$
Polyethen	PE (PE-LD) (PE-HD)	Ethen	$CH_2 = CH_2$	 105–125 130–145	 0,915–0,935 0,94–0,97
Polypropen	PP	Propen	$CH_2 = CH - CH_3$	105–120	0,91
Polystyrol	PS	Styrol	$C_6H_5 - CH = CH_2$	80–100	1,06
Polyvinylchlorid	PVC	Vinylchlorid (Chlorethen)	$CH_2 = CHCl$	75–110	1,30–1,38
Polytetrafluorethen	PTFE	1,1,2,2-Tetrafluorethen	$CF_2 = CF_2$	320–330	2,10–2,30
Polyacrylnitril	PAN	Acrylnitril	$CH_2 = CHCN$	250–300	1,40–1,60

Atombau

Atom- und Ionenradien ausgewählter Elemente

806051

Element		Atomradius in 10^{-10} m	Ionenradius in 10^{-10} m	Ionenladung	Element		Atomradius in 10^{-10} m	Ionenradius in 10^{-10} m	Ionenladung
Aluminium	Al	1,43	0,50	3+	Kupfer	Cu	1,28	0,72	2+
Beryllium	Be	1,12	0,31	2+	Lithium	Li	1,52	0,60	1+
Bor	B	0,88	0,20	3+	Magnesium	Mg	1,60	0,65	2+
Brom	Br	1,14	1,95	1–	Mangan	Mn	1,24	0,91	2+
Caesium	Cs	2,62	1,69	1+	Mangan	Mn	1,24	0,70	3+
Calcium	Ca	1,97	0,97	2+	Natrium	Na	1,86	0,95	1+
Chlor	Cl	0,99	1,81	1–	Phosphor	P	1,10	2,12	3–
Cobalt	Co	1,25	0,82	2+	Rubidium	Rb	2,44	1,48	1+
Eisen	Fe	1,24	0,83	2+	Sauerstoff	O	0,66	1,45	2–
Eisen	Fe	1,24	0,647	3+	Schwefel	S	1,04	1,84	2–
Fluor	F	0,64	1,36	1–	Selen	Se	1,17	1,98	2–
Gallium	Ga	1,22	0,62	3+	Silicium	Si	1,17	0,39	4+
Germanium	Ge	1,22	0,53	4+	Stickstoff	N	0,70	1,71	3–
Iod	I	1,33	2,16	1–	Silber	Ag	1,44	1,26	1+
Kalium	K	2,02	1,33	1+	Wasserstoff	H	0,373		
Kohlenstoff	C	0,77	0,16	4+	Zink	Zn	1,33	0,74	2+

Verteilung der Elektronen in der Atomhülle (Grundzustand)

Periode	Ordnungszahl	Elemente		Anzahl der Elektronen in den Hauptenergieniveaustufen						
				1	2	3	4	5	6	7
Periode 1	1	Wasserstoff	H	1						
	2	Helium	He	2						
Periode 2	3	Lithium	Li	2	1					
	4	Beryllium	Be	2	2					
	5	Bor	B	2	3					
	6	Kohlenstoff	C	2	4					
	7	Stickstoff	N	2	5					
	8	Sauerstoff	O	2	6					
	9	Fluor	F	2	7					
	10	Neon	Ne	2	8					
Periode 3	11	Natrium	Na	2	8	1				
	12	Magnesium	Mg	2	8	2				
	13	Aluminium	Al	2	8	3				
	14	Silicium	Si	2	8	4				
	15	Phosphor	P	2	8	5				
	16	Schwefel	S	2	8	6				
	17	Chlor	Cl	2	8	7				
	18	Argon	Ar	2	8	8				
Periode 4	19	Kalium	K	2	8	8	1			
	20	Calcium	Ca	2	8	8	2			
	21	Scandium	Sc	2	8	8+1	2			
	22	Titanium	Ti	2	8	8+2	2			
	23	Vanadium	V	2	8	8+3	2			
	24	Chromium	Cr	2	8	8+5	1			
	25	Mangan	Mn	2	8	8+5	2			
	26	Eisen	Fe	2	8	8+6	2			
	27	Cobalt	Co	2	8	8+7	2			
	28	Nickel	Ni	2	8	8+8	2			
	29	Kupfer	Cu	2	8	8+10	1			
	30	Zink	Zn	2	8	8+10	2			
	31	Gallium	Ga	2	8	18	3			
	32	Germanium	Ge	2	8	18	4			
	33	Arsen	As	2	8	18	5			
	34	Selen	Se	2	8	18	6			
	35	Brom	Br	2	8	18	7			
	36	Krypton	Kr	2	8	18	8			
Periode 5	37	Rubidium	Rb	2	8	18	8	1		
	38	Strontium	Sr	2	8	18	8	2		
	39	Yttrium	Y	2	8	18	8+1	2		
	40	Zirconium	Zr	2	8	18	8+2	2		
	41	Niobium	Nb	2	8	18	8+4	1		
	42	Molybdän	Mo	2	8	18	8+5	1		
	43	Technetium	Tc	2	8	18	8+5	2		
	44	Ruthenium	Ru	2	8	18	8+7	1		
	45	Rhodium	Rh	2	8	18	8+8	1		
	46	Palladium	Pd	2	8	18	8+10	0		
	47	Silber	Ag	2	8	18	8+10	1		
	48	Cadmium	Cd	2	8	18	8+10	2		
	49	Indium	In	2	8	18	18	3		
	50	Zinn	Sn	2	8	18	18	4		
	51	Antimon	Sb	2	8	18	18	5		
	52	Tellur	Te	2	8	18	18	6		
	53	Iod	I	2	8	18	18	7		
	54	Xenon	Xe	2	8	18	18	8		
Periode 6	55	Caesium	Cs	2	8	18	18	8	1	
	56	Barium	Ba	2	8	18	18	8	2	
	57	Lanthan	La	2	8	18	18	8+1	2	
	58	Cerium	Ce	2	8	18	18+1	8+1	2	
	59	Praseodymium	Pr	2	8	18	18+3	8	2	
	60	Neodymium	Nd	2	8	18	18+4	8	2	
	61	Promethium	Pm	2	8	18	18+5	8	2	
	62	Samarium	Sm	2	8	18	18+6	8	2	
	63	Europium	Eu	2	8	18	18+7	8	2	
	64	Gadolinium	Gd	2	8	18	18+7	8+1	2	
	65	Terbium	Tb	2	8	18	18+9	8	2	
	66	Dysprosium	Dy	2	8	18	18+10	8	2	
	67	Holmium	Ho	2	8	18	18+11	8	2	
	68	Erbium	Er	2	8	18	18+12	8	2	
	69	Thulium	Tm	2	8	18	18+13	8	2	
	70	Ytterbium	Yb	2	8	18	18+14	8	2	
	71	Lutetium	Lu	2	8	18	18+14	8+1	2	
	72	Hafnium	Hf	2	8	18	32	8+2	2	
	73	Tantal	Ta	2	8	18	32	8+3	2	
	74	Wolfram	W	2	8	18	32	8+4	2	
	75	Rhenium	Re	2	8	18	32	8+5	2	
	76	Osmium	Os	2	8	18	32	8+6	2	
	77	Iridium	Ir	2	8	18	32	8+7	2	
	78	Platin	Pt	2	8	18	32	8+9	1	
	79	Gold	Au	2	8	18	32	8+10	1	
	80	Quecksilber	Hg	2	8	18	32	8+10	2	
	81	Thallium	Tl	2	8	18	32	18	3	
	82	Blei	Pb	2	8	18	32	18	4	
	83	Bismut	Bi	2	8	18	32	18	5	
	84	Polonium	Po	2	8	18	32	18	6	
	85	Astat	At	2	8	18	32	18	7	
	86	Radon	Rn	2	8	18	32	18	8	
Periode 7	87	Francium	Fr	2	8	18	32	18	8	1
	88	Radium	Ra	2	8	18	32	18	8	2
	89	Actinium	Ac	2	8	18	32	18	8+1	2
	90	Thorium	Th	2	8	18	32	18	8+2	2
	91	Protactinium	Pa	2	8	18	32	18+2	8+1	2
	92	Uranium	U	2	8	18	32	18+3	8+1	2
	93	Neptunium	Np	2	8	18	32	18+4	8+1	2
	94	Plutonium	Pu	2	8	18	32	18+6	8	2
	95	Americium	Am	2	8	18	32	18+7	8	2
	96	Curium	Cm	2	8	18	32	18+7	8+1	2
	97	Berkelium	Bk	2	8	18	32	18+9	8	2
	98	Californium	Cf	2	8	18	32	18+10	8	2
	99	Einsteinium	Es	2	8	18	32	18+11	8	2
	100	Fermium	Fm	2	8	18	32	18+12	8	2
	101	Mendelevium	Md	2	8	18	32	18+13	8	2
	102	Nobelium	No	2	8	18	32	18+14	8	2
	103	Lawrencium	Lr	2	8	18	32	18+14	8+1	2
	104	Rutherfordium	Rf	2	8	18	32	32	8+2	2
	105	Dubnium	Db	2	8	18	32	32	8+3	2
	106	Seaborgium	Sg	2	8	18	32	32	8+4	2
	107	Bohrium	Bh	2	8	18	32	32	8+5	2
	108	Hassium	Hs	2	8	18	32	32	8+6	2
	109	Meitnerium	Mt	2	8	18	32	32	8+7	2
	110	Darmstadtium	Ds	2	8	18	32	32	8+9	1
	111	Roentgenium	Rg	2	8	18	32	32	8+10	1

Energieniveauschema der Atomorbitale

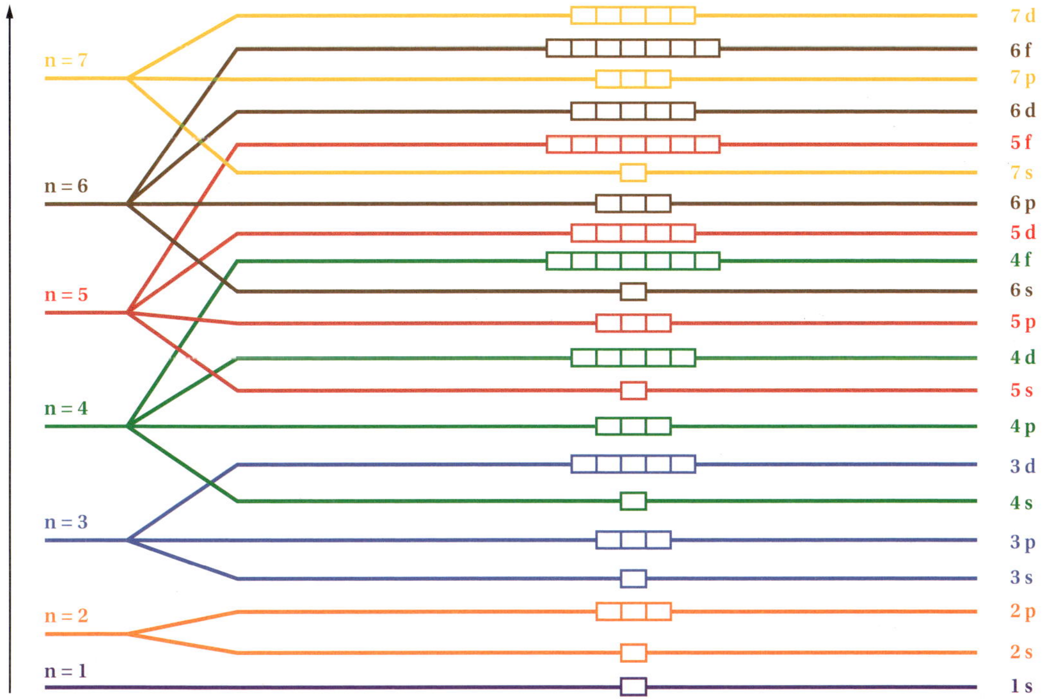

Hauptquantenzahl n	Nebenquantenzahl l	Orbitalbezeichnung	Magnetquantenzahl m	Spinquantenzahl s	Elektronenzahl
1	0	s	0	$\pm\frac{1}{2}$	2
2	0	s	0	$\pm\frac{1}{2}$	8
	1	p	1	$\pm\frac{1}{2}$	
			0	$\pm\frac{1}{2}$	
			-1	$\pm\frac{1}{2}$	
3	0	s	0	$\pm\frac{1}{2}$	18
	1	p	1	$\pm\frac{1}{2}$	
			0	$\pm\frac{1}{2}$	
			-1	$\pm\frac{1}{2}$	
	2	d	2	$\pm\frac{1}{2}$	
			1	$\pm\frac{1}{2}$	
			0	$\pm\frac{1}{2}$	
			-1	$\pm\frac{1}{2}$	
			-2	$\pm\frac{1}{2}$	
4					

Allgemeine Stoff- und Reaktionsangaben

Flammenfärbung ausgewählter Metalle

80606W

Lithium karminrot

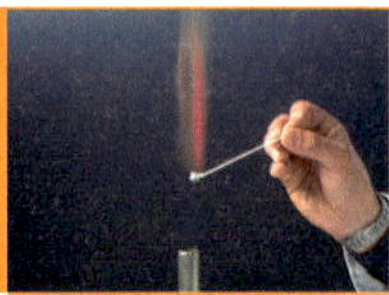

Kalium hellviolett

Calcium ziegelrot

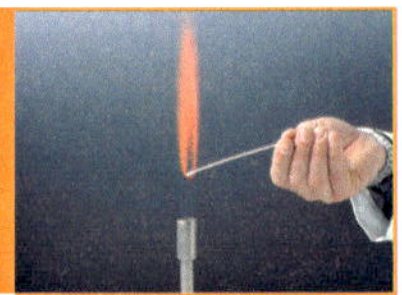

Natrium gelb

Kupfer grün

Barium fahlgrün

pH-Wert-Skala

80607I

Eigenschaft der Lösung	Stark sauer	Schwach sauer	Neutral	Schwach alkalisch	Stark alkalisch
Ursache	Konzentration der Hydronium-Ionen H_3O^+ ←			→ Konzentration der Hydroxid-Ionen OH^-	
Universalindikatorpapier					
pH-Wert	0 1 2	3 4 5 6	7	8 9 10	11 12 13 14

Säure-Base-Indikatoren

Name	Angezeigte Farben				pH-Umschlagsbereich	
	pH$_1$ <	*pH*$_2$	*pH*$_3$ <	*pH*$_4$		
Brillantgrün	gelb	grün			0,0 ... 2,6	
Kresolrot	rot	gelb	gelb	violett-rot	0,2 ... 1,8	7,0 ... 8,8
Thymolblau	rot	gelb	gelb	blau	1,2 ... 2,8	8,0 ... 9,6
Methylgelb	rot	gelb			2,4 ... 4,0	
Methylorange	rot	gelb			3,1 ... 4,4	
Methylrot	rosa	gelb			4,4 ... 6,2	
Lackmus	rot	blau			5,0 ... 8,0	
Bromthymolblau	gelb	blau			6,0 ... 7,6	
Phenolphthalein	farblos	rot			8,3 ... 10,0	
Alizaringelb R	gelb	orangebraun			10,1 ... 12,0	
Indigocarmin	blau	gelb			11,5 ... 13,0	

Säure-Base-Konstanten und pK_S- bzw. pK_B-Werte für ausgewählte Säure-Base-Paare ($pK_S = -\lg \{K_S\}$)

Bei korrespondierenden Säure-Base-Paaren gilt, je stärker die Säure ist, desto schwächer ist die korrespondierende Base und umgekehrt.

bei 25 °C

Säure	K_S in $mol \cdot l^{-1}$	pK_S	Korrespondierende Base	K_B in $mol \cdot l^{-1}$	pK_B
$HClO_4$	$\approx 10^9$	≈ -9	ClO_4^-	$\approx 10^{-23}$	≈ 23
HCl	$\approx 10^7$	≈ -7	Cl^-	$\approx 10^{-21}$	≈ 21
H_2SO_4	$\approx 10^3$	≈ -3	HSO_4^-	$\approx 10^{-17}$	≈ 17
H_3O^+	$5{,}49 \cdot 10^1$	-1,74	H_2O	$1{,}82 \cdot 10^{-16}$	15,74
HNO_3	$2{,}09 \cdot 10^1$	-1,32	NO_3^-	$4{,}79 \cdot 10^{-16}$	15,32
HOOC-COOH	$5{,}6 \cdot 10^{-2}$	1,25	$HOOC-COO^-$	$1{,}77 \cdot 10^{-13}$	12,75
$CHCl_2-COOH$	$5{,}0 \cdot 10^{-2}$	1,30	$CHCl_2-COO^-$	$1{,}99 \cdot 10^{-13}$	12,7
H_2SO_3	$1{,}26 \cdot 10^{-2}$	1,90	HSO_3^-	$7{,}94 \cdot 10^{-13}$	12,10
HSO_4^-	$1{,}2 \cdot 10^{-2}$	1,92	SO_4^{2-}	$8{,}32 \cdot 10^{-13}$	12,08
H_3PO_4	$7{,}41 \cdot 10^{-3}$	2,13	$H_2PO_4^-$	$1{,}35 \cdot 10^{-12}$	11,87
$CH_3-CHCl-COOH$	$1{,}48 \cdot 10^{-3}$	2,83	$CH_3-CHCl-COO^-$	$6{,}76 \cdot 10^{-12}$	11,17
$CH_2Cl-COOH$	$1{,}3 \cdot 10^{-3}$	2,86	$CH_2Cl-COO^-$	$7{,}24 \cdot 10^{-12}$	11,14
HNO_2	$7{,}2 \cdot 10^{-4}$	3,14	NO_2^-	$1{,}38 \cdot 10^{-11}$	10,86
HF	$6{,}8 \cdot 10^{-4}$	3,17	F^-	$1{,}48 \cdot 10^{-11}$	10,83
HCOOH	$1{,}78 \cdot 10^{-4}$	3,75	$HCOO^-$	$5{,}62 \cdot 10^{-11}$	10,25
CH_2Cl-CH_2-COOH	$1{,}14 \cdot 10^{-4}$	3,98	$CH_2Cl-CH_2-COO^-$	$9{,}54 \cdot 10^{-11}$	10,02
CH_3COOH	$1{,}78 \cdot 10^{-5}$	4,75	CH_3COO^-	$5{,}62 \cdot 10^{-10}$	9,25
CH_3CH_2COOH	$1{,}30 \cdot 10^{-5}$	4,87	$CH_3CH_2COO^-$	$7{,}41 \cdot 10^{-10}$	9,13
H_2CO_3	$3{,}02 \cdot 10^{-7}$	6,52	HCO_3^-	$3{,}31 \cdot 10^{-8}$	7,48
H_2S	$1{,}20 \cdot 10^{-7}$	6,92	HS^-	$8{,}32 \cdot 10^{-8}$	7,08
$H_2PO_4^-$	$7{,}58 \cdot 10^{-8}$	7,12	HPO_4^{2-}	$1{,}31 \cdot 10^{-7}$	6,88
HSO_3^-	$6{,}4 \cdot 10^{-8}$	7,20	SO_3^{2-}	$1{,}58 \cdot 10^{-7}$	6,80
NH_4^+	$5{,}62 \cdot 10^{-10}$	9,25	NH_3	$1{,}78 \cdot 10^{-5}$	4,75
HCN	$3{,}98 \cdot 10^{-10}$	9,40	CN^-	$2{,}51 \cdot 10^{-5}$	4,60
-OH	$1{,}04 \cdot 10^{-10}$	9,98	-O^-	$9{,}54 \cdot 10^{-5}$	4,02
HCO_3^-	$3{,}98 \cdot 10^{-11}$	10,40	CO_3^{2-}	$2{,}51 \cdot 10^{-4}$	3,60
HPO_4^{2-}	$4{,}78 \cdot 10^{-13}$	12,32	PO_4^{3-}	$2{,}08 \cdot 10^{-2}$	1,68
H_2O	$1{,}82 \cdot 10^{-16}$	15,74	OH^-	$5{,}49 \cdot 10^1$	-1,74
$[Zn(H_2O)_6]^{2+}$	$2{,}45 \cdot 10^{-10}$	9,61	$[Zn(OH)(H_2O)_5]^+$	$4{,}07 \cdot 10^{-5}$	4,39
$[Al(H_2O)_6]^{3+}$	$1{,}41 \cdot 10^{-5}$	4,85	$[Al(OH)(H_2O)_5]^{2+}$	$7{,}08 \cdot 10^{-10}$	9,15
$[Fe(H_2O)_6]^{3+}$	$6{,}03 \cdot 10^{-3}$	2,22	$[Fe(OH)(H_2O)_5]^{2+}$	$1{,}66 \cdot 10^{-12}$	11,78

Löslichkeit ausgewählter Stoffe in Abhängigkeit von der Temperatur (bei 101,3 kPa)

80660W

In 1 Liter Wasser werden x Gramm Gas aufgenommen.

Gas / Temperatur	O_2	CO_2
0 °C	0,0694	3,346
20 °C	0,0434	1,688
40 °C	0,0308	0,973
60 °C	0,0227	0,576
80 °C	0,013	

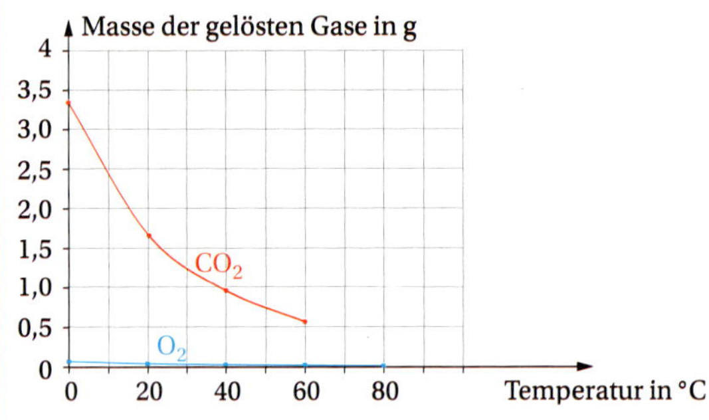

In 100 Gramm Wasser lösen sich bis zur Sättigung x Gramm Salz.

Salz / Temperatur	NaCl	KCl
0 °C	35,6	28,15
20 °C	35,85	34,24
40 °C	36,42	40,30
60 °C	37,05	45,60
80 °C	38,05	51,00
100 °C	39,20	

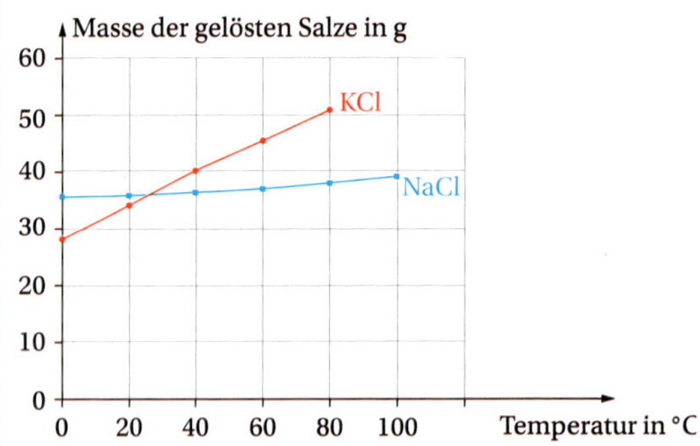

Löslichkeit ausgewählter Ionensubstanzen bei 20 °C (und 101,3 kPa)

80661W

In 100 Gramm Wasser lösen sich bis zur Sättigung x Gramm Substanz.

Ionen	Cl^-	Br^-	I^-	SO_4^{2-}	CO_3^{2-}	OH^-
Na^+	35,85	90,5	179,3	19,08	21,58	109
K^+	34,35	65,6	144,5	11,15	111,5	111,4
Ba^{2+}	35,7	104,0	170,0	$2{,}3 \cdot 10^{-4}$	$2 \cdot 10^{-3}$	3,48
Mg^{2+}	54,25	102,0	148,1	35,6	0,18	$0{,}12 \cdot 10^{-2}$
Ca^{2+}	74,5	142,0	204,0	0,2	$1{,}5 \cdot 10^{-3}$	0,118
Ag^+	$1{,}5 \cdot 10^{-4}$	$1{,}2 \cdot 10^{-5}$	$2{,}5 \cdot 10^{-7}$	0,74	$3 \cdot 10^{-3}$	

Niederschlag von Silberiodid AgI

Wasserhärte

Die Wasserhärte ist das Maß für den Gehalt an Magnesium- und Calcium-Ionen im Wasser. Der Härtegrad wird bezogen auf Calciumoxid CaO bzw. Magnesiumoxid MgO angegeben.

Härtebereich	Härtegrad		Bezeichnung
	in $mmol \cdot l^{-1}$	in °dH	
1	0 ... 1,3	0 ... 7	weich
2	1,3 ... 2,5	7 ... 14	mittelhart
3	2,5 ... 3,8	14 ... 21	hart
4	> 3,8	> 21	sehr hart

Löslichkeitsprodukte einiger Salze und Hydroxide bei 25 °C

Das Löslichkeitsprodukt K_L ist eine Konstante, die das Gleichgewicht zwischen einem Feststoff und seine Ionen in der Lösung charakterisiert.

Name	Formel	K_L	Einheit	pK_L
Aluminiumhydroxid	$Al(OH)_3$	$1 \cdot 10^{-33}$	$mol^4 \cdot l^{-4}$	33
Bariumcarbonat	$BaCO_3$	$5 \cdot 10^{-9}$	$mol^2 \cdot l^{-2}$	8,3
Bariumhydroxid	$Ba(OH)_2$	$5 \cdot 10^{-3}$	$mol^3 \cdot l^{-3}$	2,3
Bariumphosphat	$Ba_3(PO_4)_2$	$6 \cdot 10^{-38}$	$mol^5 \cdot l^{-5}$	37,2
Bariumsulfat	$BaSO_4$	$1 \cdot 10^{-10}$	$mol^2 \cdot l^{-2}$	10
Blei(II)-chlorid	$PbCl_2$	$2 \cdot 10^{-5}$	$mol^3 \cdot l^{-3}$	4,7
Blei(II)-hydroxid	$Pb(OH)_2$	$6 \cdot 10^{-16}$	$mol^3 \cdot l^{-3}$	15,2
Blei(II)-sulfat	$PbSO_4$	$2 \cdot 10^{-8}$	$mol^2 \cdot l^{-2}$	7,7
Blei(II)-sulfid	PbS	$1 \cdot 10^{-28}$	$mol^2 \cdot l^{-2}$	28
Calciumcarbonat	$CaCO_3$	$5 \cdot 10^{-9}$	$mol^2 \cdot l^{-2}$	8,3
Calciumhydroxid	$Ca(OH)_2$	$4 \cdot 10^{-6}$	$mol^3 \cdot l^{-3}$	5,4
Calciumsulfat	$CaSO_4$	$2 \cdot 10^{-5}$	$mol^2 \cdot l^{-2}$	4,7
Eisen(III)-hydroxid	$Fe(OH)_3$	$4 \cdot 10^{-40}$	$mol^4 \cdot l^{-4}$	39,4
Eisen(II)-hydroxid	$Fe(OH)_2$	$8 \cdot 10^{-16}$	$mol^3 \cdot l^{-3}$	15,1
Eisen(II)-sulfid	FeS	$5 \cdot 10^{-18}$	$mol^2 \cdot l^{-2}$	17,3
Kupfer(II)-sulfid	CuS	$6 \cdot 10^{-36}$	$mol^2 \cdot l^{-2}$	35,2
Magnesiumhydroxid	$Mg(OH)_2$	$1 \cdot 10^{-11}$	$mol^3 \cdot l^{-3}$	11
Mangan(II)-hydroxid	$Mn(OH)_2$	$2 \cdot 10^{-13}$	$mol^3 \cdot l^{-3}$	12,7
Quecksilber(II)-sulfid	HgS (rot)	$4 \cdot 10^{-53}$	$mol^2 \cdot l^{-2}$	52,4
Silberbromid	AgBr	$5 \cdot 10^{-13}$	$mol^2 \cdot l^{-2}$	12,3
Silberchlorid	AgCl	$2 \cdot 10^{-10}$	$mol^2 \cdot l^{-2}$	9,7
Silberiodid	AgI	$8 \cdot 10^{-17}$	$mol^2 \cdot l^{-2}$	16,1
Zinkcarbonat	$ZnCO_3$	$6 \cdot 10^{-11}$	$mol^2 \cdot l^{-2}$	10,2
Zinkhydroxid	$Zn(OH)_2$	$3 \cdot 10^{-17}$	$mol^3 \cdot l^{-3}$	16,5

Stabilitätskonstanten (Komplexbildungskonstanten) von ausgewählten Komplexen

Die Komplexbildungskonstante K_K ist ein Maß für die thermodynamische Stabilität eines Komplexes ZLi.

bei 298 K

Z	Li	lgK_K	Z	Li	lgK_K
Ag^+	$+\ 2\,CN^- \rightleftharpoons [Ag(CN)_2]^-$	20	Fe^{2+}	$+\ 6\,CN^- \rightleftharpoons [Fe(CN)_6]^{4-}$	37
Ag^+	$+\ 2\,NH_3 \rightleftharpoons [Ag(NH_3)_2]^+$	7	Fe^{3+}	$+\ 6\,CN^- \rightleftharpoons [Fe(CN)_6]^{3-}$	44
Ag^+	$+\ 2\,S_2O_3^{2-} \rightleftharpoons [Ag(S_2O_3)_2]^{3-}$	13	Hg^{2+}	$+\ 4\,CN^- \rightleftharpoons [Hg(CN)_4]^{2-}$	41
Al^{3+}	$+\ 6\,F^- \rightleftharpoons [AlF_6]^{3-}$	20	Hg^{2+}	$+\ 4\,Cl^- \rightleftharpoons [HgCl_4]^{2-}$	16
Cd^{2+}	$+\ 4\,NH_3 \rightleftharpoons [Cd(NH_3)_4]^{2+}$	7	Ni^{2+}	$+\ 4\,CN^- \rightleftharpoons [Ni(CN)_4]^{2-}$	31
Co^{2+}	$+\ 6\,NH_3 \rightleftharpoons [Co(NH_3)_6]^{2+}$	5	Ni^{2+}	$+\ 6\,NH_3 \rightleftharpoons [Ni(NH_3)_6]^{2+}$	8
Co^{3+}	$+\ 6\,NH_3 \rightleftharpoons [Co(NH_3)_6]^{3+}$	34	Zn^{2+}	$+\ 4\,CN^- \rightleftharpoons [Zn(CN)_4]^{2-}$	20
Cu^+	$+\ 2\,NH_3 \rightleftharpoons [Cu(NH_3)_2]^+$	11	Zn^{2+}	$+\ 4\,NH_3 \rightleftharpoons [Zn(NH_3)_4]^{2+}$	9
Cu^{2+}	$+\ 4\,NH_3 \rightleftharpoons [Cu(NH_3)_4]^{2+}$	13			

Reaktionsteilnehmer in wässriger Lösung; c in $mol \cdot l^{-1}$; $Z + n\,Li \rightleftharpoons ZLi_n$ $\quad K_K = \frac{c_{ZLi_n}}{c_Z \cdot c_{Li}^n}$ (Anmerkung: Die Komplex-Ionen werden immer in eckige Klammern gesetzt, z. B. $[Zn(CN)_4]^{2-}$.)

Gitterenthalpien

806621

Die Gitterenthalpie $\Delta_G H$ (in $kJ \cdot mol^{-1}$) gibt an, welcher Energiebetrag bei der Bildung des Ionengitters frei wird und ist ein Maß für die Stärke der Bindung zwischen den Ionen.

bei 298 K

	F^-	Cl^-	Br^-	I^-
Li^+	1 039	850	802	742
Na^+	920	780	740	692
K^+	816	710	680	639
Cs^+	749	651	630	599
Be^{2+}	3 476	2 994	2 896	2 784
Mg^{2+}	2 949	2 502	2 402	2 293
Ca^{2+}	2 617	2 231	2 134	2 043
Ba^{2+}	2 330	2 024	1 942	1 838
Sr^{2+}	2 482	2 129	2 040	1 940

Elektrochemische Spannungsreihe der Nichtmetalle, Standardpotenziale E^0

bei 25 °C, 101,3 kPa

Oxidationsmittel	+ z · e⁻	⇌	Reduktionsmittel	Redoxpaar OM/RM	Standardpotenzial E^0 in V
$Se_{(s)}$	+ $2e^-$	⇌	Se^{2-}	Se/Sc^{2-}	-0,92
$S_{(s)}$	+ $2e^-$	⇌	S^{2-}	S/S^{2-}	-0,48
$I_{2(g)}$	+ $2e^-$	⇌	$2I^-$	$I_2/2I^-$	0,54
$Br_{2(l)}$	+ $2e^-$	⇌	$2Br^-$	$Br_2/2Br^-$	1,07
$Cl_{2(g)}$	+ $2e^-$	⇌	$2Cl^-$	$Cl_2/2Cl^-$	1,36
$F_{2(g)}$	+ $2e^-$	⇌	$2F^-$	$F_2/2F^-$	2,87

Elektrochemische Spannungsreihe ausgewählter Redoxreaktionen, Standardpotenziale E^0

bei 25 °C, 101,3 kPa

Oxidationsmittel	+ z · e⁻	⇌	Reduktionsmittel	Standardpotenzial E^0 in V
$Mg(OH)_{2(s)}$	+ $2e^-$	⇌	$Mg + 2OH^-$	-2,63
$Ca(OH)_{2(s)}$	+ $2e^-$	⇌	$Ca + 2OH^-$	-3,03
$2H_2O$	+ $2e^-$	⇌	$H_{2(g)} + 2OH^-$	-0,83
$Cd(OH)_{2(s)}$	+ $2e^-$	⇌	$Cd + 2OH^-$	-0,82
$[Ag(CN)_2]^-$	+ e^-	⇌	$Ag_{(s)} + 2CN^-$	-0,38
$PbSO_{4(s)}$	+ $2e^-$	⇌	$Pb_{(s)} + SO_4^{2-}$	-0,36
$Cu(OH)_2$	+ $2e^-$	⇌	$Cu + 2OH^-$	-0,22
$CO_{2(g)} + 2H^+$	+ $2e^-$	⇌	$CO_{(g)} + H_2O$	-0,12
$AgCl_{(s)}$	+ e^-	⇌	$Ag_{(s)} + Cl^-$	0,22
$O_{2(g)} + 2H_2O$	+ $4e^-$	⇌	$4OH^-$	0,40
Cu^{2+}	+ e^-	⇌	Cu^+	0,17
$O_{2(g)} + 2H^+$	+ $2e^-$	⇌	H_2O_2	0,682
Fe^{3+}	+ e^-	⇌	Fe^{2+}	0,77
$O_{2(g)} + 4H^+$	+ $4e^-$	⇌	$2H_2O$	1,23
$MnO_{2(s)} + 4H^+$	+ $2e^-$	⇌	$Mn^{2+} + 2H_2O$	1,23
$Cr_2O_7^{2-} + 14H^+$	+ $6e^-$	⇌	$2Cr^{3+} + 7H_2O$	1,33
Au^{3+}	+ $2e^-$	⇌	Au^+	1,41
$PbO_{2(s)} + 4H^+$	+ $2e^-$	⇌	$Pb^{2+} + 2H_2O$	1,46
$MnO_4^- + 8H^+$	+ $5e^-$	⇌	$Mn^{2+} + 4H_2O$	1,51
$PbO_{2(s)} + 4H^+ + SO_4^{2-}$	+ $2e^-$	⇌	$PbSO_{4(s)} + 2H_2O$	1,69
$MnO_4^- + 4H^+$	+ $3e^-$	⇌	$MnO_{2(s)} + 2H_2O$	1,70
$H_2O_2 + 2H^+$	+ $2e^-$	⇌	$2H_2O$	1,776
$O_3 + 2H^+$	+ $2e^-$	⇌	$O_2 + H_2O$	2,07

Stöchiometrie

Stöchiometrisches Rechnen

80608B

Stoffmenge n	Die Stoffmenge n ist eine festgelegte Größe für die Anzahl der Teilchen einer Stoffportion. Ungefähr $6 \cdot 10^{23}$ Teilchen sind ein Mol. $n = \frac{m}{M} = \frac{V}{V_m} = \frac{N}{N_A}$	m Masse M molare Masse N Teilchenzahl Stoffportion N_A $6{,}022 \cdot 10^{23} \cdot \text{mol}^{-1}$ V Volumen V_m molares Volumen
Molare Masse M	Die molare Masse M gibt an, welche Masse ein Mol eines Stoffes hat. $M = \frac{m}{n}$	
Molares Volumen V_m	Das molare Volumen V_m gibt an, welches Volumen ein Mol eines Stoffes einnimmt. $V_m = \frac{V}{n}$	

Molares Volumen von Gasen

ϑ in °C	V_m in $\text{l} \cdot \text{mol}^{-1}$ bei 101,3 kPa
0	22,4
20	24,0
25	24,5

Stöchiometrische Verhältnisse bei chemischen Reaktionen	Die Stoffe reagieren in konstanten Massenverhältnissen. **Masse/Masse:** $\frac{m_1}{m_2} = \frac{n_1 \cdot M_1}{n_2 \cdot M_2}$	m_1, m_2 Massen der Stoffe 1 und 2 n_1, n_2 Stoffmengen der Stoffe 1 und 2 M_1, M_2 molare Massen der Stoffe 1 und 2 V_1, V_2 Volumen der gasförmigen Stoffe 1 und 2 bei konkreten Reaktionsbedingungen V_m molares Volumen (Gase)
	Die Stoffe reagieren in konstanten Massen- und Volumenverhältnissen. **Masse/Volumen:** $\frac{m_1}{V_2} = \frac{n_1 \cdot M_1}{n_2 \cdot V_m}$	
	Gasförmige Stoffe reagieren in konstanten Volumenverhältnissen. **Volumen/Volumen:** $\frac{V_1}{V_2} = \frac{n_1}{n_2}$	

Massenanteil $\omega(\text{i})$	Der Massenanteil $\omega(\text{i})$ gibt die Masse der Komponente i in einer Gesamtmasse m an. $\omega(\text{i}) = \frac{m(\text{i})}{m}$	$m(\text{i})$ Masse der Komponente i m Gesamtmasse des Stoffgemischs $V(\text{i})$ Volumen der Komponente i V_0 Gesamtvolumen vor dem Mischvorgang V Gesamtvolumen nach dem Mischvorgang $n(\text{i})$ Stoffmenge der Komponente i
Volumenanteil $\varphi(\text{i})$	Der Volumenanteil $\varphi(\text{i})$ gibt das Volumen der Komponente i im rechnerischen Gesamtvolumen V_0 an. $\varphi(\text{i}) = \frac{V(\text{i})}{V_0}$	
Stoffmengenkonzentration $c(\text{i})$	Die Stoffmengenkonzentration $c(\text{i})$ gibt die Stoffmenge der Komponente i im Gesamtvolumen der Lösung an. $c(\text{i}) = \frac{n(\text{i})}{V}$	

Massenkonzentration β(i)	Die Massenkonzentration β gibt die Masse der Komponente i in einem Gesamtvolumen V an. $\beta(\mathrm{i}) = \frac{m(\mathrm{i})}{V}$	m(i) Masse der Komponente i V Gesamtvolumen der Mischung
Molalität b	Die Molalität b gibt die Stoffmenge einer Komponente i an, die in einer bestimmten Masse des Lösungsmittels gelöst ist. $b = \frac{n(\mathrm{i})}{m(\mathrm{Lm})}$	n(i) Stoffmenge der Komponente i m(Lm) Masse des Lösungsmittels
Mischungsrechnen mit dem Mischungskreuz (Konzentrationsangabe in Masseprozent)	Konzentration der gegebenen Lösung A x % — gewünschte Konzentration z % — z − y (Masseteile von A) Konzentration der gegebenen Lösung B y % — gewünschte Konzentration z % — x − z (Masseteile von B) Summe: x − y (Masseteile des Gemischs)	Wird eine gegebene Lösung A mit Wasser verdünnt, gilt y = 0.

Elektrochemie

806091 80610B

Nernstsche Gleichung	Die Potenzialdifferenz an der elektrochemischen Doppelschicht entspricht dem Redoxpotenzial E. $E = E^0 + \frac{R \cdot T}{z \cdot F} \cdot \ln \frac{c(\mathrm{Ox})}{c(\mathrm{Red})}$ Für eine Temperatur von 25 °C gilt: $E = E^0 + \frac{0{,}059\,\mathrm{V}}{z} \cdot \lg \frac{c(\mathrm{Ox})}{c(\mathrm{Red})}$	E Redoxpotenzial E^0 Standardpotenzial des entsprechenden Redoxpaars in V R universelle Gaskonstante: $8{,}314472\ \mathrm{J \cdot K^{-1} \cdot mol^{-1}}$ T Temperatur z pro Formelumsatz ausgetauschte Zahl von Elektronen F Faraday-Konstante: $9{,}648534 \cdot 10^4\ \mathrm{A \cdot s \cdot mol^{-1}}$ c Stoffmengenkonzentration des Oxidations- bzw. Reduktionsmittels
Berechnung nach den faradayschen Gesetzen	Der bei der Elektrolyse fließende Strom ist direkt mit dem chemischen Stoffumsatz verbunden. $I \cdot t = n \cdot z \cdot F$ bzw. $\eta \cdot I \cdot t = n \cdot z \cdot F$ $\frac{m}{M} = \frac{I \cdot t}{F \cdot z}$ bzw. $\frac{m}{M} = \frac{I \cdot t \cdot \eta}{F \cdot z}$	M molare Masse m Masse F Faraday-Konstante: $9{,}648534 \cdot 10^4\ \mathrm{A \cdot s \cdot mol^{-1}}$ z pro Formelumsatz ausgetauschte Zahl von Elektronen I Stromstärke t Zeit n Stoffmenge η Stromausbeute (Wirkungsgrad)

Chemisches Gleichgewicht

80611B

Massenwirkungsgesetz	Das Massenwirkungsgesetz beschreibt die Lage eines chemischen Gleichgewichts quantitativ durch eine Konstante. $K_c = \frac{c(C)^{\nu(C)} \cdot c(D)^{\nu(D)}}{c(A)^{\nu(A)} \cdot c(B)^{\nu(B)}}$ $K_p = \frac{p(C)^{\nu(C)} \cdot p(D)^{\nu(D)}}{p(A)^{\nu(A)} \cdot p(B)^{\nu(B)}}$ $K_p = K_c \cdot (R \cdot T)^{\Delta\nu}$	Reaktion $\nu(A)A + \nu(B)B \rightleftharpoons \nu(C)C + \nu(D)D$ K_c, K_p Gleichgewichtskonstante c Stoffmengenkonzentration ν Stöchiometriezahl p Partialdruck Einheit K_c: $(mol \cdot l^{-1})^{\Delta\nu}$ $\Delta\nu = [\nu(C) + \nu(D)] - [\nu(A) + \nu(B)]$
Löslichkeitsprodukt K_L	Das Löslichkeitsprodukt K_L ist eine Konstante, die das Gleichgewicht zwischen einem Feststoff und seine Ionen in der Lösung charakterisiert. $K_L(A_xB_y) = c^x(A^{m+}) \cdot c^y(B^{n-})$	$A_xB_y \rightleftharpoons xA^{m+} + yB^{n-}$ x Anzahl der Kationen in der Formeleinheit y Anzahl der Anionen in der Formeleinheit $c(A^{m+})$ Konzentration der Kationen $c(B^{n-})$ Konzentration der Anionen
Molare Löslichkeit	Die Löslichkeit L eines Stoffes ist ein Maß für dessen Konzentration in einer gesättigten Lösung. $L(A_xB_y) = \sqrt[x+y]{\frac{K_L(A_xB_y)}{x^x \cdot y^y}}$	
Ionenprodukt des Wassers K_W	Das Ionenprodukt des Wassers K_W ist eine Konstante, die das Autoprotolysegleichgewicht des Wassers charakterisiert. $K_W = c(H_3O^+) \cdot c(OH^-) = 10^{-14}\ mol^2 \cdot l^{-2}$	Es gilt für das Gleichgewicht bei 22 °C: $2\,H_2O \rightleftharpoons H_3O^+ + OH^-$
pH-Wert	Der pH-Wert ist ein Maß für die Konzentration der Hydronium-Ionen in der Lösung. Für verdünnte wässrige Lösungen gilt: $pH = -\lg\{c(H_3O^+)\}$; $c(H_3O^+) = 10^{-pH}$	$\{c(H_3O^+)\}$ Zahlenwert der Konzentration der Hydronium-Ionen (Konzentration der Oxonium-Ionen) in $mol \cdot l^{-1}$
Säure-Base-Reaktion nach BRÖNSTED	$HA + B \rightleftharpoons A^- + HB^+$	HA Säure 1 — A^- Base 1 HB^+ Säure 2 — B Base 2
Säurekonstante K_S	Die Säurekonstante K_S charakterisiert das Protolysegleichgewicht und kennzeichnet die Stärke einer Säure. $K_S = \frac{c(H_3O^+) \cdot c(A^-)}{c(HA)}$ $pK_S = -\lg\{K_S\}$ $pK_S = 14 - pK_B$	Es gilt für das Gleichgewicht: $HA + H_2O \rightleftharpoons H_3O^+ + A^-$ $\{K_S\}$ Zahlenwert der Säurekonstante
Basekonstante K_B	Die Basekonstante K_B charakterisiert das Protolysegleichgewicht und kennzeichnet die Stärke einer Base. $K_B = \frac{c(HB^+) \cdot c(OH^-)}{c(B)}$ $pK_B = -\lg\{K_B\}$ $pK_B = 14 - pK_S$	Es gilt für das Gleichgewicht: $B + H_2O \rightleftharpoons HB^+ + OH^-$ $\{K_B\}$ Zahlenwert der Basekonstante

Henderson-Hasselbalch-Puffergleichung	Diese Gleichung charakterisiert ein Puffersystem aus einer schwachen Säure bzw. Base und ihrer korrespondierenden Base bzw. Säure. $pH = pK_S + \lg \frac{c(A^-)}{c(HA)}$ 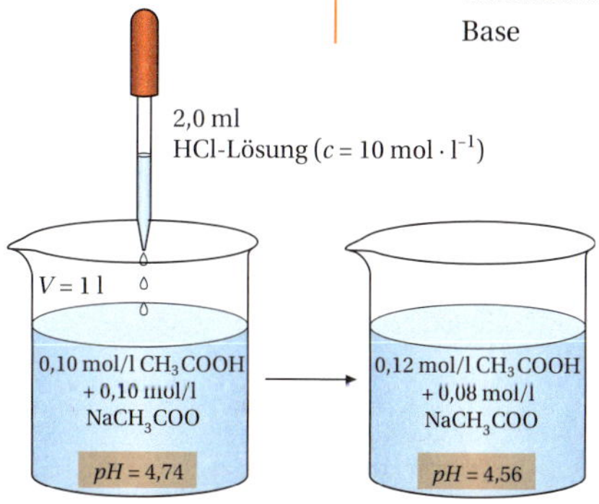 pH-Änderung der Pufferlösung: – 0,18	$c(HA)$ Gleichgewichtskonzentration einer schwachen Säure $c(A^-)$ Gleichgewichtskonzentration des Anions einer schwachen Base
Protolysegrad	Der Protolysegrad α charakterisiert das Verhältnis von protolysierter Säure bzw. Base zur Gesamtkonzentration der Säure bzw. Base. $\alpha_S = \frac{c(H_3O^+)}{c_0(HA)}$ $\alpha_B = \frac{c(OH^-)}{c_0(B)}$	K_S, K_B Protolysekonstante α_S, α_B Protolysegrad (HA oder B) c_0 Konzentration (HA oder B)
Ostwald-Verdünnungsgesetz	Diese Gleichung beschreibt das Protolysegleichgewicht schwacher Säuren bzw. Basen. $K_S = \frac{\alpha_S^2}{1-\alpha_S} \cdot c_0(HA)$ $K_B = \frac{\alpha_B^2}{1-\alpha_B} \cdot c_0(B)$	
pH-Wert-berechnungen bei wässrigen Lösungen	sehr starke Säuren: $K_S > 10^{1{,}74} \frac{mol}{l}$; $pH = -\lg\{c_0(HA)\}$ starke Säuren: $10^{-2} \frac{mol}{l} < \frac{K_S}{c_0} < 10^2 \frac{mol}{l}$; $c(H_3O^+) = -\frac{K_S}{2} + \sqrt{\left(\frac{K_S}{2}\right)^2 + K_S \cdot c_0(HA)}$ $pH = -\lg\{c(H_3O^+)\}$ mittelstarke bis sehr schwache Säuren: $K_S < 10^{-4} \frac{mol}{l}$; $pH = \frac{1}{2}(pK_S - \lg\{c_0(HA)\})$ Ampholyte: $pH = \frac{1}{2}(14 + pK_S - pK_B)$ $c_0(HA)$: Ausgangskonzentration der Säure HA	
Titration	Mithilfe der Titration wird die Konzentration einer Analysenlösung bestimmt. Bei Neutralisationstitrationen nutzt man aus, dass die Stoffmenge der Hydroxid-Ionen am Äquivalenzpunkt genau der Stoffmenge der Hydronium-Ionen entspricht. $c_1 \cdot V_1 \cdot z_1 = c_2 \cdot V_2 \cdot z_2$ $c_1 = \frac{c_2 \cdot V_2}{V_1} \cdot \frac{z_2}{z_1}$ $m_1 = c_2 \cdot V_2 \cdot \frac{z_2}{z_1} \cdot M_1$	c_1 Stoffmengenkonzentration der Testlösung c_2 Stoffmengenkonzentration der Maßlösung V_1 Volumen der Testlösung V_2 Volumen der Maßlösung z_1 Äquivalenzzahl des Stoffes in der Testlösung z_2 Äquivalenzzahl des Stoffes in der Maßlösung M_1 molare Masse des zu bestimmenden Stoffs

Kinetik

80612B

Reaktionsgeschwindigkeit	Die Reaktionsgeschwindigkeit v_R gibt die Änderung der Konzentration der an der Reaktion beteiligten Stoffe pro Zeiteinheit an. Dabei handelt es sich um die Durchschnittsgeschwindigkeit. $v_R = \frac{\Delta c}{\Delta t}$ Momentangeschwindigkeit: $v = \lim_{\Delta t \to 0} \frac{\Delta c}{\Delta t} = \frac{dc}{dt}$	v_R Reaktionsgeschwindigkeit v Momentangeschwindigkeit Δc Konzentrationsänderung Δt Zeitspanne
Arrhenius-Gleichung	Die Gleichung beschreibt den quantitativen Zusammenhang zwischen der Geschwindigkeitskonstante, der Aktivierungsenergie und der Temperatur. $k = A \cdot e^{-\frac{E_A}{R \cdot T}}$ $E_A = (ln\{A\} - ln\{k\}) \cdot R \cdot T$	$\{A\}$ Zahlenwert der Aktivitätskonstante (Stoßfaktor bzw. Häufigkeitsfaktor) $\{k\}$ Zahlenwert der Reaktionsgeschwindigkeitskonstanten E_A Aktivierungsenergie T Temperatur R universelle Gaskonstante: $8{,}314472\ J \cdot K^{-1} \cdot mol^{-1}$ e eulersche Zahl: 2,718281828459 ...

Energetik

80613B

Molare Reaktionsenthalpie $\Delta_R H$	Die molare Reaktionsenthalpie $\Delta_R H$ beschreibt die Enthalpieänderung bei einer chemischen Reaktion. Sie entspricht der umgesetzten Energie bezogen auf eine Stoffmenge bei konstantem Druck. $\Delta_R H = \Delta_R U + p \cdot \Delta_R V$	$\Delta_R U$ Änderung der inneren Energie $p \cdot \Delta_R V$ Volumenarbeit
Kalorimetrische Berechnungen	Die Kalorimetrie dient der Bestimmung von Wärmemengen über die Ermittlung von Temperaturdifferenzen. Dazu müssen die Reaktionen hinreichend schnell und möglichst vollständig verlaufen. $\Delta_R H$ und somit ΔT müssen hinreichend groß sein. $\Delta_R H = -\frac{m(H_2O) \cdot c_p(H_2O) \cdot \Delta T}{n_F}$ $\Delta_B H_m = \frac{m(H_2O) \cdot c_p(H_2O) \cdot \Delta T \cdot M_{Rp}}{m_{Rp}}$	$m(H_2O)$ Masse des Wassers in g $c_p(H_2O)$ spezifische Wärmekapazität des Wassers (p_{konst}) in $J \cdot g^{-1} \cdot K^{-1}$ ΔT Temperaturänderung in K n_F Stoffmenge der Formelumsätze M_{Rp} molare Masse des Reaktionsproduktes $\Delta_B H_m$ molare Bildungsenthalpie

Van't hoffsche Gleichung	Die Gleichung beschreibt die Veränderung der Lage des chemischen Gleichgewichts in Abhängigkeit von der Temperatur bei konstantem Druck. $\ln\frac{K_2}{K_1} = \frac{\Delta_R H}{R}\cdot\left(\frac{1}{T_2}-\frac{1}{T_1}\right)$	K_2, K_1 Gleichgewichtskonstanten zu T_2 und T_1 $\Delta_R H$ Änderung der molaren Reaktionsenthalpie T_2, T_1 Temperaturen R universelle Gaskonstante: $8{,}314472\ \mathrm{J\cdot K^{-1}\cdot mol^{-1}}$ 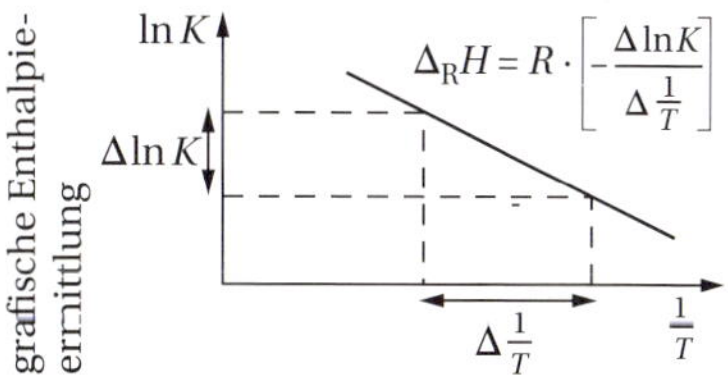
Satz von Hess	Die Reaktionsenthalpie einer Reaktion ist gleich der Summe der Reaktionsenthalpien aller Teilschritte, in die die Reaktion zerlegt werden kann. $\Delta_R H_1 = \Delta_R H_2 + \Delta_R H_3$	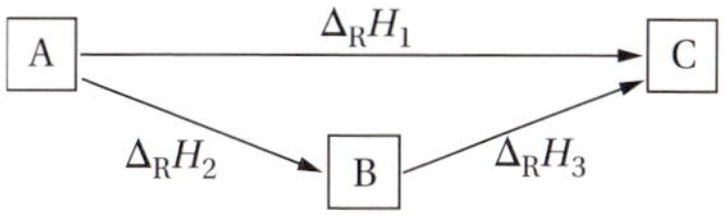
	Berechnung der molaren Standardreaktionsenthalpie $\Delta_R H^0$ nach dem Satz von HESS: Es gilt für die Reaktion bei 25 °C und 101,3 kPa: $\nu(A)A + \nu(B)B \rightarrow \nu(C)C + \nu(D)D$ $\Delta_R H^0 = [\nu(C)\cdot\Delta_f H^0(C) + \nu(D)\cdot\Delta_f H^0(D)] - [\nu(A)\cdot\Delta_f H^0(A) + \nu(B)\cdot\Delta_f H^0(B)]$	$\Delta_f H^0$ molare Standardbildungsenthalpien der beteiligten Stoffe ν Stöchiometriezahl des jeweiligen Stoffs
Molare Standardreaktionsentropie $\Delta_R S^0$	Berechnung der molaren Standardreaktionsentropie: Es gilt für die Gleichung: $\nu(A)A + \nu(B)B \rightarrow \nu(C)C + \nu(D)D$ $\Delta_R S^0 = [\nu(C)\cdot S^0(C) + \nu(D)\cdot S^0(D)] - [\nu(A)\cdot S^0(A) + \nu(B)\cdot S^0(B)]$	S^0 Standardentropien der beteiligten Stoffe ν Stöchiometriezahl des jeweiligen Stoffs
Molare freie Reaktionsenthalpie $\Delta_R G$	Die molare freie Reaktionsenthalpie $\Delta_R G$ gibt an, welcher Energieanteil des Reaktionssystems bei konstantem Druck und konstanter Temperatur maximal in Arbeit umgewandelt werden kann. Gibbs-Helmholtz-Gleichung: $\Delta_R G = \Delta_R H - T\cdot\Delta_R S$ Bestimmung der geleisteten Nutzarbeit in der Elektrochemie: $\Delta_R G = -z\cdot F\cdot\Delta E$	$\Delta_R H$ molare Reaktionsenthalpie $\Delta_R S$ Differenz der Entropien der Edukte und Produkte ≙ molare Reaktionsentropie T Reaktionstemperatur in K R universelle Gaskonstante: $8{,}314472\ \mathrm{J\cdot K^{-1}\cdot mol^{-1}}$ K Gleichgewichtskonstante F Faraday-Konstante: $9{,}648534\cdot10^4\ \mathrm{A\cdot s\cdot mol^{-1}}$ z Anzahl der ausgetauschten Elektronen ΔE Potenzialdifferenz in V
Molare freie Standardreaktionsenthalpie $\Delta_R G^0$	Die Gleichung gilt, wenn sich das Reaktionssystem im Gleichgewicht befindet und dient zur Beschreibung der Lage des chemischen Gleichgewichts. $\Delta_R G^0 = -R\cdot T\cdot\ln K$	

Reagenzlösungen

Ausgewählte Nachweislösungen

Chlorwasser	Einleiten von Chlor in destilliertes Wasser bis zur Sättigung.	**Bariumchlorid-lösung**	122 g Bariumchlorid ($BaCL_2 \cdot 2\,H_2O$) auf 1 Liter mit destilliertem Wasser auffüllen.
Bromwasser	10 Tropfen Brom in 250 ml destilliertem Wasser lösen.	**Bleiacetatlösung**	190 g Bleiacetat auf 1 Liter mit destilliertem Wasser auffüllen.
Barytwasser	4 g Bariumhydroxid in 100 ml destilliertem Wasser lösen.	**Fehling-I-Lösung**	7 g Kupfersulfat ($CuSO_4 \cdot 5\,H_2O$) in 100 ml destilliertem Wasser lösen.
Kalkwasser	1 g Calciumoxid in 500 ml destilliertem Wasser schütteln und filtrieren.	**Fehling-II-Lösung**	35 g Kaliumnatriumtartrat (Seignette-Salz) und 10 g Natriumhydroxid in 100 ml destilliertem Wasser lösen.
Silbernitrat-lösung	17 g Silbernitrat auf 1 Liter mit destilliertem Wasser auffüllen.	**Iod-Kaliumiodid-lösung**	2 g Kaliumiodid in wenig destilliertem Wasser auflösen und 1 g Iod hinzugeben. Nach vollständiger Lösung in brauner Flasche aufbewahren.

Dichten und Stoffmengenkonzentrationen handelsüblicher Lösungen

In Wasser gelöster Stoff	Konzentriert			Verdünnt		
	Massenanteile ω_i in %	Dichte ϱ bei 20 °C in $g \cdot ml^{-1}$	Stoffmengen-konzentration in $mol \cdot l^{-1}$	Massenanteile ω_i in %	Dichte ϱ bei 20 °C in $g \cdot ml^{-1}$	Stoffmengen-konzentration in $mol \cdot l^{-1}$
$HCl_{(g)}$	36	1,179	12	7	1,033	2
$HNO_{3\,(l)}$	65	1,391	14,53	12	1,066	2
$H_2SO_{4\,(l)}$	96	1,836	17,97	9	1,059	1
$H_3PO_{4\,(s)}$	85	1,71	14,65	10	1,050	1,1
$CH_3COOH_{(l)}$	99	1,052	17,35	12	1,015	2
$NaOH_{(s)}$	32	1,35	10,79	8	1,087	2,2
$KOH_{(s)}$	27	1,256	6,12	11	1,100	2,2
$NH_{3\,(g)}$	25	0,907	13,35	3	0,981	1,7
$C_2H_5OH_{(l)}$	96	0,8	16,7	6	0,988	1

Gefahrstoffsymbole

806141

Ab 1. 12. 2010 gelten weltweit neue Symbole. Mit dem neuen GHS *(Globally Harmonised System of Classification and Labelling of Chemicals)* werden die Kriterien für die Einstufung der Gefahrstoffe neu festgelegt und mit international einheitlichen Piktogrammen versehen.

Gefahrenpiktogramm und -code	Mit dem Gefahrenpiktogramm gekennzeichnete Stoffe und Gemische	Signalwort	Kennzeichnung nach bisheriger Gefahrstoffverordnung	
			Gefahrensymbol	Gefahrenhinweise
GHS01	explosive und sehr gefährliche selbstzersetzliche Stoffe und Gemische sowie sehr gefährliche organische Peroxide	Gefahr oder Achtung	E	R2, R3
GHS02	entzündbare, selbsterhitzungsfähige und gefährliche selbstzersetzliche Stoffe und Gemische, pyrophore Stoffe sowie Stoffe und Gemische, die bei Berührung mit Wasser entzündbare Gase entwickeln	Gefahr oder Achtung	F+ oder F	R12, R11 oder R10; R17; R15
GHS02	gefährliche organische Peroxide	Gefahr oder Achtung	O	R7
GHS03	Stoffe und Gemische mit oxidierender Wirkung	Gefahr oder Achtung	O	R8, R9
GHS04	Gase unter Druck	Achtung	–	
GHS05	Stoffe und Gemische, die korrosiv auf Metalle wirken	Achtung	–	
GHS05	Stoffe und Gemische, die schwere Verätzungen der Haut und/oder schwere Augenschäden verursachen	Gefahr	C oder Xi	R34, R35, R41
GHS06	lebensgefährliche und giftige Stoffe und Gemische	Gefahr	T+ oder T	R26, R27, R28 oder R23, R24, R25
GHS07	gesundheitsschädliche Stoffe und Gemische	Achtung	Xn	R20, R21, R22
GHS07	Stoffe und Gemische, die Haut- und/oder Augenreizungen verursachen und/oder allergische Hautreaktionen, Reizungen der Atemwege und/oder Schläfrigkeit und Benommenheit verursachen können	Achtung	Xi	R36, R37, R38; R43; R67
GHS08	Stoffe und Gemische, die bei Verschlucken und Eindringen in die Atemwege tödlich sein können und/oder eine Gefahr für die Gesundheit darstellen. Diese Stoffe und Gemische schädigen bestimmte Organe und/oder können Krebs erzeugen, die Fruchtbarkeit beeinträchtigen, das Kind im Mutterleib schädigen und/oder genetische Defekte und/oder beim Einatmen Allergien, asthmaartige Symptome oder Atembeschwerden verursachen.	Gefahr oder Achtung	T+, T oder Xn	R45, R49, R40; R60, R62; R61, R63; R46; R39/...; R68/...; R48/...; R42; R33; R65
GHS09	Stoffe und Gemische, die sehr giftig oder giftig für Wasserorganismen sind	Achtung oder –	N	R50, R50/53 R51/53

Biologie

Physiologie

Stoffwechsel

80511W

Grundumsatz ***GU***	Der Grundumsatz ist die Energiemenge, die ein Organismus in Ruhe für die Aufrechterhaltung der lebenswichtigen Körperfunktionen benötigt. Bei Erwachsenen: $GU = 4{,}2\ \text{kJ} \cdot t \cdot m_K$ Bei Jugendlichen: $GU = 6{,}2\ \text{kJ} \cdot t \cdot m_K$
Leistungsumsatz ***LU***	Der Leistungsumsatz ist die Energiemenge, die ein Organismus benötigt, um eine körperliche Aktivität zu verrichten. $LU = (t_1 \cdot EV_1) + (t_2 \cdot EV2) + \ldots + (t_n \cdot EV_n)$
Energiebedarf ***Eb***	Der Energiebedarf ist die pro Tag benötigte Energiemenge. $Eb = GU + LU$
Nährstoffbedarf ***Nb***	Der Nährstoffbedarf gibt die Menge eines Nährstoffs an, die für die Aufrechterhaltung aller Körperfunktionen des Organismus notwendig ist. $Nb = Bf \cdot m_K$
Energiegehalt einer Mahlzeit ***EG_m***	Der Energiegehalt einer Mahlzeit setzt sich aus den einzelnen Energiemengen der Nahrungsmittel zusammen. $EG_m = EG_{n_1} + EG_{n_2} + \ldots + EG_{n_n}$

t_n	Zeit der Tätigkeit in Stunden
m_K	Körpermasse in kg
EV	Energieumsatz je Stunde der Tätigkeit (↗ 80511W)
Bf	Bedarfsfaktor der Nährstoffe (↗ Tab. S. 171 oben)
EG	Energiegehalt der Nährstoffe (↗ Tab. S. 171 oben)
EG_n	Energiegehalt der Nahrungsmittel (↗ Tab. S. 171 unten)

Blutalkoholgehalt (nach Widmark) ***BAG***	Der Blutalkoholgehalt gibt die Menge des vorhandenen Alkohols im Blut an. $BAG = \frac{m_{\text{Alkohol}}}{m_K \cdot r} = \frac{V_{\text{Alkohol}} \cdot D}{m_K \cdot r}$	BAG r D m_{Alkohol} m_K V_{Alkohol}	Blutalkoholgehalt in ‰ Reduktionsfaktor: männlich 0,7, weiblich 0,6 Dichte von Alkohol ($0{,}79\ \text{g} \cdot \text{ml}^{-1}$) aufgenommene Alkoholmenge in g Körpermasse in kg Volumen des Alkohols in ml

Energiegehalt der Nährstoffe (zur Berechnung von *Nb* und *Eb*)

Nährstoffe	Energiegehalt		Bedarfsfaktor
	in kJ/g	in kcal/g	in g/kg Körpermasse
Fette	39	9,3	0,8
Eiweiße (Eiw)	17	4,1	0,9-1,0
Kohlenhydrate (KH)	18	4,3	1,3-1,5

Energie-, Nährstoff-, Wasser- und Vitamingehalt ausgewählter Nahrungsmittel

Nahrungsmittel in g (berechnet auf 100 g)	Energiegehalt		Nährstoffe in g			Wasser-gehalt	Vitamingehalt			
	in kJ	in kcal	Eiweiß	Fett	Kohlen-hydrate	in g	A I.E.	B_1 in mg	C in mg	E in mg
Joghurt	297	71	4,8	3,8	4,5	86,1				
Camembert	1200	287	20,1	24,2	2,0	52,1	1010	0,05	–	–
Kuhmilch	268	64	3,2	3,7	4,6	88,5	140	0,04	1	0,06
Schlagsahne	1205	288	2,2	30,4	2,9	64,1				
Butter	2 996	716	0,6	81,0	0,7	17,4	3 300	Spuren	Spuren	2,4
Margarine	2 960	720	0,5	80,0	0,4	19,7	3 000	–	–	30,0
Schmalz	3 771	901	0,0	99,0	0,0	1,0				
Hühnerei	678	162	12,8	11,5	0,7	74,0	1100	0,12	–	1,0
Honig	1272	304	0,3	0,0	82,3	17,2	–	Spuren	1	–
Traubenzucker	1611	385	0,0	0,0	99,5	0,0				
Milchschokolade	2 176	520	7,7	32,3	56,9	0,9	270	0,01	–	1,1
Schokogetränke-pulver	429	102	3,7	3,9	12,9	–	–	0,2	10,0	–
Roggenbrot	950	227	6,4	1,0	52,7	38,5				
Brötchen	1126	269	6,8	0,5	58,0	34,0				
Spagetti	1544	369	12,5	1,2	75,2	10,4				
Haferflocken	1620	387	13,8	6,6	67,6	10,3	–	0,55	–	0,25
Brathuhn	578	138	20,6	5,6	0,0	72,7				
Schweinekotelett	1427	341	15,2	30,6	0,0	53,9	–	0,8	–	0,6
Entenfleisch	1365	326	16,0	28,6	0,0	54,0				
Rindsfilet	511	122	19,2	4,4	0,0	75,1	–	0,1	–	0,5
Cervelatwurst	1072	256	12,5	27,6	1,8	55,6	–	0,2	–	0,1
Forelle	423	101	19,2	2,1	0,0	77,6	150	0,09	–	–
Karpfen	607	145	18,9	7,1	0,0	72,4				
Banane	356	85	1,1	0,2	22,2	75,7	190	0,05	10	0,2
Apfel (süß)	243	58	0,3	0,6	15,0	84,0	90	0,04	5	0,3
Karotten	167	40	1,1	0,2	9,1	88,6	11000	0,06	2-10	0,45
Kartoffeln	318	76	2,1	0,1	17,7	79,8	5	0,11	20	0,06
Haselnüsse	2 624	627	12,7	60,9	18,0	6,0				

(Nach Flindt 1995 u. a., verändert; IE: Internationale Einheit; 1 IE Vitamin A ≙ 0,3 µg Retinol ≙ 0,6 µg Beta-Carotin)

Berechnung der Körpermasse beim Menschen

80512W

Normalgewicht NG und Idealgewicht IG (nach Broca)	$NG = (Kgr - 100) \cdot \text{kg}$ Bei Erwachsenen: $IG = NG \cdot 0{,}90$ Bei Jugendlichen: $IG = NG \cdot 0{,}85$	Kgr Körpergröße in cm NG Normalgewicht IG Idealgewicht
Body-Mass-Index *BMI*	$BMI = \frac{\text{Körpermasse (in kg)}}{(\text{Körpergröße in m})^2}$ Für Kinder und Jugendliche unter 14 Jahren hat der *BMI* noch keine Gültigkeit. Dann wird die Körpermasse in einer Grafik abgelesen.	BMI Körpermasse-Index

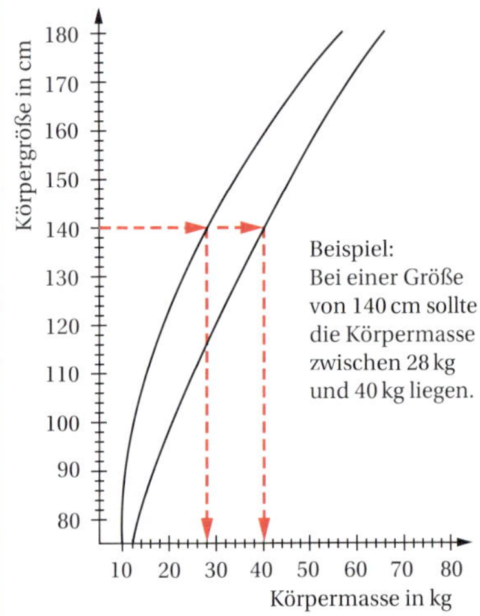

Enzymreaktionen

Michaelis-Menten-Konstante K_M	Die Michaelis-Menten-Konstante ermöglicht die Berechnung der Anfangsgeschwindigkeit einer Reaktion in Abhängigkeit der Substratkonzentration. $K_M = \frac{V_{max}}{2} \quad \left(c(S) \text{ bei } v_0 = \frac{V_{max}}{2}\right)$	
Reaktionsgeschwindigkeit v_0 einer Enzymreaktion	Die Reaktionsgeschwindigkeit gibt an, wie viele Teilchen pro Zeit in einer chemischen Reaktion umgesetzt werden. $v_0 = \frac{V_{max} \cdot c(S)}{K_M + c(S)}$	V_{max} maximale Reaktionsgeschwindigkeit $c(S)$ Substratkonzentration

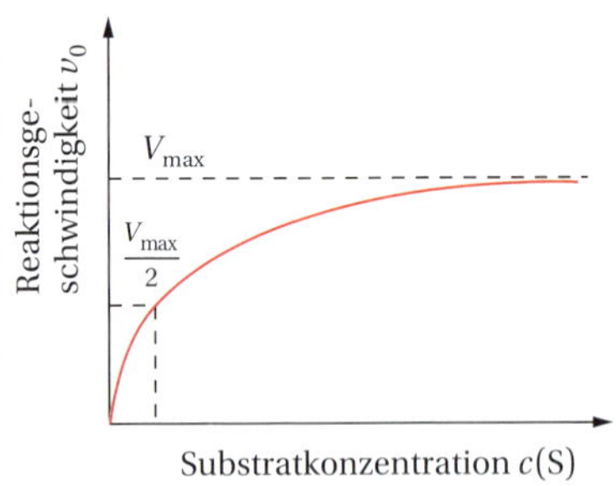

Ökologie

Umweltfaktor Licht und Biomasse

Lichtgenuss *LG* von Pflanzen	$LG = \frac{E_{Ort}}{E_{Frei}} \cdot 100\,\%$	E_{Ort} Beleuchtungsstärke am Wuchsort E_{Frei} Beleuchtungsstärke im Freiland
Biomasse-produktion	$S = Pb - (R + m_V)$ $Pn = Pb - R$	S langfristiger Stoffgewinn für den betrachteten Organismus Pb Brutto-Primärproduktion Pn Netto-Primärproduktion R Stoffverlust durch Atmung (Respiration) m_V Verlustmasse (z. B. abgeworfene Blätter)
Trocken-gewicht *TG*	Unter der Bedingung 24 Stunden bei 105 °C gilt: $TG = FG - WG$	FG Frischgewicht WG Wassergehalt

Qualität des Wassers

805221

Bestimmung des Plankton- und Schweb-stoffgehalts G_{PS}	$G_{PS} = \frac{(m_2 - m_1) \cdot 1000}{V}$	m_1 Masse des getrockneten Filterpapiers in g m_2 Masse des getrockneten Filterpapiers mit Plankton und Schwebstoffen in g V Volumen der Wasserprobe in ml
Saprobien-index *S* für die untersuchte Biozönose	$S = \frac{\sum_{i=1}^{n} h_i \cdot s_i \cdot g_i}{\sum_{i=1}^{n} h_i \cdot g_i}$ oder $S = \frac{(h_1 \cdot s_1 \cdot g_1) + (h_2 \cdot s_2 \cdot g_2) + \ldots + (h_n \cdot s_n \cdot g_n)}{(h_1 \cdot g_1) + (h_2 \cdot g_2) + \ldots + (h_n \cdot g_n)}$ **Saprobienstufen** – **Gewässergüteklassen** S = 1 bis < 1,75 – I S = 1,75 bis 2,5 – II S = 2,5 bis 3,25 – III S = 3,25 bis 4,0 – IV	n Anzahl der untersuchten Organismenarten h ausgezählte Häufigkeit der Organismen einer Art s Saprobienindex für die einzelne Art, gibt deren Optimum innerhalb der Saprobienstufen an g Indikationsgewicht (1–5), gibt Eignung einer Art als Indikator für bestimmte Güteklassen an (Bindung an nur eine (Güteklasse g = 5; Vorkommen in zwei oder mehr Güteklassen g = 4, 3, 2, 1)

Bestandsaufnahme von Pflanzen

Stufen	Deckungsgrad (bedeckter Anteil der Untersuchungsfläche) in %	Individuenzahl (Häufigkeit der Art auf der Untersuchungsfläche)	Entwicklungszustand
r („rar“)	sehr wenig Fläche abdeckend	etwa 1 bis 2 Individuen	K Keimpflanze J Jungpflanze st steril (ausgewachsene Pflanze ohne Blüten und Samen) ko knospend (Blüten- oder Blattknospen) b blühend f fruchtend v vergilbend t tot (oberirdische Teile abgestorben) S nur als Samen zu finden g abgemäht
+ („Kreuz“)	wenig Fläche abdeckend	etwa 2 bis 5 Individuen	
1	weniger als 5 % abdeckend	sehr spärlich vorhanden	
2	6 % bis 25 % abdeckend	spärlich vorhanden	
3	26 % bis 50 % abdeckend	wenig zahlreich vorhanden	
4	51 % bis 75 % abdeckend	zahlreich vorhanden	
5	76 % bis 100 % abdeckend	sehr zahlreich vorhanden	

Ökologische Zeigerwerte

Stufen	Licht L	Temperatur T	Bodenfeuchtigkeit F	Bodenreaktion R	Stickstoffversorgung N
1	sehr schattig (weniger als 1 %)	sehr kalt	sehr trocken	stark sauer	sehr stickstoffarm
2	zwischen 1 und 3	zwischen 1 und 3	zwischen 1 und 3	zwischen 1 und 3	zwischen 1 und 3
3	schattig (weniger als 5 %)	kühl	trocken	sauer	stickstoffarm
4	zwischen 3 und 5	zwischen 3 und 5	zwischen 3 und 5	zwischen 3 und 5	zwischen 3 und 5
5	halbschattig (mehr als 10 %)	mäßig warm	frisch	mäßig sauer	mäßig stickstoffreich
6	zwischen 5 und 7	zwischen 5 und 7	zwischen 5 und 7	zwischen 5 und 7	zwischen 5 und 7
7	sonnig und schattig	warm	feucht	schwach sauer bis schwach basisch	stickstoffreich
8	sonnig (mehr als 40 %)	zwischen 7 und 9	zwischen 7 und 9	zwischen 7 und 9	sehr stickstoffreich
9	sehr sonnig (mehr als 50 %)	sehr warm	nass	basisch	übermäßig stickstoffreich

Volterra-Regeln (Volterra-Gesetze)

1. und 2. Volterra-Regel

Wachstum der Beutepopulation:	$\frac{dN_B}{dt} = N_B(r_B - k \cdot N_R)$	N_B	Individuenzahl der Beute
Wachstum der Räuberpopulation:	$\frac{dN_R}{dt} = N_R(b_R \cdot N_B - d_R)$	N_R	Individuenzahl der Räuber
Neue Individuenzahl der Beute:	$N_B = N_{Bo} + N_{Bo} \cdot r_B - k \cdot N_{Bo} \cdot N_{Ro}$	r_B	Wachstumsrate der Beute
Neue Individuenzahl der Räuber:	$N_R = N_{Ro} + b_R \cdot N_{Ro} \cdot N_{Bo} - N_{Ro} \cdot d_R$	b_R	Wachstumsrate der Räuber je Beutetier
		d_R	Sterberate der Räuber
		k	Fressrate der Räuber
		N_{Bo}	Ausgangswert für Beute
		N_{Ro}	Ausgangswert für Räuber

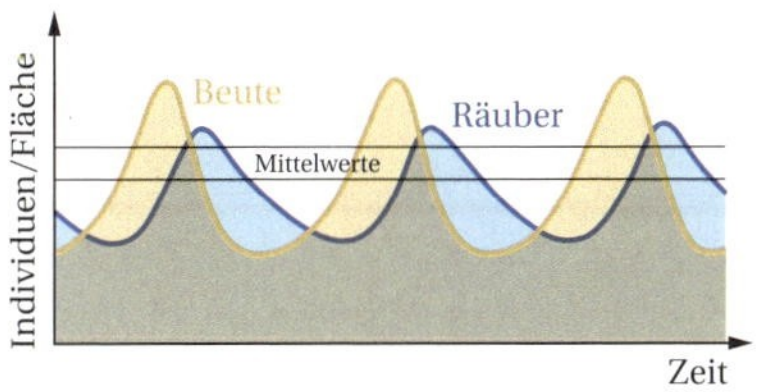

3. Volterra-Regel

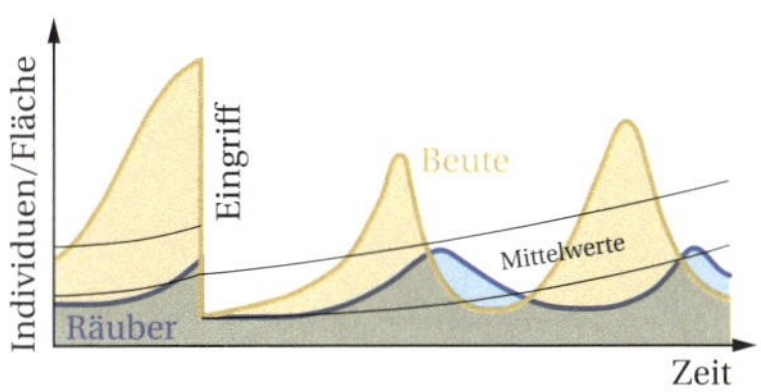

Bakterien

Bakterienvermehrung in statischer Kultur in der log-Phase

$$N = N_0 \cdot 2^n$$

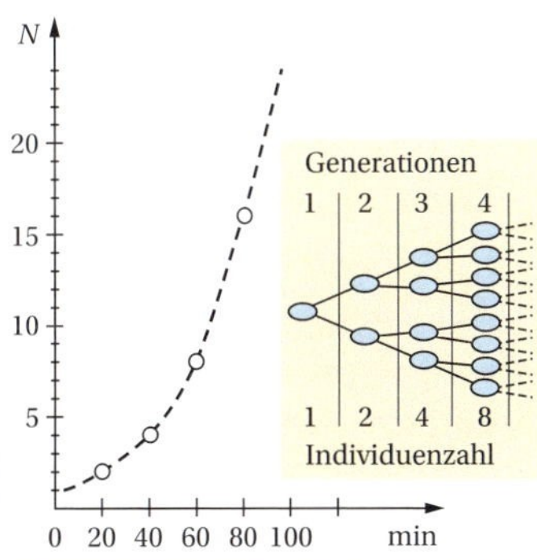

N	Anzahl der Individuen nach n Teilungen
N_0	Ausgangszahl der Bakterien

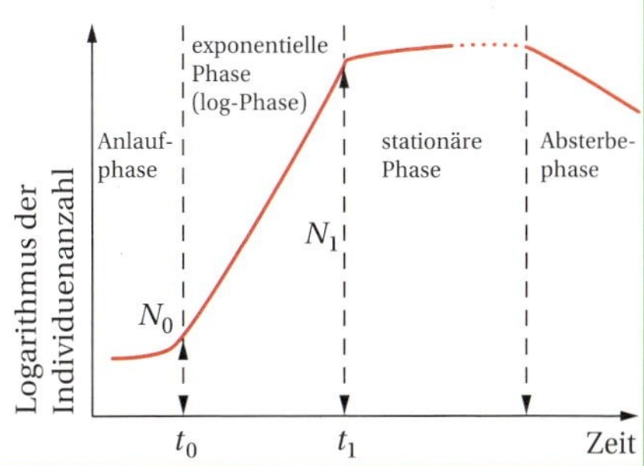

Wachstumsrate R	$R = \frac{lb\,N_1 - lb\,N_0}{t_1 - t_0}$	lb	$\log_2$
		N_0, N_1	Bakterienanzahl zur Zeit t_0, t_1
Generationszeit t_{gen}	$t_{gen} = \frac{1}{R}$	t_0, t_1	Zeit

Entwicklung

Fortpflanzung

Pearl-Index PI (Versagerquote)	$PI = \frac{N}{N_{Anwender} \cdot t}$	N Anzahl der ungewollten Schwangerschaften t Beobachtungszeitraum in Jahren $N_{Anwender}$ Anzahl der Anwender/innen
Berechnung des Entbindungs-termins ET (naegelsche Regel)	$ET = T_m + 7,\ M_m - 3,\ J_m + 1$ Beispiel: T, M, J = 20.06.2010 20 + 7, 6 – 3, 2010 + 1 ET = 27.03.2011	$(T,M,J)_m$ Termin des ersten Tages der letzten Menstruation (T: Tag; M: Monat; J: Jahr) (nicht anwendbar, wenn ET im Oktober, November oder Dezember liegt)

Wachstum

Exponentielles Wachstum	$\frac{dN}{dt} = r \cdot N$ gültig für $N < K$	N Gesamtzahl der betrachteten Individuen K Faktor, der die Lebensraumkapazität angibt (maximale Populationsgröße) r Zuwachsrate
Logistisches (reales) Wachstum	$\frac{dN}{dt} = r \cdot N \cdot \frac{K - N}{K}$	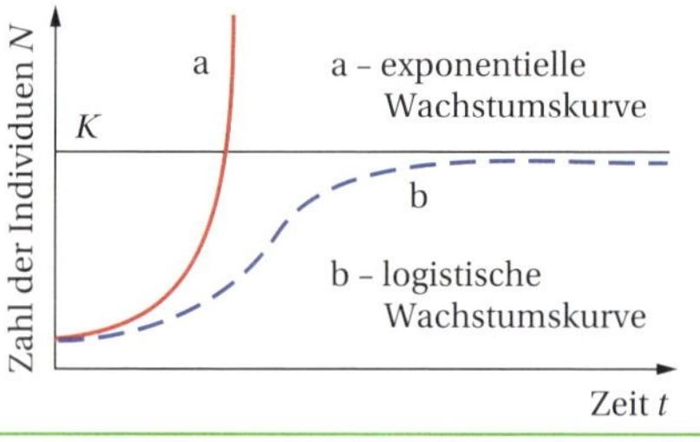

Genetik und Evolution

80531I

Mutationsrate *Mr* (nach NACHTSHEIM)	direkte Berechnung: $Mr = \frac{N_N}{2N_1}$	N_N Anzahl der Neumutanten N_1 Gesamtzahl der Individuen
Hardy-Weinberg-Gesetz (Berechnung der Allelenfrequenz in idealen Populationen)	für die Ausgangspopulation gilt: $Q + q = 1$ für die Folgepopulation gilt: $Q^2 + 2\,Qq + q^2 = 1$ und $d + h + r = 1$ $Q = d + 0{,}5\,h$ $q = 0{,}5\,h + r$	Q, q Häufigkeit dominanter und rezessiver Allele Genotyphäufigkeit: d homozygot dominant h heterozygot r homozygot rezessiv
	Unter den Annahmen: keine Mutation, keine Selektion, vollständige Panmixie, unendlich große Population, kein Genfluss, gilt: die Allelenfrequenzen und die Genotyphäufigkeit bleiben gleich, d. h. Evolution findet nicht statt; in der Realität wirken aber Einflüsse auf die Populationen.	

Erdgeschichtliche Zeittafel

Zeitalter	Periode	Vor Mio. Jahren	Bedeutende Ereignisse in der Geschichte des Lebens auf der Erde
Erdneuzeit	Quartär	1,6 – heute	Wechsel von Kalt- und Warmzeiten; Auftreten und Entwicklung des Menschen; Beginn der Einflussnahme des Menschen auf die Natur
	Neogen	23 – 1,6	Bedecktsamer; weitere Entwicklung der Säugetiere; Vormenschen
	Paläogen	65 – 23	sprunghafte Entwicklung und Ausbreitung der Säugetiere; Entwicklung der Affen und Menschenaffen; Ausbreitung von Gräsern; Entfaltung der Vögel
Erdmittelzeit	Kreide	145 – 65	letzte Saurier; erste Affen; erste Bedecktsamer (Samen- bzw. Blütenpflanzen); erste Vögel
	Jura	200 – 145	Vorherrschaft der Saurier; Urvögel, Nacktsamer (Nadelgehölze, Palmfarne, Ginkgoverwandte)
	Trias	251 – 200	erste Säugetiere; Vielfalt von Reptilien; Samen- bzw. Blütenpflanzen (Nacktsamer vorherrschend)
Erdaltzeit	Perm	299 – 251	Vielfalt von Reptilien und Insekten; Samen- bzw. Blütenpflanzen werden zahlreicher, Farnpflanzen gehen zurück
	Karbon	359 – 299	erste Reptilien; zahlreiche Amphibien; ausgedehnte Feuchtwälder aus Farnpflanzen (Bärlappe, Schachtelhalme, Echte Farne), erste Samen- bzw. Blütenpflanzen
	Devon	416 – 359	erste Amphibien, erste Insekten; Vielfalt von Fischen; Quastenflosser; Farnpflanzen (vor allem Urfarne)
	Silur	444 – 416	erste Landpflanzen (Moose, Urfarne), Ausbreitung der Fische
	Ordovizium	488 – 444	erste Fische; Meeres- und Süßwasseralgen
	Kambrium	542 – 488	Wirbellose im Meer (Schwämme, Hohltiere, Würmer, Gliederfüßer, Stachelhäuter), Algen, Trilobiten
Erdfrühzeit und Erdurzeit	Präkambrium	542 2 500 3 500 3 800 4 600	Wirbellose mit weichem Körper; Algen Sauerstoffgehalt der Atmosphäre mehr als 1 % des heutigen Wertes älteste Fossilien von Bakterien erste Spuren von Leben Entstehung der Erde

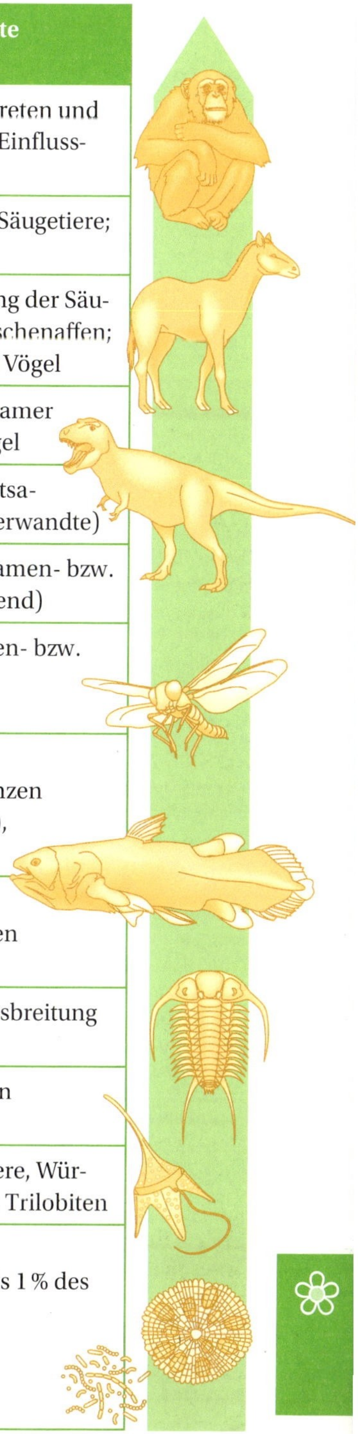

Register

A

B

C

D

E

Bildquellenverzeichnis

Mahler, Heinz, Fotograf, Berlin: 154/1–6, 156/1; Meyer, L., Potsdam: 118/1